Du même auteur
dans la même collection

À LA POURSUITE DU BIG-BANG.

LE CHAT DE
SCHRÖDINGER

JOHN GRIBBIN

Le chat de Schrödinger

Physique quantique et réalité

Traduit de l'Américain par Christel ROLLINAT

Flammarion

*Titre original : In search of Schrödinger's cat,
quantum physics and reality
Copyright John et Mary Gribbin, 1984*

© John et Mary Gribbin, 1984
© Le Rocher, 1988, pour la traduction française
ISBN 2-08-081312-9
© 1994 Flammarion

« Je n'aime pas cela, et je suis désolé d'y avoir jamais été mêlé. »

Erwin Schrödinger
(1887-1961)

Il n'est rien de réel.

John Lennon
(1940-1980)

SOMMAIRE

Remerciements 9
Introduction 13
Prologue : Il n'est rien de réel................................... 15

PREMIÈRE PARTIE : LES QUANTA

1. *La lumière* 21
   Ondes ou particules ? ; le triomphe de la théorie ondulatoire.

2. *Les atomes* 35
   Les atomes au dix-neuvième siècle ; les atomes d'Einstein ; les électrons ; les ions ; les rayons X ; la radioactivité ; au cœur de l'atome.

3. *La lumière et les atomes* 51
   La preuve du corps noir ; une révolution mal accueillie ; Qu'est-ce que h ? ; Einstein, la lumière et les quanta.

4. *L'atome de Bohr* 71
   Le saut électronique ; l'hydrogène expliqué ; un élément de hasard ; les dés de Dieu ; un regard sur les atomes ; la chimie expliquée.

DEUXIÈME PARTIE : LA MÉCANIQUE QUANTIQUE

1. *Les photons et les électrons* 103
   Les particules de lumière ; la dualité onde/particule ; les ondes électroniques ; une rupture avec le passé ; Pauli et le principe d'exclusion ; et après ?

2. *Les matrices et les ondes* 127
   Du nouveau à Heligoland ; les maths quantiques ; la théorie de Schrödinger ; un pas en arrière ; la « cuisine » quantique.

3. *La « cuisine » et les quanta* 151
   L'antimatière ; au cœur du noyau ; les lasers et les masers ; le « micro » tout-puissant ; les superconducteurs ; la vie elle-même.

TROISIÈME PARTIE : ... AU-DELÀ

1. *Le hasard et l'incertitude* 185
   La signification de l'incertitude ; l'interprétation de Copenhague ; l'expérience des deux trous ; les ondes d'effondrement ; les règles de la complémentarité.

2. *Les paradoxes et les possibilités* 211
   La pendule dans la boîte ; le « paradoxe EPR » ; le voyage dans le temps ; le temps selon Einstein ; de la gratuité ; le chat de Schrödinger ; l'univers participant.

3. *La qualité se révèle à l'usage* 251
   Le paradoxe du spin ; l'énigme de la polarisation ; le test de Bell ; la preuve ; qu'est-ce que cela signifie ? ; la confirmation et les applications.

4. *Les mondes multiples* 273
   Qui observe les observateurs ? ; les chats de Schrödinger ; au-delà de la science-fiction ; au-delà d'Einstein ? ; un autre regard ; au-delà d'Everett ; notre situation.

Épilogue : *Le travail inachevé*. 295
   L'espace-temps déformé ; la symétrie brisée ; la supragravité ; l'univers est-il une fluctuation du vide ? ; l'expansion et l'univers.

Bibliographie 319

Index 000

REMERCIEMENTS

Mes relations avec la physique quantique remontent à plus de vingt ans, à l'époque de mes études, quand je découvris la manière magique selon laquelle le modèle de la couche d'électrons de l'atome expliquait le tableau périodique des éléments et presque toute la chimie que je tentais péniblement de comprendre. A la suite de cette découverte due à des ouvrages de bibliothèque réputés « trop complexes » pour mon modeste niveau, je compris la beauté et la simplicité de l'explication du spectre atomique par la physique quantique et je saisis pour la première fois qu'en science, les meilleures choses sont à la fois belles et simples, un fait que de nombreux professeurs dissimulent aux étudiants, par hasard ou à dessein.

C'est à la suite de cette illumination que je décidai d'étudier la physique à l'université. Mon ambition fut satisfaite en temps voulu, et j'entrai à l'université du Sussex à Brighton. Mais là, la simplicité et la beauté des idées sous-jacentes furent ensevelies sous une avalanche de détails et de recettes mathématiques visant à résoudre des problèmes spécifiques en recourant aux équations de la mécanique quantique. L'application de ces idées au monde de la physique actuelle entretient autant de rapport avec l'élégance de la théorie que le pilotage d'un 747 avec celui d'un vélivole, et bien que l'impact de cette illumination initiale influençât de manière notoire ma carrière, je négligeai pendant longtemps le monde quantique pour explorer d'autres domaines scientifiques.

Divers facteurs contribuèrent à ranimer mon intérêt précoce. A la fin des années soixante-dix et au début des années quatre-vingt, des livres et des articles s'employèrent avec des fortunes diverses à initier le profane aux étrangetés du monde quantique. Certains de ces prétendus « ouvrages de vulgarisation » étaient si outrageusement éloignés de la vérité que j'éprouvai les pires difficultés à imaginer qu'ils permettaient au lecteur de discerner la beauté et la vérité de cette discipline, et que je me sentis obligé d'accomplir ce travail. On rapportait par ailleurs que des expériences, ayant à présent établi la réalité de certaines des caractéristiques les plus étranges de la théorie quantique, se poursuivaient, et ces informations m'incitèrent à retourner dans les bibliothèques pour rafraîchir ma compréhension de ces idées bizarres. En fin de compte, à Noël, la BBC me demanda de participer à une émission radiophonique en tant que scientifique et interlocuteur de Malcolm Muggeridge, qui avait récemment annoncé sa conversion au catholicisme et était l'invité principal de ce festival. Après s'être exprimé en insistant sur les mystères du christianisme, le grand homme se tourna vers moi et dit : « Mais voici l'homme qui connaît toutes les réponses ou qui prétend connaître toutes les réponses. » Durant le temps de parole qui m'était imparti, je m'efforçai de répondre courtoisement, en soulignant que la science *ne* prétendait *pas* détenir toutes les réponses, et que c'est la religion et non la science qui se fonde sur une foi et une conviction absolues de la connaissance de la vérité. « Je ne crois en rien », dis-je, et j'étais sur le point de développer cette philosophie quand l'émission se termina. Durant cette époque de réjouissances, mes amis et mes relations ne cessèrent de me parler de cette déclaration, et je passai des heures à expliquer que mon absence totale de foi ne m'empêchait pas de mener une vie normale en prenant comme hypothèse de travail raisonnable qu'il était improbable que le soleil disparaisse durant la nuit.

Ce processus cristallisa mes pensées quant à l'omniscience de la science ; il impliqua maintes discussions de la réalité — ou de l'irréalité — fondamentale du monde quantique et me convainquit du fait que j'étais prêt à écrire le livre que vous avez aujourd'hui en mains. Durant la préparation de cet ouvrage, je testai la validité de nombre d'arguments les plus subtils à l'occasion de mes participations scientifiques régulières à une émission radiophonique présentée par Tommy Vance et réalisée par le *British Forces Broadcasting Service*; les questions pertinentes de Tom révélèrent bientôt les faiblesses de ma démarche et favorisèrent une meilleure organisation de mes idées. La principale source de référence et de documentation utilisée pour la préparation de ce livre fut la bibliothèque de l'université du Sussex, qui possède probablement une des meilleures collections d'ouvrages sur la théorie quantique, et certaines références plus obscures me furent fournies par Mandy Caplin, du *New Scientist*, qui excelle à manier le télex. Christine Sutton rectifia certaines de mes conceptions erronées quant à la physique des particules et à la théorie des champs. Ma femme contribua non seulement à rendre ce texte intelligible, mais encore elle fit disparaître nombre des incohérences qui subsistaient même après que Tommy Vance, jouant le rôle du « Candide », eut passé au crible les explications.

Tous les compliments concernant les qualités de ce livre reviennent donc : aux manuels de chimie « complexes », dont j'ai oublié les titres, et que j'ai découverts à l'âge de seize ans à la *Kent County Library*; aux malencontreux ouvrages de vulgarisation des idées quantiques et à leurs propagateurs, qui me convainquirent que je pourrais mieux faire ; à Malcolm Muggeridge et à la BBC ; à la bibliothèque de l'université du Sussex ; à Tommy Vance et au BFBS ; à Mandy Caplin et à Christine Sutton ; et en particulier à Min. Il va de soi que toute critique concernant cet ouvrage devra m'être adressée.

John Gribbin
Juillet 1983

INTRODUCTION

Si tous les livres et les articles destinés au profane qui traitent de la théorie de la relativité étaient mis bout à bout, il est probable que leur longueur couvrirait la distance qui nous sépare de la lune. « Chacun sait » que la théorie de la relativité d'Einstein est la plus grande réussite de la science du vingtième siècle, et tout le monde se trompe. En revanche, si tous les livres et les articles rédigés à l'intention du profane sur la théorie quantique étaient mis bout à bout, ils couvriraient à peine mon bureau. Cet état de fait ne signifie pas que la théorie quantique soit méconnue en dehors des milieux académiques. La mécanique quantique jouit d'une popularité notable de nos jours dans d'autres cercles ; on s'y réfère pour expliquer des phénomènes tels que la télépathie, la torsion du métal, et d'aucuns y trouvent l'inspiration pour leurs récits de science-fiction. La mécanique quantique est assimilée dans l'esprit du grand public, pour autant qu'elle le soit, à l'occultisme et à l'ESP*, une branche mystérieuse et ésotérique de la science que nul ne comprend ni n'applique.

Ce livre a été écrit pour contrer cette attitude à l'égard de ce qui est, en fait, le domaine le plus fondamental et le plus important de l'étude scientifique. Ce livre doit son

---

* ESP : perception extra-sensorielle. (N.d.T.)

existence à plusieurs facteurs qui intervinrent au cours de l'été 1982. En premier lieu, je venais juste de terminer un livre sur la relativité, *Spacewarps,* et pensais qu'il conviendrait de s'attacher à la démystification de l'autre grande branche de la science du vingtième siècle. En second lieu, j'étais de plus en plus irrité par les conceptions erronées que les non-scientifiques attribuent à la théorie quantique. L'excellent ouvrage de Fritjof Capra, *Le Tao de la physique,* avait été en quelque sorte plagié par des individus qui ne comprenaient ni la physique ni le Tao mais qui avaient compris qu'établir un parallèle entre la science occidentale et la philosophie orientale serait une entreprise rentable. Et en dernier lieu, en août 1982, une information me parvint de Paris : une équipe avait réalisé avec succès une expérience décisive confirmant, pour ceux qui en doutaient encore, la justesse de la vision du monde mécanique-quantique.

Ce livre ne traite pas de « mysticisme oriental » ni de la torsion du métal ni de l'ESP. Il raconte la véritable histoire de la mécanique quantique, une réalité qui dépasse la fiction. La science est ainsi faite — elle n'a pas besoin d'être « emballée » dans une quelconque philosophie à deux sous, parce qu'elle regorge de merveilles, de mystères et de surprises. Voilà la question que pose ce livre : « Qu'est-ce que la réalité ? » La (les) réponse(s) vous étonnera(ont) peut-être, peut-être éprouverez-vous de la peine à la (les) croire. Quoi qu'il en soit, vous y découvrirez la vision du monde de la science contemporaine.

Prologue

IL N'EST RIEN DE RÉEL

Le chat de notre titre est un animal mythique, mais Schrödinger était une personne réelle. Erwin Schrödinger était un scientifique allemand qui, au milieu des années vingt, s'intéressa à l'élaboration des équations d'une branche de la science que nous nommons aujourd'hui mécanique quantique. L'expression « branche de la science » est cependant loin d'être correcte, puisque la mécanique quantique est en fait l'épine dorsale de l'ensemble de la science moderne. Les équations décrivent le comportement des corps très petits — de la taille de l'atome voire en deçà — et elles fournissent la *seule* compréhension du monde de l'infiniment petit. Les physiciens, s'ils étaient privés de ces équations, seraient incapables de concevoir des centrales (ou des bombes) nucléaires, de construire des lasers, ou d'expliquer comment le soleil conserve sa chaleur. Sans la mécanique quantique, la chimie en serait toujours à balbutier, la biologie moléculaire n'existerait pas — il n'y aurait nulle compréhension de l'ADN, aucun engineering génétique.

La théorie quantique représente la plus grande réalisation de la science ; elle est beaucoup plus significative et d'une utilité plus directe et plus pratique que celle de la relativité. Pourtant certaines de ses prédictions sont des plus étranges. Le monde de la mécanique quantique est si singulier, en fait, que même Albert Einstein le considérait comme incompréhensible et refusa d'accepter l'ensemble des implications de la théorie développée par Schrödinger et ses collègues. Einstein, et maints autres scientifiques, soucieux de leur confort intellectuel, préféraient croire que les équations de la mécanique quantique ne représentaient qu'un tour de passe-passe mathématique, qui propose par hasard une « explication » raisonnable du comportement des particules atomiques et subatomiques, mais qui masque une vérité plus profonde correspondant plus à notre sens de la réalité. La mécanique quantique dit en effet qu'il n'est rien de réel et que nous ne pouvons faire aucun commentaire sur des événements qui se produisent lorsque nous ne les observons pas. Le chat mythique de Schrödinger était censé rendre évidentes les différences entre le monde quantique et le monde quotidien.

Dans le monde de la mécanique quantique, les lois physiques qui nous sont familières d'un point de vue quotidien deviennent caduques. Les événements se conforment au contraire à des probabilités. Ainsi un atome radioactif se désintégrera-t-il, ou non, en émettant un électron. Il est possible de préparer une expérience de manière à ce qu'il y ait exactement cinquante pour cent de chances que l'un des atomes d'un matériau radioactif se désintègre en un temps donné et qu'un détecteur enregistre ce phénomène s'il se produit. Schrödinger, aussi troublé qu'Einstein par les implications de la théorie quantique, tenta d'en démontrer l'absurdité en imaginant de procéder à une telle expérience dans un endroit clos, ou dans une boîte, qui contiendrait un chat vivant et une fiole de poison, disposés de façon à ce que le flacon se brise et que le chat meure au cas où la désintégration radioactive interviendrait. Dans le monde quotidien, il y a cinquante pour cent de chances que le chat soit tué, et sans regarder à l'intérieur de la boîte, nous pouvons avancer sans risque que le chat est soit mort soit vivant. Mais nous nous trouvons maintenant confrontés à l'étrangeté du monde quantique. Selon la théorie, *aucune* des deux possibilités offertes au matériel radioactif, et donc au chat, n'est réelle à moins d'avoir été observée. La désintégration atomique n'est ni intervenue ni non intervenue, le chat n'est ni tué ni non tué, jusqu'à ce que nous regardions à l'intérieur de la boîte pour voir ce qu'il en est. Les théoriciens qui acceptent la version intégrale de la mécanique quantique disent que le chat existe dans un état indéterminé, ni mort ni vivant, tant qu'un observateur n'a pas regardé à l'intérieur de la boîte pour constater l'évolution de la situation. Seul ce qui a été observé est réel.

Einstein n'était pas seul à penser que l'idée était inconcevable. « Dieu ne joue pas aux dés », affirmait-il en se référant à la théorie stipulant qu'au niveau quantique le monde est gouverné par l'accumulation de solutions de « choix » de possibilités relevant du hasard pur. Quant à l'irréalité de l'état du chat de Schrödinger, il la réfutait arguant qu'il devait exister un « mécanisme d'horlogerie » sous-jacent qui participait à la réalité véritable, fondamentale des choses. Il s'efforça pendant des années de concevoir des expériences susceptibles de révéler cette réalité à l'œuvre, mais mourut avant qu'il ne soit vraiment possible de procéder à une telle vérification. Peut-être est-ce aussi bien qu'il n'ait pas vécu pour voir l'aboutissement du raisonnement dont il était le père.

Au cours de l'été 1982, à l'université de Paris-Sud (France), une équipe dirigée par Alain Aspect réalisa une série d'expériences conçues pour détecter la réalité soustendant le monde irréel des quanta. Cette réalité sousjacente — le mécanisme fondamental — est connue sous l'appellation de « variables cachées », et l'expérience portait sur le comportement de deux photons ou particules de lumière émanant d'une source et se déplaçant en des directions opposées. Elle est décrite intégralement au chapitre X, mais en essence il est permis de la qualifier de test de réalité. Les deux photons de la même source peuvent être observés par deux détecteurs, lesquels mesurent une propriété dite polarisation. Selon la théorie quantique, cette propriété n'existe pas tant qu'elle n'a pas été mesurée. Selon le concept des variables cachées, chaque photon présente une polarisation « réelle » dès sa création. Les deux photons étant émis ensemble, leurs polarisations sont liées l'une l'autre. Mais la nature de l'interdépendance vraiment mesurée diffère selon les deux visions de la réalité.

Les résultats de cette expérience décisive ne laissent place à nulle ambiguïté. Le type de réciprocité prédit par la théorie des variables cachées n'est pas établi, mais le type de corrélation prévu par la mécanique quantique l'est ; et qui plus est, toujours en accord avec la théorie quantique, la mesure effectuée sur un photon exerce un effet instantané sur la nature de l'autre. Une interaction les lie de manière inextricable en dépit du fait qu'ils se déplacent séparément à la vitesse de la lumière, et la théorie de la relativité nous enseigne qu'aucun signal ne peut se déplacer à une vitesse supérieure à celle de la lumière. Les expériences prouvent qu'il n'y a pas de réalité sous-jacente au monde. « La réalité », dans le sens courant du terme, ne nous permet pas d'étudier le comportement des particules élémentaires constituant l'univers. Il semble pourtant que celles-ci soient indissociables au sein d'un tout indivisible, chacune ayant conscience de ce qu'il advient aux autres.

La recherche du chat de Schrödinger était celle de la réalité quantique. D'autres déduiront de ce bref exposé qu'elle s'est avérée vaine, puisqu'il n'existe pas de réalité dans le sens courant du terme. Mais tel n'est pas cependant l'épilogue, et rien ne donne à penser que la recherche du chat de Schrödinger ne nous conduira pas à une nouvelle compréhension de la réalité qui transcendera, et pourtant inclura, l'interprétation conventionnelle de la mécanique quantique. La piste est longue cependant ; elle commence avec un scientifique qui aurait, selon toute vraisemblance, été encore plus stupéfait qu'Einstein s'il avait obtenu les réponses aux questions dont nous disposons à l'heure actuelle. Isaac Newton, étudiant la nature de la lumière il y a trois siècles, ne supposait pas qu'il avançait déjà sur les brisées du chat de Schrödinger.

Première partie

LES QUANTA

« Quiconque n'est pas choqué par la théorie quantique ne l'a pas comprise. »

Niels Bohr
1885-1962

Chapitre premier

LA LUMIÈRE

Isaac Newton inventa la physique, qui constitue le fondement de la Science. Il ne fait aucun doute que Newton s'inspira d'autres travaux, mais la publication de ses trois principes du mouvement, et de sa théorie de la gravité, il y a presque trois cents ans, mit la science sur la voie qui déboucha sur le vol spatial, les lasers, l'énergie atomique, l'engineering génétique, la compréhension de la chimie pour ne citer que quelques exemples. Pendant deux siècles, la physique newtonienne (que nous nommons désormais « physique classique ») régna en maître. Au vingtième siècle, de nouvelles hypothèses révolutionnaires permirent à la physique de dépasser la vision de Newton, mais en l'absence de ces deux siècles de progrès scientifiques, ces nouvelles visions n'auraient jamais vu le jour. Ce livre ne présente pas une histoire de la science ; il est consacré à la physique moderne — la physique quantique — plutôt qu'aux idées classiques. Mais même les travaux de Newton, vieux de trois siècles, renferment des signes avant-coureurs de l'évolution future — non les études qu'il consacra aux mouvements et aux orbites planétaires, ou ses fameux principes, mais ses recherches relatives à la nature de la lumière.

La conception que Newton avait de la lumière doit beaucoup à ses idées relatives au comportement des corps solides et aux orbites des planètes. Il comprit que notre expérience habituelle du comportement des corps pouvait être erronée, et qu'un corps, une particule, libre de toute influence extérieure devait se comporter très différemment d'une autre se trouvant à la surface de la terre. Dans ce dernier cas, notre expérience nous apprend que les corps tendent à demeurer à la même place sauf si on les pousse, et qu'ils ne tardent pas à s'immobiliser dès qu'on cesse de le faire. Si tel est le cas, pourquoi des corps tels les planètes, ou la lune, n'arrêtent-ils pas de tourner sur leurs orbites? Est-ce que « quelque chose » les pousse? Absolument pas. Les planètes sont dans un état naturel, libre de toute interférence extérieure ; en revanche, les corps à la surface de la terre font l'objet d'interférences. Si j'essaie de faire glisser un crayon sur mon bureau, la friction du crayon frottant sur le bureau s'oppose à la poussée que j'exerce, et c'est ce phénomène qui provoque l'arrêt dès que je cesse de pousser l'objet. S'il n'y avait pas de friction, le mouvement du crayon se poursuivrait. Tel est le premier principe de Newton : un corps reste au repos, ou se déplace à une vitesse constante, sauf si une force extérieure agit sur lui. Le second principe précise l'effet d'une force extérieure — une poussée — sur un objet. Une telle force modifie la vitesse d'un objet, et on appelle accélération un changement de vitesse ; si vous divisez la force par la masse du corps sur lequel elle exerce, le résultat correspond à l'accélération produite sur ce corps par ladite force. En règle générale, ce deuxième principe est formulé quelque peu différemment : la force est égale à la masse multipliée par l'accélération. Et le troisième principe de Newton nous renseigne sur la manière dont le corps réagit à la poussée : la réaction est toujours contraire et égale à l'action. Si je frappe une balle de tennis avec ma raquette, la force avec laquelle cette dernière pousse la balle est équilibrée de manière exacte par une force égale exercée sur la raquette ; le crayon sur le plateau de mon bureau est attiré vers le bas par la gravité, mais subit une poussée exactement égale exercée par le bureau. La force du processus explosif qui chasse les gaz hors de la chambre de combustion d'une fusée provoque une force de réaction égale et opposée sur la fusée elle-même, laquelle la propulse dans la direction inverse.

Ces *principia,* ainsi que la loi de la gravité de Newton, permirent d'expliquer les orbites des planètes gravitant autour du soleil, et de la lune autour de la terre. Quand on prit en considération la friction, comme il se devait, ils expliquèrent également le comportement des corps à la surface de la terre, et formèrent les fondements de la mécanique. Mais ils comportaient également des implications philosophiques étonnantes. Selon les principes de Newton, le comportement d'une particule pouvait être prédit avec exactitude sur la base de son interaction avec les autres particules et des forces qui lui étaient imprimées. S'il était possible de connaître la position et la vitesse de chaque particule dans l'univers, nous serions en mesure de prévoir avec une précision infinie l'avenir de chaque particule, et donc celui de l'univers. Cela signifiait-il que l'univers fonctionnait comme un mécanisme d'horlogerie remonté par le Créateur, et auquel celui-ci aurait imprimé un cours fondamental prévisible? La mécanique classique de Newton soutenait cette vision déterministe de l'univers, une représentation qui ne laissait que peu de place au libre arbitre de l'homme ou au hasard. Se pouvait-il vraiment que nous soyons tous des marionnettes suivant des itinéraires préétablis dans la vie et ne disposant d'aucune faculté de choix? Maints scientifiques se contentèrent de laisser aux philosophes le soin de débattre de la question. Mais on retrouve ces mêmes interrogations au cœur de la nouvelle physique du vingtième siècle.

Ondes ou particules?

La physique des particules ayant connu un tel succès, il n'est pas surprenant que Newton ait tenté d'expliquer le comportement de la lumière en s'y référant. Après tout, n'observe-t-on pas que la lumière se déplace en ligne droite, et la façon dont elle frappe un miroir n'est-elle pas très semblable à celle dont une balle rebondit sur un mur? Newton construisit le premier télescope à réflexions multiples, expliqua que la lumière blanche était une superposition de toutes les couleurs de l'arc-en-ciel, et fit beaucoup pour l'optique, mais ses théories se fondaient toujours sur l'hypothèse voulant que la lumière soit constituée par un courant de particules minuscules, dites corpuscules. Les rayons lumineux sont déviés quand ils franchissent un obstacle placé entre une substance plus légère et une autre plus dense, en passant par exemple de l'air à l'eau ou au verre. La théorie corpusculaire explique cette réaction, pour autant que les corpuscules se déplacent plus vite dans le milieu le plus « dense sur le plan optique ». A la même époque, il existait toutefois une autre manière d'expliquer ce phénomène.

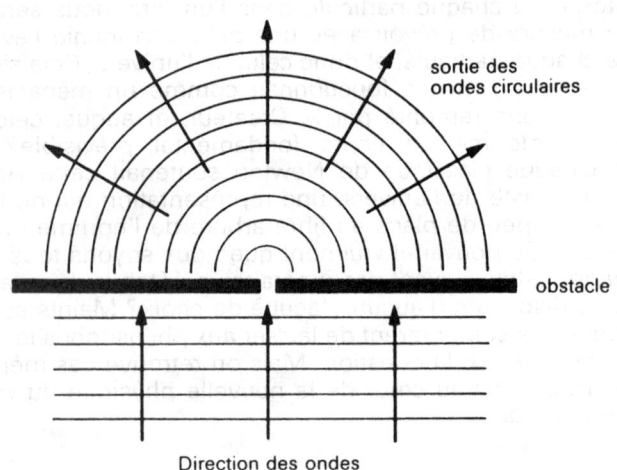

Schéma 1.1. Des ondes parallèles passant à travers une fente pratiquée dans un obstacle se propagent en cercles à partir de cette ouverture, ne laissant pas de zone d'« ombre ».

Christiaan Huygens, physicien hollandais, était un contemporain de Newton. Né en 1629, il était son aîné de treize ans. Il développa l'idée voulant que la lumière ne soit pas un courant de particules mais une onde, à l'instar des vagues qui rident la surface de la mer ou d'un lac, qui se propagerait à travers une substance invisible qu'il qualifia d'« éther luminifère ». Par analogie avec le phénomène des « ronds dans l'eau », il imaginait que les ondes lumineuses se répandaient dans l'éther dans toutes les directions à partir d'une source de lumière. La théorie

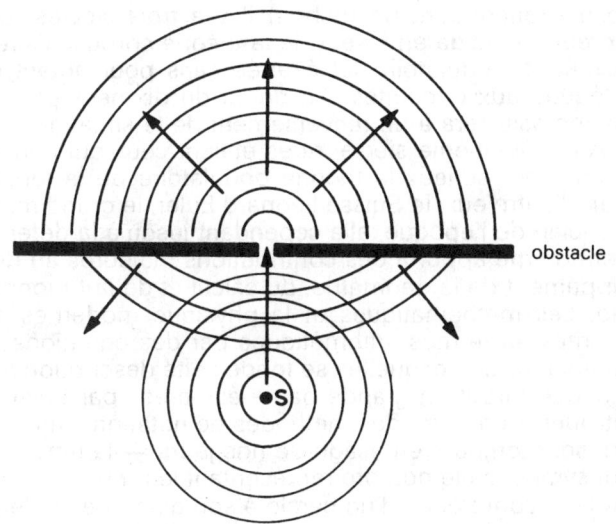

Schéma 1.2. Des rides circulaires, semblables à celles produites par une pierre qu'on lance dans une mare, se propagent également comme des ondes circulaires autour d'une fente quand elles franchissent une ouverture étroite (et bien entendu, les ondes qui frappent à nouveau l'obstacle sont à nouveau réfléchies).

ondulatoire expliquait la réflexion et la réfraction au même titre que la théorie corpusculaire. Elle prétendait toutefois que les ondes lumineuses se déplaçaient plus lentement, et non plus rapidement, dans un milieu optiquement plus dense. Il n'existait aucun moyen de mesurer la vitesse de la lumière au dix-septième siècle, aussi cette divergence ne permit-elle pas de réconcilier les deux théories. Celles-ci différaient toutefois dans leurs prédictions de manière observable sur un point clé. Quand la lumière franchit une arête vive, elle produit une ombre à arête vive. Tel doit être le comportement des courants de particules qui se déplacent en ligne droite, alors qu'une vague tend à dévier, ou diffracter, sa trajectoire dans la zone d'ombre. (Songez aux « ronds dans l'eau » rencontrant un rocher.) Il y a trois siècles, cette « preuve » plaida en faveur de la théorie corpusculaire, et la théorie ondulatoire fut écartée sans pour autant être reléguée aux oubliettes. Au début du dix-neuvième siècle, on assistera à un renversement de la situation.

Au dix-huitième siècle, rares étaient ceux qui considéraient avec sérieux la théorie ondulatoire de la lumière. L'un d'entre eux, le Suisse Léonard Euler, le grand mathématicien de l'époque, alla cependant jusqu'à la défendre. Cet homme apporta des contributions majeures au développement de la géométrie, du calcul et de la trigonométrie. Les mathématiques et la physique modernes sont décrites en termes arithmétiques par des équations ; les techniques sur lesquelles se fonde cette description arithmétique furent en grande partie élaborées par Euler, qui introduisit en outre des méthodes de notation simplifiées qui sont toujours en usage de nos jours — la lettre « pi » qui symbolise le nombre représentant le rapport constant de la circonférence d'un cercle à son diamètre ; la lettre i qui caractérise la racine carrée d'un nombre négatif ; et les symboles qu'utilisent les mathématiciens pour l'intégration. On remarque avec étonnement que l'*Encyclopedia Britannica*, à l'entrée Euler, ne mentionne pas son point de vue sur la théorie ondulatoire de la lumière, des idées qui, d'après l'un de nos contemporains, n'auraient pas été exposées « par un seul physicien de talent[*] ». Benjamin Franklin fut l'un des rares contemporains d'Euler à partager ses vues, tandis que la plupart des physiciens choisirent dans un souci de facilité de les ignorer jusqu'à ce que des expériences nouvelles et décisives aient été réalisées par l'Anglais Thomas Young au dix-

---

[*] Extrait de *Quantum Mechanics*, Ernest Ikenberry (p. 2) ; cf. bibliographie.

neuvième siècle et quelque temps plus tard par le Français Augustin Fresnel.

Le triomphe de la théorie ondulatoire

Young s'inspira du comportement des « rides » à la surface d'une mare pour concevoir une expérience qui démontrerait si la lumière se propageait ou non de la même manière. Nous savons tous à quoi ressemble une vague, mais pour que l'analogie soit exacte, il est préférable de songer à un « rond dans l'eau » plutôt qu'à un brisant. La caractéristique distinctive d'une vague est d'élever visiblement le niveau de l'eau, puis de l'abaisser en se retirant ; la hauteur de la crête de la vague au-dessus du niveau de l'eau correspond à son amplitude, et dans le cas d'une vague parfaite, à l'abaissement du niveau d'eau lorsque la vague se retire. Une série d'ondulations, semblables à nos « ronds dans l'eau », se succèdent à intervalle régulier qui représente la longueur d'onde, qu'on calcule en mesurant la distance séparant deux crêtes. Autour du point de pénétration dans l'eau du caillou, les ondes se propagent en cercles, mais les vagues sur la mer ou les ondulations sur un lac produites par le vent se présentent parfois comme une série de lignes droites, des vagues parallèles, se suivant les unes les autres. Quoi qu'il en soit, le nombre de crêtes de vagues dépassant un point déterminé — un rocher, par exemple — par seconde nous renseigne sur la fréquence de l'onde. La fréquence est le nombre de longueur d'onde par seconde, donc la vitesse de l'onde, la vitesse de progression de chaque crête, correspond à la longueur d'onde multipliée par la fréquence.

L'expérience décisive commence avec des ondes parallèles, semblables à la ligne de front que forment les vagues se dirigeant vers une plage avant de s'y échouer. Vous pouvez les imaginer comme des vagues obtenues en précipitant un corps volumineux dans l'eau très loin du rivage. Les « rides » se propagent en cercles toujours plus grands et ressemblent à des vagues parallèles, ou planes,

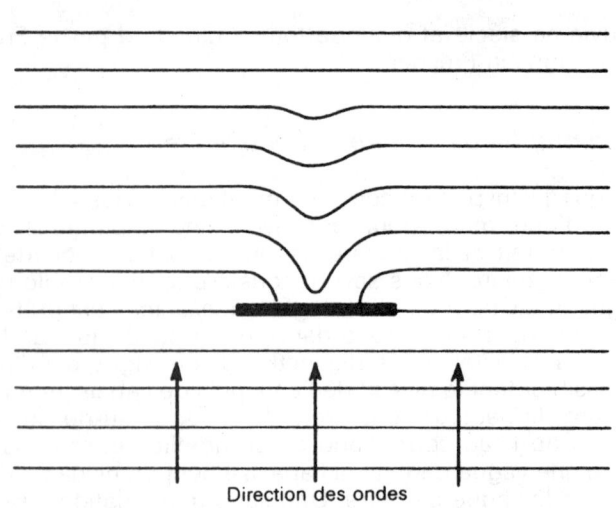

Schéma 1.3. La faculté que possèdent les ondes de dévier autour d'un obstacle signifie également qu'elles peuvent rapidement combler l'ombre au-delà, pourvu que la taille de cet obstacle ne soit pas disproportionnée par rapport à leur longueur d'onde.

si vous êtes suffisamment éloigné de leur origine, parce qu'il est difficile de détecter la courbure du très grand cercle ayant pour centre l'endroit où les perturbations ont commencé. Il est aisé d'étudier ce qu'il advient de telles vagues dans une cuve à eau quand un obstacle est placé sur leur passage. Si l'obstacle n'est pas important, les vagues se brisent sur lui pour se reformer au-delà par diffraction, laissant une zone d'ombre insignifiante ; mais si l'obstacle est très grand comparé à la longueur d'onde des « rides », elles ne dévieront que légèrement dans la zone d'ombre qui s'étend derrière lui, laissant une zone d'eau étale. Si la lumière est une onde, il est encore possible d'avoir des ombres à angle aigu, pourvu que la longueur d'onde de la lumière soit très petite par rapport à la taille du corps responsable de l'ombre.

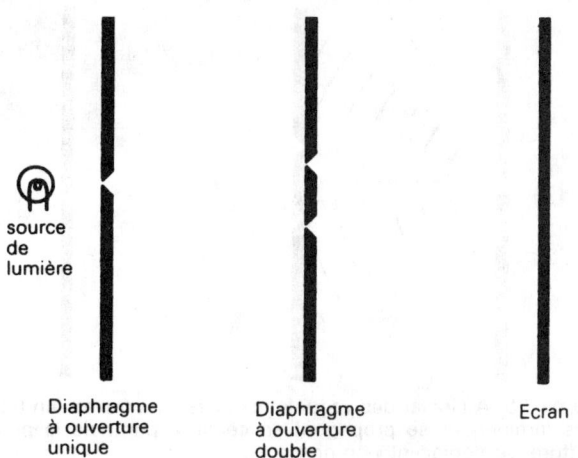

Schéma 1.4. La faculté de diffraction de la lumière autour des angles et à travers de petites fentes peut être vérifiée en utilisant une ouverture unique pour obtenir une onde circulaire et une ouverture double pour produire l'interférence.

Voyons maintenant l'idée sous l'angle inverse. Imaginons une belle série de vagues parallèles progressant à la surface d'une cuve à eau et aboutissant non à un obstacle entouré d'eau mais à un mur s'élevant sur leur passage, dans lequel on a ménagé une ouverture centrale. Si cette dernière est beaucoup plus grande que la longueur d'onde de la perturbation, seule la partie de la vague se trouvant dans son alignement s'y engouffrera, s'étalant quelque peu mais laissant la plus grande partie de l'eau de l'autre côté de la barrière étale, comme le font les vagues qui se brisent à l'entrée d'un port. Mais si l'ouverture est très petite, elle se comportera comme une nouvelle source d'ondes circulaires, comme si on avait lancé des pierres dans l'eau à cet endroit. De l'autre côté du mur, ces vagues circulaires (ou plus exactement semi-circulaires) se propagent à la surface de l'eau, ne laissant aucune zone étale.

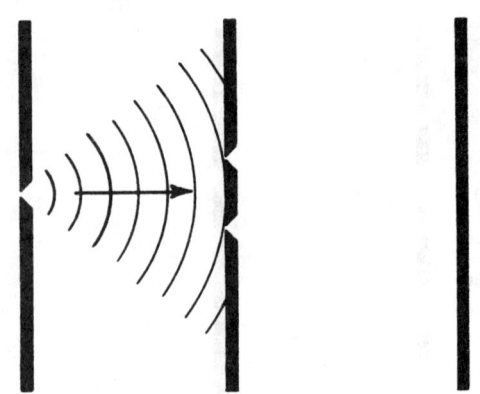

Schéma 1.5. A l'instar des vaguelettes passant à travers un trou, les ondes lumineuses se propagent en cercle à partir de la première ouverture, se déplaçant « en phase ».

A ce stade, aucun problème. Mais venons-en à l'expérience de Young. Imaginez le même dispositif que précédemment, un réservoir d'eau et des vagues parallèles arrivant sur un obstacle, mais cette fois, celui-ci comporte *deux* petites fentes. Chacune d'elles agit comme une nouvelle source d'ondes semi-circulaires dans la région de la cuve se trouvant au-delà de la paroi. Du fait que ces deux ensembles de vagues sont produits par les mêmes vagues parallèles de l'autre côté de la paroi, elles se déplacent au même pas, ou en phase. Nous disposons maintenant de deux ensembles d'ondulations progressant à la surface de l'eau, ce qui engendre un schéma plus complexe de « rides » à la surface de la cuve. Là où les deux vagues élèvent la surface de l'eau, nous observons une crête plus prononcée ; là où une vague s'efforce de créer une crête et où l'autre tente de provoquer une dépression, les deux s'annulent et le niveau d'eau n'est pas perturbé. On a nommé ces effets interférences constructive et destructive. Il est possible de les observer de manière plus empirique en jetant en même temps deux cailloux dans une mare. Si la lumière est une onde, une expérience équivalente devrait donc permettre de produire une interférence similaire parmi des ondes lumineuses, et c'est précisément ce que Young découvrit.

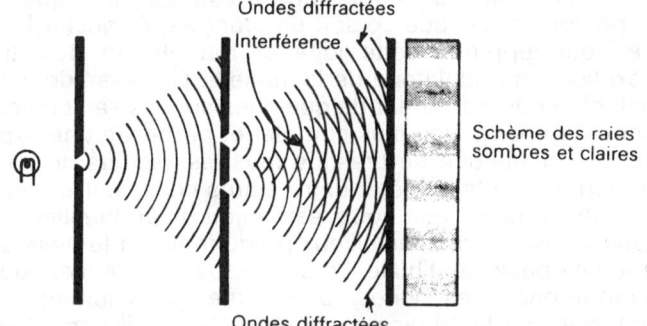

Schéma 1.6. Des ondes circulaires progressant depuis *chacune* des fentes d'un écran à double ouverture interfèrent pour produire un schème d'ombre et de lumière sur l'écran de visualisation — démonstration évidente, dans le cadre de cette expérience, que la lumière se comporte comme une onde.

Il projeta une lumière sur un écran dans lequel étaient percées deux fentes étroites. La lumière se propage à travers les deux fentes, au-delà de l'obstacle en provoquant des interférences. Si l'analogie avec les vagues était correcte, il devait y avoir un spectre d'interférence au-delà de l'écran produisant des zones alternées de lumière blanche et d'obscurité, dues à une interférence constructive et destructive des ondes de chaque fente. Young plaça un écran blanc derrière les fentes, et constata que des bandes alternées de lumière et d'ombre couvraient l'écran.

Mais l'expérience de Young n'enthousiasma pas le monde scientifique, en particulier en Grande-Bretagne. L'establishment scientifique considérait presque comme hérétique et antipatriotique toute idée contredisant celles de Newton. Newton était décédé en 1727, et en 1705 — moins d'un siècle avant que Young fasse connaître ses découvertes — il avait été le premier homme à être fait chevalier pour ses travaux scientifiques. Les Anglais pensaient qu'il était trop tôt pour que l'idole soit déchue, et peut-être était-il plus approprié à l'époque des guerres napoléoniennes, que ce soit un Français, Augustin Fresnel, qui reprenne cette idée et formule en définitive l'explication ondulatoire de la lumière. Le travail de Fresnel, bien que postérieur de quelques années seulement à celui de Young était plus complet et proposait une explication ondulatoire de presque tous les aspects du comportement de la lumière. Entre autres choses, il expliqua un phénomène qui nous est aujourd'hui familier, les reflets aux coloris merveilleux produits par la lumière sur une fine pellicule d'huile. Le processus est là encore dû à l'interférence des ondes. Une partie de la lumière est réfléchie par la surface de la pellicule d'huile, mais une autre partie la traverse et est réfléchie par la surface inférieure de la couche. Deux rayons différents se réfléchissent donc, et interfèrent entre eux. Étant donné que chaque couleur de la lumière correspond à une longueur d'onde différente et que la lumière blanche est composée d'une superposition de toutes les couleurs de l'arc-en-ciel, les réflexions d'une lumière blanche sur une pellicule d'huile produiront une masse de couleurs lorsque certaines ondes (couleurs) interféreront de manière destructive et d'autres de manière constructive, selon votre angle de vision par rapport à la pellicule.

Entre-temps, Léon Foucault, le physicien français célèbre pour le pendule qui porte son nom, démontra au milieu du dix-neuvième siècle que contrairement aux prédictions de la théorie corpusculaire de Newton, la vitesse de la lumière est plus faible dans l'eau que dans l'air, ce qui paraissait désormais évident. « Chacun savait » alors que la lumière était une forme de mouvement ondulatoire qui se propageait à travers l'éther, et ce, quel qu'il fût. Il aurait toutefois été intéressant de savoir avec certitude ce qui « ondulait » dans un rayon de lumière. Dans les années 1860 et 1870, il sembla que la théorie de la lumière avait enfin été complétée quand le grand physicien écossais James Clerk Maxwell démontra l'existence d'ondes impliquant l'alternance des champs électriques et magnétiques. Maxwell avait suspecté que ce rayonnement électromagnétique impliquait des modèles de champs électriques et magnétiques plus forts et plus faibles de la même manière que les vagues impliquent des crêtes et des dépressions en ce qui concerne le niveau d'eau. En 1887 — il y a à peine un siècle — Heinrich Hertz parvint à émettre et à capter un rayonnement électromagnétique sous la forme d'ondes radio, qui sont semblables aux ondes lumineuses mais ont des longueurs d'onde beaucoup plus grandes. Enfin la théorie ondulatoire de la lumière était complète — juste à temps pour être renversée par la plus grande révolution de la pensée scientifique depuis l'époque de Newton et de Galilée. A la fin du dix-neuvième siècle, seul un génie ou un fou aurait suggéré que la lumière était corpusculaire. Il se nommait Albert Einstein. Avant que nous soyons en mesure de comprendre pourquoi il adopta cette attitude téméraire, nous devons en savoir un peu plus sur les idées de la physique du dix-neuvième siècle.

Chapitre 2
LES ATOMES

Maints ouvrages de vulgarisation relatifs à l'histoire de la science affirment que l'idée des atomes remonte aux anciens Grecs, à l'époque de la naissance de la science, et louent les Anciens pour leur perspicacité quant à la nature véritable de la matière. De telles déclarations relèvent pourtant de l'exagération. Il est vrai que Démocrite d'Abdère, qui mourut aux environs de 370 avant J.-C., a suggéré que la nature complexe du monde pouvait être expliquée en admettant que les choses fussent composées de différents types d'atomes immuables, chaque type ayant ses propres forme et taille et étant animé d'un mouvement constant. « Les seules choses qui existent sont les atomes et l'espace vide ; et le reste n'est que supposition », écrivait-il[*]. Plus tard, Epicure de Samos et le Romain Lucretius Carus reprirent l'idée. Mais ce n'était pas la théorie la plus en vogue à l'époque pour expliquer la nature du monde, et la suggestion d'Aristote voulant que tout dans l'univers soit constitué des quatre « éléments », le feu, la terre, l'air et l'eau, s'avéra beaucoup plus populaire et durable. La quaternité élémentaire d'Aristote fut acceptée pendant deux mille ans alors que l'hypothèse atomiste fut oubliée à l'époque du Christ.

Les atomes ne devinrent partie intégrante de la pensée

---

[*] Cité dans de nombreux ouvrages, dont *Invitation to Physics*, par Jay M. Pasachoff et Marc L. Kutner (p. 3).

scientifique qu'à la fin du dix-huitième siècle quand le chimiste français Antoine Lavoisier chercha à comprendre les principes de la combustion, pourtant l'Anglais Robert Boyle avait utilisé le concept atomistique dans ses travaux sur la chimie au début du dix-septième siècle et Newton l'avait eu présent à l'esprit lors de ses recherches sur la physique et l'optique. Lavoisier identifia de nombreux éléments réels, des substances chimiques pures qu'il était impossible de diviser en d'autres substances chimiques, et il comprit que la combustion n'était que le processus par lequel l'oxygène de l'air se combine à d'autres éléments. Au tout début du dix-neuvième siècle, John Dalton définit avec à-propos le rôle des atomes en chimie. Il démontra que la matière est composée d'atomes qui sont indivisibles ; que les atomes d'un élément sont identiques, mais que des éléments différents sont faits de types d'atomes divers (différentes tailles et formes) ; que les atomes ne peuvent être ni créés ni détruits, mais que des réactions chimiques les réorganisent ; et qu'un composé chimique, constitué de deux ou plusieurs éléments, renferme des molécules, chacune d'elles présentant un petit nombre précis d'atomes appartenant à chacun des éléments le composant. Ainsi le concept atomiste du monde matériel vit-il réellement le jour, sous la forme dont les manuels l'enseignent aujourd'hui, il y a moins de deux cents ans.

Les atomes au dix-neuvième siècle

Les scientifiques du dix-neuvième siècle ne reconnurent pas d'emblée la validité de cette idée. Joseph Gay-Lussac démontra en laboratoire que les volumes de deux substances gazeuses qui réagissent sont toujours dans un rapport simple. Si le composé obtenu est également un gaz, le volume de ce troisième gaz est aussi dans un rapport simple par rapport aux deux autres. Ceci confirme l'idée selon laquelle chaque molécule du composé est constituée par un ou deux atomes d'un des gaz combinés à quelques atomes de l'autre. L'Italien Amadeo Avogadro se fonda sur ce travail, en 1811, pour déduire sa fameuse hypothèse, laquelle stipule que des volumes égaux de gaz à la même température et à la même pression contiennent le même nombre de molécules, et ce, quelle que soit la nature chimique du gaz. Des expériences ultérieures ont établi la validité de cette hypothèse ; il est possible de prouver que chaque litre de gaz à la pression de une atmosphère et à la température de 0 °C compte environ 27 000 milliards de milliards de molécules (27×10^{21}). Mais ce n'est que dans les années 1850, que le compatriote d'Avogadro, Stanislao Cannizzaro, développa l'idée de telle sorte que les chimistes consentent à la prendre au sérieux. A la fin des années 1890, nombreux étaient ceux qui n'acceptaient toujours pas les idées de Dalton et d'Avogadro. Mais à cette époque, ils avaient déjà été dépassés par les événements survenus dans l'évolution de la physique, domaine dans lequel le comportement des gaz avait été expliqué de manière détaillée en utilisant le concept atomiste, par l'Écossais James Clerk Maxwell et l'Autrichien Ludwig Boltzmann.

Durant les années 1860 et 1870, ces pionniers formulèrent l'hypothèse voulant qu'un gaz soit constitué de très nombreux atomes ou molécules (le nombre déduit de l'hypothèse d'Avogadro vous donne une idée de la quantité) qu'on pouvait concevoir comme des sphères minuscules et dures qui rebondissaient en entrant en collision d'une part entre elles et d'autre part avec les parois de la cuve qui renfermait le gaz. Ce concept était en relation directe avec l'idée avançant que la chaleur est une forme de mouvement — quand un gaz est chauffé, les molécules se déplacent plus vite, ce qui élève la pression sur les parois de la cuve, et si celles-ci ne sont pas fixes, le gaz se dilatera. Ces idées nouvelles admettaient toutes que le comportement d'un gaz pouvait être expliqué en appliquant les lois de la mécanique — les principes de Newton — dans un sens statistique à un très grand nombre d'atomes ou de molécules. Une molécule pouvait se déplacer dans n'importe quelle direction dans le gaz, à n'importe quel moment, mais l'effet combiné des nombreuses molécules entrant en collision avec les parois de la cuve à chaque seconde produit une pression constante. Ceci conduisit à l'élaboration d'une description mathématique des processus gazeux dite mécanique statistique. Pourtant, il n'existait encore aucune preuve tangible de l'existence des atomes. D'éminents physiciens de l'époque s'élevaient violemment contre l'hypothèse atomiste, et même dans les années 1890 Boltzmann se considéra (peut-être à tort) comme un individu avançant à contre-courant de l'opinion scientifique. En 1898, il publia ses calculs détaillés dans l'espoir « que, quand serait exhumée la théorie des gaz, il n'y ait pas trop à redécouvrir* » ; en 1906, malade et dépressif, attristé par les attaques constantes dont faisait l'objet sa théorie cinétique des gaz de la part de ses confrères, il se suicida, sans savoir que quelques mois auparavant un théoricien obscur du nom d'Albert Einstein avait publié un article qui établissait sans conteste la réalité des atomes.

Les atomes d'Einstein

Einstein publia en 1905 trois articles dans le même volume des *Annalen der Physik,* un seul d'entre eux aurait suffi à lui valoir une place dans les annales de la science. Le premier présentait la théorie de la relativité restreinte et dépasse le cadre de notre propos ; le deuxième concernait l'interaction de la lumière et des électrons et fut reconnu ultérieurement comme la première contribution scientifique à ce que nous nommons de nos jours la mécanique quantique. C'est pour ce travail qu'Einstein reçut le prix Nobel en 1921. Le troisième article était une explication étonnamment simple d'une énigme qui déroutait les scientifiques depuis 1827 — explication qui prouvait, pour autant qu'un article théorique puisse le faire, la réalité des atomes.

Einstein dit plus tard que son principal objectif à cette époque était de « trouver des faits susceptibles d'attester

---

* Cité dans *The historical development of quantum theory,* vol. I, p. 16, par Jagdish Mehra et Helmut Rechenberg.

dans la mesure du possible de l'existence d'atomes de taille finie* », un objectif qui indique peut-être l'ampleur de la tâche au début de notre siècle. A l'époque où ces articles furent publiés, Einstein travaillait comme ingénieur au bureau des inventions techniques de Berne — son approche originale de la physique ne faisait pas de lui le candidat idéal pour un poste académique quand il eut achevé ses études, et ce travail au bureau des inventions lui plaisait. Son esprit logique s'entendait à trier le bon grain de l'ivraie parmi les inventions, et sa vivacité intellectuelle lui laissait le temps de réfléchir à la physique, même pendant ses heures de bureau. Certaines de ses réflexions concernaient les découvertes du botaniste anglais Thomas Brown, vieilles de quatre-vingts ans déjà. Brown avait remarqué que quand un grain de pollen flottait sur une goutte d'eau et qu'on l'examinait au microscope, on le voyait aller et venir de façon irrégulière, se déplacer au hasard, un schème aujourd'hui connu sous le nom de mouvement brownien. Einstein démontra que ce mouvement, bien que se conformant au hasard, obéit à une loi statistique précise, et que le schème de comportement correspond exactement à ce qu'on pourrait escompter si le grain de pollen était « frappé » à plusieurs reprises par des particules invisibles, submicroscopiques se déplaçant en accord avec les statistiques utilisées par Boltzmann et Maxwell pour décrire la manière dont les atomes évoluent dans un gaz ou dans un liquide. Ceci semble si évident aujourd'hui qu'il est difficile d'imaginer que ce « papier » ait été une révélation. Vous et moi, habitués que nous sommes à l'idée des atomes, comprenons immédiatement que si des grains de pollen font l'objet de collisions invisibles, celles-ci sont vraisemblablement imputables à des atomes en mouvement. Mais avant qu'Einstein ait prouvé son point de vue, des scientifiques respectés doutaient encore de l'existence des atomes ; après la parution de cet article, le doute ne fut plus permis. Voilà qui paraît simple. Aussi simple que d'expliquer

---

* Extrait de « Einstein's Autobiographical Notes », *in Albert Einstein : Philosopher Scientist*, édité par P.A. Schilpp, Tudor, New York, 1949.

pourquoi une pomme tombe d'un arbre, mais alors pour quelle raison ne l'avait-on pas reconnu au cours des huit décennies précédentes ?

Il est ironique que cet article ait été publié en allemand (dans la revue *Annalen der Physik*), quand on sait que ce fut l'opposition d'éminents scientifiques de langue allemande tels que Ernst Mach et Wilhelm Ostwald qui convainquit, semble-t-il, Boltzmann qu'il prêchait dans le désert. En fait, au début du vingtième siècle, les preuves témoignant de la réalité des atomes commençaient à s'accumuler, même si, *stricto sensu*, ces preuves ne pouvaient qu'être qualifiées de circonstancielles ; les physiciens anglais et français souscrivirent à la théorie atomiste avec une conviction plus grande que leurs confrères allemands. Et c'est un Anglais, J.J. Thomson, qui découvrit l'électron — dont nous savons aujourd'hui qu'il est l'un des composants de l'atome — en 1897.

Les électrons

A la fin du dix-neuvième siècle, on assista à une longue polémique relative à la nature du rayonnement produit à partir d'un fil qui transporte un courant électrique à travers un tube à vide. Ces rayons cathodiques, ainsi qu'on les nomma, pouvaient être une forme de rayonnement produit par des vibrations de l'éther mais de caractère différent de la lumière ou des ondes radio récemment découvertes, ou ils pouvaient être des courants de particules minuscules. La plupart des scientifiques allemands adoptèrent l'idée des ondes éthérées ; la plupart des scientifiques britanniques et français pensaient que les rayons cathodiques devaient être des particules. La découverte accidentelle des rayons X par Wilhelm Röntgen en 1895 compliqua encore la situation, mais il s'avéra que ce n'était qu'une « fausse piste » (Röntgen reçut en 1901 le premier prix Nobel de physique pour cette découverte). En un certain sens, cette découverte venait trop tôt en dépit de son importance ; la physique atomiste ne disposait pas d'un cadre de référence théorique, dans lequel pouvaient s'inscrire les rayons X. Nous les rencontrerons à nouveau dans un contexte plus logique au cours de notre histoire.

Thomson travaillait au Laboratoire Cavendish, un centre de recherches de Cambridge fondé par Maxwell, en tant que premier professeur de physique en ce lieu, dans les années 1870. Il conçut une expérience qui nécessitait d'équilibrer les propriétés électriques et magnétiques d'une particule chargée en mouvement[*]. La trajectoire d'une telle particule pouvait être déviée tant par les champs électriques que par les champs magnétiques, et l'appareil de Thomson était conçu de manière à ce que ces deux effets s'annulent l'un l'autre et laissent un faisceau de rayons cathodiques se déplaçant en ligne droite entre une plaque de métal (ou cathode) chargée négativement et un écran détecteur. Ce dispositif ne fonctionne qu'avec des particules électriquement chargées ; Thomson établit donc que les rayons cathodiques étaient vraiment des particules à charge négative (appelées aujourd'hui électrons[**]) et il parvint à utiliser l'équilibre des forces électriques et magnétiques pour calculer le rapport de leur charge e à leur masse m. Quel que soit le métal utilisé pour la cathode, il obtint toujours le même résultat, et conclut que les électrons sont des parties d'atomes, mais que tous les atomes contiennent des électrons identiques en dépit du fait que des éléments différents soient constitués d'atomes différents.

Il ne s'agissait pas d'une découverte fortuite, comme celle des rayons X, mais du résultat d'expériences soigneusement préparées. Maxwell était le fondateur du Laboratoire Cavendish, mais c'est sous Thomson que

---

[*] « *Conçu* » est le terme approprié dans le cas présent. J.J. Thomson était un être des plus maladroits ; il préparait donc des expériences brillantes que d'autres réalisaient. Son fils George aurait dit que bien que J.J. (ainsi qu'on le nommait) « pouvait diagnostiquer les défaillances d'un appareil avec une précision rare, mieux valait ne pas l'autoriser à y toucher ». (Cf. *The questioners*, Barbara Lovett Cline, p. 13.)

[**] L'écran sur lequel vous voyez l'image de votre téléviseur est partie d'un tel tube, dit tube cathodique. Les rayons cathodiques qui colorent l'image sont des électrons, qui balaient l'écran en changeant les champs magnétiques de la même manière que ceux que Thomson étudia.

cette institution devint un centre de physique expérimentale de renom — peut-être le laboratoire n° 1 dans le monde — à l'origine des découvertes qui conduisirent à une nouvelle compréhension de la physique au vingtième siècle. Sept personnes qui travaillèrent avec Thomson ou Cavendish avant 1914 reçurent également des prix Nobel. Ce laboratoire jouit encore de nos jours d'un grand prestige dans le monde de la physique.

Les ions

Il s'avéra que les rayons cathodiques, produits par une plaque chargée négativement dans un tube à vide, étaient des particules, des éléments chargés négativement. Cependant, les atomes étant électriquement neutres, en toute logique, les électrons devaient avoir des analogues chargés positivement, des atomes ayant perdu leur charge négative. Wilhelm Wien, de l'Université de Würzburg, réalisa certaines des premières études de ces rayons positifs en 1898, et démontra que les particules dont ils étaient constitués étaient beaucoup plus lourdes que les électrons, comme on pouvait s'y attendre s'il s'agissait d'atomes auxquels il manquait un électron. Poursuivant ses travaux sur les rayons cathodiques, Thomson releva le défi d'étudier ces rayons positifs dans une série d'expériences délicates qui durèrent jusque dans les années vingt. Aujourd'hui on nomme ces rayons atomes ionisés ou simplement « ions » ; à l'époque de Thomson, on les appelait rayons canalisés. J.J. les étudia en utilisant un tube cathodique modifié dans lequel la pompe à vide laissait une petite quantité de gaz en se retirant. Les électrons de ce gaz entraient en collision avec ses atomes et en expulsaient d'autres électrons, laissant des ions positivement chargés, qui pouvaient être manipulés par des champs électriques et magnétiques de la même manière que les électrons manipulés par Thomson. En 1913 son équipe procédait à des mesures des déviations des ions positifs de l'hydrogène, de l'oxygène et d'autres gaz. L'un de ceux-ci était le néon ; une trace de néon dans un tube à vide dans lequel circule un courant électrique brille avec éclat, et l'appareil de Thomson était un précurseur de notre tube au néon. Ce qu'il découvrit était cependant beaucoup plus important qu'un nouveau type de support publicitaire.

Contrairement aux électrons, qui ont tous le même rapport e/m, il s'avère qu'il existe trois ions de néon, qui ont tous la même quantité de charge que l'électron (mais $e+$ au lieu de $e-$) et des masses différentes. Il s'agissait de la première preuve indiquant que les éléments chimiques comprennent souvent des atomes ayant des masses différentes (des poids atomiques différents) mais des propriétés chimiques identiques. De telles variations sur le plan élémentaire sont aujourd'hui appelées « isotopes », mais ceci se passait bien avant qu'une explication de leur existence soit apportée. Thomson possédait cependant une information suffisante pour tenter d'expliquer à quoi ressemblait l'intérieur de l'atome — non à une particule finie, indivisible comme l'avaient pensé certains philosophes grecs, mais à un mélange de charges positive et négative, dont il était possible d'extraire des électrons.

Thomson envisagea l'atome comme une pastèque, une sphère relativement importante à travers laquelle se répartissait l'ensemble de la charge positive, avec des petits électrons à l'intérieur comme des pépins, chacun possédant sa petite partie de charge négative. Il s'avéra qu'il se trompait, mais il offrit ainsi aux scientifiques une cible sur laquelle s'exercer et leur pratique les conduisit à une compréhension plus exacte de la structure atomique. Pour comprendre cette démarche, nous devons faire un pas en arrière dans l'histoire scientifique, puis deux pas en avant.

Les rayons X

C'est la découverte de la radioactivité en 1896 qui nous révéla le secret de la structure de l'atome. Comme la découverte des rayons X quelques mois auparavant, elle est dans une large mesure le fait d'un accident heureux, bien que dans les deux cas c'était le type d'accident qui se devait d'advenir dans un laboratoire de physique à cette époque. A l'instar de nombreux scientifiques dans les années 1890, Wilhelm Röntgen procédait à des expériences sur les rayons cathodiques. Quand ces rayons — les électrons — frappent un corps matériel, un rayonnement secondaire résulte de la collision. Cette radiation est invisible et ne peut être détectée que grâce à son action sur les plaques ou les pellicules photographiques, ou sur un appareil nommé écran fluorescent, lequel produit des étincelles lumineuses lorsque le rayonnement le frappe. Le hasard fit qu'un tel écran se trouvait sur une table voisine alors que Röntgen procédait à son expérience sur le rayonnement cathodique. Il constata vite que quand le tube de Crookes fonctionnait cet écran devenait fluorescent. C'est ainsi qu'il découvrit le rayonnement secondaire, qu'il nomma « X » parce que X est traditionnellement la quantité inconnue dans une équation mathématique. Il fut rapidement démontré que les rayons X se comportaient comme des ondes (nous savons maintenant qu'il s'agit d'une forme de rayonnement électromagnétique, très semblable aux ondes lumineuses mais ayant des longueurs d'onde plus courtes), et cette découverte dans un laboratoire allemand contribua à confirmer l'opinion de nombreux scientifiques allemands qui prétendaient que les rayons cathodiques devaient également être des ondes.

La découverte des rayons X fut annoncée en décembre 1895, et provoqua de l'agitation dans la communauté scientifique. D'autres chercheurs essayèrent de trouver d'autres façons d'obtenir des rayons X ou des formes voisines du rayonnement, et Henri Becquerel, qui travaillait à Paris, fut le premier à y parvenir. La caractéristique la plus étonnante de la radiation X était l'aisance avec laquelle elle traversait de nombreuses substances opaques, telle qu'une feuille de papier noir, pour produire une image sur une plaque photographique qui n'avait pas été exposée à la lumière. Becquerel s'intéressait à la phosphorescence, c'est-à-dire à l'émission de lumière par une substance qui a absorbé de la lumière auparavant. Un écran fluorescent, tel celui qui a joué un rôle dans la découverte des rayons X, n'émet de lumière que quand il est « excité » par un rayonnement ; une substance phosphorescente possède la faculté d'emmagasiner la radiation et d'émettre de la lumière lorsqu'elle se trouve dans l'obscurité, une lumière dont l'intensité diminue au fil des heures. Il était naturel de chercher une relation entre la phosphorescence et le rayonnement X, mais ce que découvrit Becquerel était aussi inattendu que l'avait été la découverte des rayons X.

La radioactivité

En février 1896 il enveloppa une plaque photographique dans une double épaisseur de papier noir, enduisit le papier de bisulfate d'uranium et de potassium, et exposa le tout au soleil pendant plusieurs heures. Après développement, la plaque révéla le contour du revêtement de produits chimiques. Becquerel pensa que le rayonnement X avait été produit à l'intérieur du revêtement — un sel d'uranium — par la lumière solaire, de la même manière que la phosphorescence. Deux jours plus tard, il prépara une autre plaque de la même manière pour renouveler l'expérience, mais le ciel demeura couvert pendant deux jours, et la plaque resta enfermée dans un placard. Becquerel la développa néanmoins le 1er mars, et remarqua à nouveau le contour du sel d'uranium. Quel que soit l'agent responsable de l'impression des deux plaques, il n'avait rien à voir avec la lumière solaire ou la phosphorescence ; il s'avéra qu'il s'agissait d'une forme précédemment inconnue de radiation émise par l'uranium lui-même et n'impliquant aucune influence extérieure. Cette faculté d'émettre une radiation spontanément est aujourd'hui appelée radioactivité.

Alertés par la découverte de Becquerel, d'autres scientifiques entreprirent d'étudier la radioactivité, et Pierre et Marie Curie, qui travaillaient à la Sorbonne, devinrent rapidement les experts dans cette nouvelle branche de la science. Ils reçurent le prix Nobel de physique en 1903 pour leurs travaux sur la radioactivité et pour la découverte de nouveaux éléments radioactifs ; en 1911, Marie reçut un second prix Nobel, en chimie, pour ses travaux ultérieurs sur les matériaux radioactifs (Irène, la fille des Curie, reçut également un prix Nobel pour ses recherches sur la radioactivité dans les années trente). Au tout début du siècle, les découvertes expérimentales en matière de radioactivité firent plus que dépasser la théorie, avec une succession de développements nouveaux qui ne furent intégrés au cadre de travail théorique que plus tard. Tout au long de cette période, un nom s'imposa dans l'investigation de la radioactivité, celui de Ernest Rutherford.

Rutherford était un Néo-Zélandais qui avait travaillé avec Thomson au Cavendish dans les années 1890. En 1898 il fut nommé professeur agrégé de physique à la *McGill University* à Montréal. Il prouva avec Frederick Soddy en 1902 que la radioactivité implique la transformation de l'élément radioactif en un autre. Ce fut Rutherford qui découvrit que deux types de radiation différents résultaient de cette « désintégration » radioactive, ainsi qu'on la nomme aujourd'hui, et il leur donna les noms de radiations alpha et bêta. Quand un troisième type de rayonnement fut découvert plus tard, il parut tout à fait naturel de le baptiser gamma. Il s'avéra que les rayonnements alpha et bêta étaient des particules rapides ; on constata bientôt que les rayons bêta étaient des électrons, l'équivalent radioactif des rayons cathodiques, et peu après on démontra que les rayons gamma étaient une autre forme de radiation électromagnétique, semblable aux rayons X, mais ayant des longueurs d'onde encore plus petites. Les particules alpha s'avérèrent cependant être très différentes — des particules ayant une masse quatre fois supérieure à celle d'un atome d'hydrogène et une charge électrique deux fois plus grande que la charge d'un électron mais positive et non négative.

Au cœur de l'atome

Bien avant que quiconque sache exactement ce qu'était une particule alpha, ou comment il était possible de l'éjecter à très grande vitesse d'un atome qui au cours du processus se transformait en un atome d'un autre élément, des chercheurs tels que Rutherford parvinrent à les utiliser. Ces particules de haute énergie, qui résultaient de réactions atomiques, pouvaient être utilisées comme sondes pour étudier la structure de l'atome et découvrir d'où provenaient les particules alpha. En 1907 Rutherford quitta Montréal pour devenir professeur de physique à l'université de Manchester, Angleterre ; en 1908 il reçut le prix Nobel de chimie pour ses travaux sur la radioactivité, une récompense qui le fit sourire. Bien que l'étude des éléments ait été considérée par le comité Nobel comme de la chimie, Rutherford se voulait physicien et n'avait que peu de temps à consacrer à la chimie, pour laquelle il n'éprouvait que condescendance. (Avec la nouvelle compréhension des atomes et des molécules qu'offre la physique quantique, la vieille plaisanterie des physiciens voulant que la chimie ne soit qu'une branche de la physique est devenue, bien entendu, plus qu'une demi-vérité.) En 1909, Hans Geiger et Ernest Marsden, qui travaillaient dans le service de Rutherford à Manchester, réalisèrent des expériences dans lesquelles un faisceau de particules alpha était dirigé sur et à travers une mince feuille de métal. Les particules alpha provenaient d'atomes naturellement radioactifs — les accélérateurs de particules n'existaient pas encore à l'époque. La trajectoire des particules dirigées sur la feuille de métal était déterminée par des compteurs à scintillation, des écrans fluorescents d'où jaillissaient des étincelles quand une telle particule les frappait. Certaines particules traversaient directement la feuille de métal ; d'autres étaient déviées et ressortaient en formant un angle par rapport au faisceau original ; et d'autres encore, à la surprise des chercheurs, rebondissaient sur la feuille du côté où le faisceau l'avait frappée. Comment était-ce possible ?

Rutherford obtint la réponse. Chaque particule alpha a une masse plus de 7000 fois supérieure à celle d'un électron (en fait, une particule alpha est identique à un atome d'hélium auquel on a enlevé deux électrons) et se déplace presque à la vitesse de la lumière. Si une telle particule entre en collision avec un électron, elle repousse l'électron et continue sa trajectoire sans en être affectée. Les déviations doivent être provoquées par les charges positives des atomes de la feuille de métal (des charges identiques, comme des pôles magnétiques identiques, se repoussent), mais si le modèle de la pastèque de Thomson était correct, aucune particule ne rebondirait. Si la sphère de charge positive remplissait l'atome, les particules alpha devraient alors la traverser en ligne droite, puisque l'expérience prouvait que la plupart des particules traversaient directement la feuille. Si la pastèque laissait passer une particule, elle aurait dû les laisser passer toutes. Mais si l'ensemble de la charge positive était concentré dans un volume minuscule, beaucoup plus petit que celui de l'atome, une particule alpha frappant occasionnellement de plein fouet cette infime concentration de matière et de charge rebondirait, alors que la plupart des particules alpha parcouraient à toute vitesse l'espace vide entre les parties positivement chargées des atomes. Seul ce type de disposition permet à la charge positive de l'atome de repousser parfois les particules alpha positivement chargées ; de les dévier d'autres fois sensiblement de leur trajectoire ; et d'autres fois encore de ne pas les affecter le moins du monde.

Ainsi Rutherford proposa-t-il en 1911 un nouveau modèle de l'atome, modèle qui servira de fondement à notre compréhension moderne de la structure atomique. Il dit qu'il devait exister une petite région centrale de l'atome, qu'il nomma noyau. Le noyau contient toute la charge positive de l'atome, une quantité exactement égale et opposée à la charge négative du nuage d'électrons qui entoure le noyau, de sorte qu'ensemble le noyau et les électrons forment l'atome électriquement neutre. Des expériences ultérieures montrèrent que la taille du noyau représente à peine le cent millième de celle d'un atome — un noyau d'une dimension typique de 10^{-13} cm est enveloppé d'un nuage d'électrons mesurant 10^{-8} cm. Pour vous faire une idée de ce que ces chiffres représentent, imaginez une tête d'épingle, mesurant un millimètre, au centre de Notre-Dame, entourée d'un nuage d'atomes de poussière microscopiques, très haut sous la voûte, environ à cent mètres. La tête d'épingle représente le noyau atomique ; les atomes de poussière le nuage électronique. C'est dire combien d'espace vide il y a dans l'atome — et tous les corps apparemment solides au sein du monde matériel sont constitués de tels espaces vides, maintenus solidaires par des charges électriques. Rutherford avait déjà obtenu un prix Nobel, souvenez-vous, quand il présenta son nouveau modèle de l'atome (un modèle se fondant sur des expériences qu'il avait conçues). Mais sa carrière était loin d'être terminée, puisqu'en 1919 il annonça la première transmutation artificielle d'un élément, et succéda la même année à J.J. Thomson au poste de directeur du Laboratoire Cavendish. Il fut fait chevalier (en 1914) et, en 1931, il devint Baron Rutherford de Nelson. Malgré tout, sa plus grande contribution à la science fut sans aucun doute le modèle nucléaire de l'atome. Ce modèle devait transformer la physique, débouchant comme il le fit sur une interrogation — puisque des charges dissemblables s'attirent l'une l'autre avec autant de force que des charges semblables se repoussent, pour quelle raison les électrons négatifs ne tombent-ils pas dans le noyau positif ? La réponse fut fournie par une analyse de l'interaction des atomes et de la lumière, et fut à l'origine de la première version de la théorie quantique.

Chapitre 3

LA LUMIÈRE ET LES ATOMES

L'énigme posée par le modèle atomique de Rutherford se fondait sur un fait connu : une charge électrique en mouvement qui subit une accélération émet de l'énergie sous forme de rayonnement électromagnétique — la lumière, les ondes radio, ou toute autre variante de la même veine. Si un électron se tenait immobile à l'extérieur du noyau d'un atome, il devrait être aspiré dans le noyau, et l'atome ne serait donc pas stable. En s'effondrant l'atome devrait irradier une certaine quantité d'énergie. La seule façon de contrer cette tendance à l'effondrement de l'atome consistait à imaginer que les électrons tournaient autour du noyau, de la même manière que les planètes orbitent autour du soleil dans notre système solaire. Mais le mouvement orbital implique une accélération constante. La vitesse de la particule en orbite peut ne pas changer, mais sa direction, elle, se modifie, or ce sont la vitesse et la direction qui déterminent la vélocité, et c'est celle-ci qui importe. Quand la vitesse des electrons en orbite se modifie, ils devraient émettre de l'énergie, et du fait de cette déperdition devraient tomber en spirales dans le noyau. Même en recourant au mouvement orbital, les théoriciens ne pouvaient empêcher l'effondrement de l'atome de Rutherford.

Pour améliorer ce modèle les théoriciens s'inspirèrent de l'image des électrons orbitant autour du noyau ; ils tentèrent de trouver des moyens de les maintenir en orbite sans qu'il y ait perte d'énergie ni effondrement. C'était une démarche logique qui cadrait bien avec l'analogie du système solaire. Mais elle était fausse. Comme nous le verrons, c'était à peu près aussi sensé que de penser que les électrons se trouvaient dans l'espace à proximité du noyau mais sans être animés par un mouvement orbital. Le problème est le même — comment empêcher les électrons d'être aspirés à l'intérieur — mais l'image évoquée est très différente de celle des planètes orbitant autour du soleil, et c'était préférable. La démarche qu'adoptèrent les théoriciens pour expliquer pourquoi les électrons n'étaient pas aspirés est la même que nous utilisions ou non l'analogie orbitale, or cette dernière est tout à la fois superflue et trompeuse. Pour la plupart, nous nous représentons l'atome comme étant semblable au système solaire, avec un noyau central minuscule autour duquel se meuvent les électrons en orbites circulaires. Cependant, le moment est venu d'abandonner une telle image et d'essayer d'approcher le monde étrange de l'atome — le monde de la mécanique quantique — avec un esprit ouvert. Contentez-vous de penser que le noyau et les électrons se trouvent dans l'espace, et demandez-vous pourquoi l'attraction entre les charges positives et négatives ne provoque pas l'effondrement de l'atome, et une diffusion subséquente d'énergie.

A l'époque où les théoriciens s'attaquèrent à cette énigme, dans la deuxième décennie du vingtième siècle, les découvertes décisives qui leur offriraient un modèle amélioré de l'atome avaient déjà été faites. Elles dépendaient des études du mode d'interaction de la matière (atomes) et du rayonnement (lumière).

Au début du vingtième siècle, la meilleure vision scientifique du monde naturel requérait une philosophie dualiste. Des corps solides pouvaient être décrits en termes de particules, ou atomes, mais la radiation électromagnétique, y compris la lumière, devait être appréhendée en termes d'ondes. Ainsi l'étude du mode d'interaction de la lumière et de la matière semblait-elle constituer la meilleure voie vers l'unification de la physique au tournant de ce siècle. Mais ce fut précisément en tentant d'expliquer comment la radiation interagit avec la matière que la physique classique, si brillante dans presque tous les autres domaines, échoua.

La manière la plus simple de voir (littéralement) comment la matière et le rayonnement interagissent consiste à observer un corps chauffé. Ce dernier irradie de l'énergie électromagnétique, et plus il est chaud, plus il en diffuse, à des longueurs d'onde plus courtes (hautes fréquences). Ainsi un tisonnier chauffé au rouge est-il plus froid qu'un tisonnier chauffé à blanc, et un tisonnier trop froid pour émettre une lumière visible paraîtra-t-il encore chaud, puisqu'il irradie un rayonnement infrarouge à basse fréquence. Il ne faisait déjà aucun doute à la fin du dix-neuvième siècle que ce rayonnement électromagnétique devait être associé au mouvement de charges électriques minuscules. L'électron venait d'être découvert, mais il est facile de voir comment la partie chargée d'un atome (que nous assimilerions maintenant à un électron) qui va et vient en vibrant produira un courant d'ondes électromagnétiques, d'une manière assez semblable à celle que nous utilisons pour faire des « ronds dans l'eau » en agitant un doigt dans une baignoire. Le problème tenait au fait que la combinaison des meilleures théories classiques — la mécanique statistique et l'électromagnétisme — prédisait un type de rayonnement très différent de celui qu'émettaient les corps chauffés.

La preuve du corps noir

Afin de faire ces prédictions, les théoriciens utilisèrent, comme ils le font toujours, un exemple imaginaire idéal, dans ce cas un absorbeur ou émetteur de rayonnement « parfait ». On nomme en général « corps noir » un tel objet, parce qu'il absorbe l'intégralité de la radiation qui le frappe. Le choix du terme est inapproprié, puisqu'il s'avère que le corps noir est également le moyen le plus efficace de transformer l'énergie thermique en rayonnement électromagnétique — un objet chauffé au rouge ou au blanc pourrait fort bien être un « corps noir », et à certains égards la surface du soleil agit comme un corps noir. Contrairement à maintes conceptions idéales des théoriciens, il est facile cependant d'obtenir un corps noir en laboratoire. Il suffit de prendre une sphère creuse, ou un tube fermé aux deux extrémités, et de percer une ouverture très petite sur le côté. Tout rayonnement, telle la lumière, qui passe à travers le trou sera emprisonné à l'intérieur, rebondira sur les parois jusqu'à absorption complète ; il est très improbable qu'il parvienne à rebondir et à s'échapper par le trou ; c'est en ce sens que l'ouverture très petite est un corps noir.

Il est plus intéressant cependant de voir ce qu'il advient du corps noir quand il est chauffé. Tout comme notre tisonnier, il dégage tout d'abord une impression de chaleur, puis il devient rouge ou blanc, en fonction de sa température. Le spectre du rayonnement émis — la quantité rayonnée par longueur d'onde — peut être étudié en laboratoire, en regardant ce qui s'échappe d'un petit trou pratiqué dans la paroi d'un conteneur chauffé, et de telles études ont révélé que cela dépendait essentiellement de la température du corps noir. Le rayonnement émis à des longueurs d'onde très courtes (hautes fréquences) et à des longueurs d'onde très longues est insignifiant ; il est beaucoup plus important dans la bande médiane des fréquences. La pointe du spectre se déplace vers des longueurs d'onde plus courtes quand la température du corps augmente (allant de l'infrarouge à l'ultraviolet en passant par le rouge et le bleu), mais il y a toujours une interruption à des longueurs d'onde très courtes. C'est à ce stade que les mesures de la radiation du corps noir effectuées au dix-neuvième siècle entrèrent en conflit avec la théorie.

Aussi étrange que cela puisse paraître, les meilleures prédictions de la théorie classique confirmaient qu'une cavité emplie de rayonnement devrait toujours renfermer une quantité infinie d'énergie aux longueurs d'onde les plus courtes — que les mesures devraient remonter l'échelle vers l'extrémité de la longueur d'onde courte, au lieu d'indiquer une pointe dans le spectre du corps noir et une chute vers l'énergie zéro à la longueur d'onde zéro. Ces calculs se fondaient sur l'hypothèse apparemment naturelle selon laquelle les ondes électromagnétiques de la radiation dans la cavité pouvaient être traitées de la même manière que les ondes sur une corde, une corde de violon par exemple, et qu'il pouvait exister des ondes de toute taille — de n'importe quelle longueur d'onde ou fréquence. Attendu qu'il convient de prendre en considération de très nombreuses longueurs d'onde (de nombreux « modes de vibration »), les lois de la mécanique statistique doivent être appliquées au monde des ondes et non plus au monde des particules afin de prédire la nature globale du rayonnement à l'intérieur de la cavité, et cela nous amène directement à conclure que l'énergie émise à toute fréquence est proportionnelle à la fréquence. La fréquence n'est que le contraire de la longueur d'onde, et des longueurs d'onde très courtes sont de très hautes fréquences. Tout rayonnement du corps noir devrait donc irradier d'énormes quantités d'énergie à haute fréquence, dans l'ultra-violet et au-delà. Plus la fréquence est élevée, plus l'énergie est grande. On appelle cette prédiction « catastrophe ultraviolette », et elle prouve qu'il y a eu erreur dans les hypothèses ayant servi à étayer la prédiction.

Mais tout n'est pas encore perdu. Du côté des basses fréquences sur la courbe du corps noir, les observations confirment les prédictions fondées sur la théorie classique, connue sous l'appellation de loi de Rayleigh-Jeans. A tout le moins, la théorie classique est-elle à moitié juste. Voilà l'énigme à résoudre : pourquoi l'énergie des oscillations à hautes fréquences n'est-elle pas très importante, mais tombe-t-elle à zéro quand la fréquence de la radiation augmente ?

Ce mystère attira l'attention de nombreux physiciens durant la dernière décennie du dix-neuvième siècle. Parmi eux Max Planck, un scientifique allemand de l'ancienne école. Appliqué et travailleur, Planck était un scientifique conservateur et non un révolutionnaire. Il s'intéressait surtout à la thermodynamique, et à l'époque il caressait l'espoir de résoudre la catastrophe ultraviolette en appliquant les principes thermodynamiques. A la fin des années 1890, on connaissait deux équations approximatives qui offraient une représentation grossière du spectre du corps noir. Une première version de la loi de Rayleigh-Jeans convenait à de grandes longueurs d'onde, et Wilhelm Wien avait élaboré une formule qui cadrait dans l'ensemble avec les observations sur les longueurs d'onde courtes, et « prédisait » également la longueur d'onde à laquelle se produisait la pointe de la courbe à toute température. Planck commença par étudier comment de petits oscillateurs électriques émettaient et absorbaient des ondes électromagnétiques, une approche différente de celle utilisée par Rayleigh en 1900 et par Jeans quelque temps plus tard, mais qui correspondait à la courbe standard complète avec sa catastrophe ultraviolette. De 1895 à 1900, Planck travailla sur la question et publia plusieurs articles importants qui établissaient le lien entre la thermodynamique et l'électrodynamique — mais sans résoudre l'énigme du spectre du corps noir. Il y parvint en 1900, non grâce à une réflexion scientifique détachée et logique, mais grâce à un acte de désespoir mêlant la chance et l'intuition à une incompréhension heureuse de l'un des outils mathématiques qu'il utilisait.

Il va de soi que nul ne peut dire aujourd'hui en toute certitude ce que Planck avait en tête quand il franchit le pas révolutionnaire qui déboucha sur la mécanique quantique, mais son travail a été étudié en détail par Martin Klein de l'Université de Yale, un historien spécialisé dans l'histoire de la physique à l'époque de l'avènement de la théorie quantique. La reconstruction par Klein des rôles joués par Planck et Einstein dans cette naissance est le récit le plus authentique que nous aurons jamais, et il situe les découvertes dans un contexte historique convaincant. Le premier pas au cours de l'été 1900 ne doit rien au hasard et tout à la perspicacité d'un physicien orienté vers les mathématiques. Planck comprit que les deux descriptions incomplètes du spectre du corps noir pouvaient être combinées en une formule mathématique simple qui décrivait la forme de l'ensemble de la courbe

— il utilisa une « subtilité » mathématique pour combler le fossé entre les deux formules, la loi de Wien et celle de Rayleigh-Jeans. Ce fut un succès considérable. L'équation de Planck confirmait à merveille les observations du rayonnement de la cavité. Mais contrairement aux deux demi-lois sur lesquelles elle se fondait, elle n'avait pas de base physique. Wien et Rayleigh — ainsi que Planck au cours des quatre années précédentes — avaient tenté de construire une théorie reposant sur des hypothèses physiques sensées qui expliqueraient la courbe du corps noir. Planck venait de faire surgir de son chapeau la bonne courbe, mais personne ne savait à quelles hypothèses physiques la « rattacher » et il s'avéra qu'elles n'étaient pas le moins du monde « sensées ».

Une révolution mal accueillie

La formule de Planck fut annoncée à une réunion de la Société de Physique de Berlin en octobre 1900. Pendant les deux mois qui suivirent, il s'employa à trouver un fondement physique à la loi, en essayant différentes combinaisons d'hypothèses physiques pour voir quelles étaient celles qui cadraient avec les équations mathématiques. Il avoua plus tard que cette période fut la plus active de sa vie professionnelle. De nombreuses tentatives échouèrent jusqu'à ce qu'en définitive il ne lui restât plus qu'une alte tive qui n'eut pas l'heur de le réjouir.

J décrit Planck comme un physicien appartenant à l'ancienne école, et c'est ce qu'il était. Dans ces premiers travaux, il s'était montré réticent pour accepter l'hypothèse moléculaire, et il rejetait surtout l'idée d'une interprétation statistique de la propriété connue sous le nom d'entropie, une interprétation introduite par Boltzmann en thermodynamique. L'entropie est un concept clé en physique, lié dans un sens fondamental au cours du temps. Bien que les lois simples de la mécanique — les principes de Newton — soient tout à fait réversibles en ce qui concerne le temps, nous savons qu'il n'en va pas de même du monde réel. Pensez à une pierre jetée sur le sol. Quand elle frappe le sol, l'énergie de son mouvement est convertie en chaleur. Mais si nous plaçons une pierre identique sur le sol et que nous la portions à la même température, elle ne s'envolera pas dans les airs. Pour quelle raison? Dans le cas de la pierre qui tombe, une forme ordonnée de mouvement (tous les atomes et les molécules tombent dans la même direction) est transformée en une forme désordonnée de mouvement (tous les atomes et les molécules se heurtent les uns les autres de manière énergétique mais au hasard). Ceci est en accord avec une loi de la nature qui semble exiger que le désordre soit toujours croissant, et le désordre est identifié, dans ce sens, à l'entropie. Il s'agit du second principe de la thermodynamique qui stipule que les processus naturels tendent toujours vers une augmentation du désordre, ou que l'entropie augmente toujours. Si vous introduisez de l'énergie thermique désordonnée dans une pierre, elle ne peut pas, dans ce cas, utiliser cette énergie pour créer un mouvement ordonné de toutes les molécules qu'elle contient afin qu'elles s'envolent toutes ensemble.

Est-ce bien certain? Une variation sur le thème inspira Boltzmann. Il dit qu'un tel événement notable était *possible* mais extrêmement improbable. De la même manière, il se *pouvait* qu'à la suite du mouvement au hasard des molécules d'air, tout l'air de la pièce se concentre soudain dans les angles (il doit y avoir plus d'un angle, attendu que les molécules se déplacent dans un espace tridimensionnel); mais là encore une telle possibilité est si improbable qu'on peut l'ignorer pour ce qui est des applications pratiques. Planck contesta longtemps et âprement cette interprétation statistique du second principe de la thermodynamique, à la fois en public et dans sa correspondance avec Boltzmann. A ses yeux, ce second principe était incontournable, l'entropie *devait* toujours augmenter, et les probabilités n'entraient pas en ligne de compte. Il est donc facile de comprendre dans quel état d'esprit se trouvait notre homme à la fin de l'année 1900 quand, ayant épuisé toutes les autres options, il tenta à contrecœur d'intégrer la version statistique de la thermodynamique de Boltzmann à ses calculs relatifs au spectre du corps noir et constata que cela marchait. L'ironie de la situation est rendue plus piquante cependant du fait que Planck, n'étant pas familiarisé avec les équations de Boltzmann, les appliqua de manière incohérente. Il obtint la bonne réponse, mais pour la mauvaise raison, et ce n'est que lorsqu'Einstein reprit l'idée que la signification réelle du travail de Planck devint évidente.

Il convient de souligner que Planck permit à la science de faire un grand pas en avant en établissant que l'interprétation statistique de l'augmentation de l'entropie de Boltzmann était la meilleure description de la réalité. Après le travail de Planck, on ne pouvait plus vraiment douter que l'entropie augmentait, alors qu'il était très probable en fait qu'elle ne puisse pas être considérée comme une certitude absolue. Ceci comporte des implications intéressantes en cosmologie, l'étude de tout l'univers, où nous avons affaire à de vastes étendues d'espace et de temps. Plus la région que nous traitons est vaste, plus il y a de chance pour que des événements improbables adviennent quelque part, et à un moment quelconque en son sein. Il est même possible (quoique encore improbable) que l'univers entier, qui dans l'ensemble est un lieu ordonné, représente l'un ou l'autre type de fluctuation thermodynamique statistique, un hoquet gigantesque et rare qui a créé une région de faible entropie qui maintenant s'effondre. L'« erreur » de Planck révéla cependant « quelque chose » de plus fondamental encore quant à la nature de l'univers.

L'approche statistique de la thermodynamique de Boltzmann impliquait de fractionner l'énergie totale, de manière mathématique, et de traiter ces fragments comme des quantités réelles susceptibles d'être résolues par les équations de probabilité. Il convenait ensuite d'additionner entre eux les fragments obtenus précédemment pour connaître l'énergie totale — dans ce cas, celle correspondant à la radiation du corps noir. A mi-parcours, Planck comprit qu'il possédait déjà la formule mathématique qu'il cherchait. Avant d'arriver au stade de la réintégration des fragments de l'énergie en un tout continu, les mathématiques donnaient l'équation du corps noir. Il s'en servit donc. Ce fut un progrès décisif et tout à fait inattendu dans le contexte de la physique classique.

Tout bon physicien classique partant des équations de Boltzmann pour élaborer une formule de la radiation du corps noir aurait réalisé l'intégration. Ensuite, comme Einstein le montrera plus tard, l'addition des fragments de l'énergie aurait restauré la catastrophe ultraviolette — en fait, Einstein souligna que *toute* approche classique du problème entraîne inévitablement cette catastrophe. C'est essentiellement parce que Planck connaissait la réponse qu'il recherchait qu'il fut capable d'arrêter ses calculs avant d'arriver à la solution classique, apparemment correcte, des équations. Il se retrouva en conséquence avec des fragments d'énergie qui restaient à expliquer. Il déduisit que cette division apparente de l'énergie électromagnétique en fragments individuels signifiait que les oscillateurs électriques à l'intérieur de l'atome ne pouvaient qu'émettre ou absorber l'énergie en paquets d'une certaine taille, nommé quanta. Au lieu de diviser la quantité disponible d'énergie selon un nombre infini de manières, elle ne pouvait être divisée que selon un nombre fini de paquets parmi les résonateurs, et l'énergie d'une telle partie du rayonnement *(E)* doit être reliée à sa fréquence *(v)* selon une formule nouvelle,

$$E = hv$$

où *h* est une nouvelle constante, que l'on nomme maintenant constante de Planck.

Qu'est-ce que h ?

Il est facile de voir de quelle manière cela résout la catastrophe ultraviolette. A de très hautes fréquences, l'énergie nécessaire pour émettre un quantum de rayonnement est considérable, et seuls quelques oscillateurs disposeront d'une telle quantité d'énergie (selon les équations statistiques) donc seuls quelques quanta à haute énergie seront émis. A de très basses fréquences (ondes longues), de très nombreux quanta à basse énergie sont émis, mais ils disposent chacun de si peu d'énergie que, même si on les additionne, la quantité d'énergie ainsi obtenue est insignifiante. C'est essentiellement dans la bande centrale des fréquences qu'il existe de nombreux oscillateurs qui disposent d'une énergie suffisante pour émettre le rayonnement en paquets de taille moyenne, qui s'additionnent pour produire la pointe dans la courbe du corps noir.

Mais la découverte de Planck, publiée en décembre 1900, soulevait plus de questions qu'elle n'apportait de réponses et elle ne suscita pas l'enthousiasme dans le monde de la physique. Les premiers articles de Planck sur la théorie quantique ne brillent pas par leur clarté (ce qui traduit peut-être la manière confuse dont il fut contraint d'introduire l'idée dans la thermodynamique), et pendant longtemps de nombreux physiciens — voire la plupart — qui avaient connaissance de ses travaux continuèrent à les considérer comme une « subtilité » mathématique, une manière d'en finir avec la catastrophe ultraviolette qui n'avait que peu, voire aucune signification physique. Planck lui-même était certainement perplexe. Dans une lettre adressée à Robert William Wood, écrite en 1931, il revient sur son travail et dit : « J'assimile l'ensemble de la procédure à un acte de désespoir... une interprétation théorique *devait* être trouvée à n'importe quel prix, aussi élevé soit-il*. » Il savait pourtant qu'il avait découvert « quelque chose » de significatif, et d'après Heisenberg, le fils de Planck aurait raconté ultérieurement comment son père décrivit son travail à l'époque, à l'occasion d'une longue promenade dans le Grunewald dans les environs de Berlin, expliquant que la découverte pouvait être classée avec celles de Newton**.

Dans les premières années du siècle, les physiciens étaient occupés à assimiler les nouvelles découvertes relatives à la radiation atomique, et la récente « subtilité » mathématique de Planck pour expliquer la courbe du corps noir ne semblait pas être d'une importance extrême

---

* Cité par Mehra et Rechenberg, vol. 1.
** Cf. *Physique et philosophie*.

comparée à ces découvertes. En réalité, Planck dut attendre jusqu'en 1918 pour que ses travaux soient récompensés par le prix Nobel, une période très longue quand on songe à la rapidité avec laquelle les travaux des Curie ou de Rutherford furent reconnus. (Il en fut ainsi en partie parce que reconnaître la validité de progrès théoriques spectaculaires prend toujours plus de temps ; une théorie nouvelle n'est pas aussi tangible qu'une particule nouvelle, ou qu'un rayon X, elle doit être soumise à l'épreuve du temps et confirmée par des expériences avant d'être acceptée.) En outre, la nouvelle constante de Planck, h, paraissait pour le moins singulière. C'était une constante très petite, $6{,}55 \times 10^{-27}$ erg par seconde, ce qui à vrai dire n'était pas si étonnant puisque si elle avait été plus grande sa présence aurait été évidente bien avant que les physiciens commencent à s'intéresser au rayonnement du corps noir. Non, l'élément surprenant quant à h concerne les unités qui servent à la mesurer, l'énergie (erg) multipliée par le temps (secondes). De telles unités sont appelées « actions », et n'étaient pas des caractéristiques courantes de la mécanique classique — il n'existait pas de « loi de conservation de l'action » semblable aux lois de conservation de la masse ou de l'énergie. Mais une action possède une propriété particulièrement intéressante, qu'elle partage entre autres choses avec l'entropie. Une action constante est absolument constante et a la même taille pour tous les observateurs dans l'espace et le temps. Il s'agit d'une constante quadridimensionnelle, dont la signification ne devint apparente que lorsqu'Einstein eût publié sa théorie de la relativité.

Einstein étant le prochain acteur à entrer sur la scène de la mécanique quantique, une petite digression s'impose pour comprendre ce que ceci signifie. La théorie de la relativité restreinte traite les trois dimensions de l'espace et celle du temps comme un tout quadridimensionnel, le continuum espace-temps. Des observateurs se déplaçant dans l'espace à des vitesses différentes ont une vision différente des choses — ils seront par exemple en désaccord sur la longueur d'une canne qu'ils mesurent au passage. Mais il est possible de considérer que la canne existe dans quatre dimensions et qu'en se déplaçant « dans » le temps, elle délimite une surface quadridimensionnelle, un hyper-rectangle dont la hauteur est la longueur de la canne et dont la largeur est la quantité de temps écoulée. L'« aire » de ce rectangle est mesurée en unité de longueur x le temps, et cette aire s'avère être la même pour tous les observateurs, en dépit de leurs désaccords quant à la longueur et au temps enregistrés. De la même manière, l'action (énergie x temps) est une équivalence quadridimensionnelle de l'énergie, elle apparaît identique à tous les observateurs, même s'ils sont en désaccord quant à la taille des composants énergétique et temporel de l'action. Dans la relativité restreinte, il *existe* une loi de conservation de l'action, et elle est tout aussi importante que la loi de la conservation de l'énergie. La constante de Planck paraissait étrange essentiellement parce qu'elle avait été découverte avant la théorie de la relativité.

Et ceci souligne peut-être la nature holistique de la physique. Parmi les trois grandes contributions d'Einstein à la science parues en 1905, l'une, la relativité restreinte, semble être très différente des autres, traitant du mouvement brownien et de l'effet photo-électrique. Pourtant elles s'inscrivent toutes dans le cadre de travail de la physique théorique, et en dépit de la publicité dont bénéficia sa théorie de la relativité la plus grande contribution d'Einstein fut son travail sur la théorie quantique, qui prolongea le travail de Planck grâce à l'effet photo-électrique.

L'aspect révolutionnaire du travail de Planck en 1900 tenait au fait qu'il révélait les limites de la physique classique. Peu importe ce qu'étaient exactement ces limites. Le simple fait qu'il existait des phénomènes que les seules idées classiques reposant sur le travail de Newton échouaient à expliquer suffisait à annoncer une ère nouvelle en physique. La forme originale du travail de Planck était cependant beaucoup moins souple que le donnent à penser les récits modernes. Dans certains récits d'aventure, le héros échappe miraculeusement à des situations « sans issue » à la fin de chaque épisode. Les adeptes de cette école écrivent simplement « en un bond, Jack fut libre ». Maints ouvrages de vulgarisation traitant de la mécanique quantique recourent à ce stratagème. « A la fin du dix-neuvième siècle, la physique classique se heurta à un mur de brique. En un bond, Planck inventa le quantum, et la physique fut libre. » Loin de là. Planck ne fit que suggérer que les oscillateurs électriques à l'intérieur des atomes pouvaient être quantifiés. Il entendait par là qu'ils ne pouvaient qu'émettre des paquets d'énergie de certaines tailles, parce qu'un phénomène interne les empêchait d'absorber ou d'émettre des quantités « intermédiaires » du rayonnement.

Le distributeur automatique de ma banque à Londres fonctionne à peu près de la même manière. Quand j'y introduis ma carte, la machine me délivre n'importe quelle somme d'argent, pour autant qu'elle soit un multiple de 5 livres. Le distributeur automatique ne peut délivrer de sommes intermédiaires (et il ne peut délivrer moins de 5 livres), mais ceci ne signifie pas que les sommes intermédiaires, telles que 8,47 livres, n'existent pas. Aussi, Planck lui-même n'a-t-il jamais suggéré que le *rayonnement* était quantifié, et il semble toujours avoir été circonspect quant aux implications plus profondes de la théorie quantique. Dans les années qui suivirent, alors que la théorie quantique progressait, Planck apporta quelques contributions à la science dont il était le père, mais il consacra la majeure partie de sa vie professionnelle à tenter de réconcilier les nouvelles idées et la physique classique. Ce n'était pas qu'il avait changé d'opinion, mais plutôt qu'il ne comprit jamais combien son équation du corps noir était éloignée de la physique classique — il déduisit son équation de l'association de la thermodynamique et de l'électrodynamique, qui étaient des théories classiques. Les efforts de Planck visant à concilier les idées quantiques et la physique classique représentaient en soi un bouleversement profond par rapport aux idées classiques qu'on lui avait inculquées. Mais son attachement à sa formation était tel qu'il n'est pas surprenant de constater que les véritables progrès aient été réalisés par une nouvelle génération de physiciens, moins attachés aux habitudes et aux idées anciennes, enthousiasmés par les récentes découvertes en matière de radiation atomique et désireux d'apporter des réponses aux questions tant anciennes que nouvelles.

Einstein, la lumière et les quanta

Einstein avait vingt et un ans en mars 1900. Il commença à travailler au bureau des inventions techniques suisse au cours de l'été 1902, et durant ces premières années du vingtième siècle, il se consacra en grande partie à l'étude des problèmes de la thermodynamique et de la mécanique statistique. Ses premières publications scientifiques étaient aussi traditionnelles du point de vue du style et des problèmes soulevés que celles de la génération précédente, y compris Planck. Mais dans le premier article où il évoque les idées de Planck relatives au spectre du corps noir (publié en 1904), Einstein commença à explorer un nouveau domaine, et à développer un style pour résoudre les énigmes physiques qui lui était tout à fait personnel. Martin Klein décrit comment Einstein fut la première personne à s'intéresser sérieusement aux implications physiques du travail de Planck et à les traiter autrement que comme une subtilité mathématique*; en une année, le fait d'avoir reconnu que les équations avaient un fondement dans la réalité physique avait débouché sur une perspective nouvelle et spectaculaire, le renouveau de la théorie corpusculaire de la lumière.

L'autre point important de cet article concernait l'inves-

---

* Cf. la contribution de Klein à *Some Strangeness in the Proportion*, édité par Harry Woolf. Dans le même volume, Thomas Kuhn, du MIT, va encore plus loin que la plupart des autorités en arguant que Planck « ne songeait nullement à un spectre d'énergie discret quand il présenta les premières dérivations de sa loi de distribution du corps noir » et qu'Einstein fut le premier à apprécier « le rôle essentiel de la quantification dans la théorie du corps noir ». Kuhn dit que « c'est Einstein plutôt que Planck qui le premier quantifia l'oscillateur de Planck ». Nous laisserons aux académiciens le soin de débattre de cette question ; mais il ne fait aucun doute que les contributions d'Einstein furent décisives pour le développement de la théorie quantique.

tigation de l'effet photo-électrique menée par Phillip Lenard et J.J. Thomson, qui travaillaient séparément, à la fin du dix-neuvième siècle. Lenard, né en 1862 dans la partie de la Hongrie qui est aujourd'hui la Tchécoslovaquie, reçut le prix Nobel de physique en 1905 pour sa recherche sur les rayons cathodiques. Il avait notamment prouvé en 1899 que les rayons cathodiques (électrons) pouvaient être produits par une lumière éclairant une surface métallique dans un vide d'air. D'une manière ou d'une autre, l'énergie de la lumière amenait les électrons à s'échapper du métal.

Les expériences de Lenard impliquaient des rayons de lumière d'une seule couleur (lumière monochromatique), ce qui signifie que toutes les ondes de la lumière ont la même fréquence. Il étudia dans quelle mesure l'intensité de la lumière affectait la façon dont les électrons étaient arrachés du métal, et fit une constatation surprenante. En utilisant une lumière plus brillante (en fait il approcha plus près de la surface métallique la même lumière, ce qui présente le même effet), une plus grande énergie illumine chaque centimètre carré de la surface métallique. Si un électron dispose de plus d'énergie, il doit alors être éjecté du métal plus rapidement et se déplacer à une vitesse supérieure. Mais Lenard observa qu'aussi longtemps que la longueur d'onde restait la même tous les électrons éjectés circulaient à la même vitesse. Rapprocher la lumière du métal augmentait le nombre d'électrons éjectés, mais chacun de ces électrons évoluait à la même vitesse que ceux produits par un faisceau de lumière plus faible de même couleur. En revanche, les électrons se *déplaçaient* plus rapidement quand il utilisait un faisceau de lumière de fréquence supérieure — une lumière ultraviolette au lieu d'une lumière bleue ou rouge, par exemple.

Il existe une manière très simple d'expliquer ce phénomène, pourvu que vous acceptiez d'abandonner les idées de la physique classique et que vous considériez que les équations de Planck sont significatives d'un point de vue physique. Le fait que personne ne franchit ce pas apparemment simple dans les cinq années qui suivirent le travail initial de Lenard sur l'effet photo-électrique et l'introduction du concept des quanta de Planck montre l'importance de ces suppositions. En fait, Einstein ne fit qu'appliquer l'équation $E = h\nu$ à la radiation électromagnétique et non aux petits oscillateurs à l'intérieur de l'atome. Il dit que la lumière n'est *pas* une onde continue, ainsi que le pensaient les scientifiques depuis une centaine d'années, mais qu'au contraire elle se présente en paquets finis ou quanta. Toute la lumière d'une fréquence particulière ν, c'est-à-dire d'une couleur particulière, arrive en paquets ayant la même énergie E. Chaque fois qu'un de ces quanta lumineux frappe un électron, il lui transmet la même quantité d'énergie et lui imprime donc la même vitesse. Une lumière d'une intensité supérieure signifie simplement qu'il y a plus de quanta lumineux (nous les nommons désormais photons) qui tous ont la même énergie, mais changer la couleur de la lumière modifie sa fréquence, et par voie de conséquence la quantité d'énergie que transporte chaque photon.

C'est pour ce travail qu'Einstein reçut en fin de compte le prix Nobel en 1921. Là encore, un progrès théorique dut attendre pour être reconnu. La notion de photon ne fut pas acceptée immédiatement, et bien que les expériences de Lenard confirmaient la théorie dans un sens général, il fallut plus d'une décennie pour que la prédiction exacte de la relation entre la vitesse des électrons et la longueur d'onde de la lumière soit vérifiée et prouvée. Ceci fut accompli par le chercheur américain Robert Millikan, lequel réalisa en outre une mesure très précise de la valeur de h, la constante de Planck. En 1923, Millikan reçut à son tour le prix Nobel de physique, pour ses travaux et ses mesures précises de la taille de la charge de l'électron.

Einstein eut donc une année très occupée. Un article qui lui valut en définitive le prix Nobel ; un autre qui démontra une fois pour toutes la réalité des atomes ; un troisième qui vit l'avènement de la théorie qui décida de son renom : la relativité. Et, presque incidemment, à la même époque, en 1905, il était sur le point d'achever un autre travail concernant la taille des molécules, qu'il défendit en tant que thèse de doctorat à l'université de Zurich. Il obtint son doctorat en janvier 1906. Bien que ce diplôme n'était pas à l'époque le sésame pour faire carrière dans la recherche comme il l'est aujourd'hui, il est tout à fait remarquable que les trois articles majeurs datant de 1905 aient été écrits par un homme qui à cette époque n'était que « M. » Albert Einstein.

Einstein continua à travailler pendant quelques années à l'intégration du quantum de Planck dans d'autres domaines de la physique. Il constata que l'idée expliquait des énigmes irrésolues de la théorie de la chaleur spécifique (la chaleur spécifique d'une substance est la quantité de chaleur nécessaire pour élever la température d'une quantité donnée de matériel d'un degré choisi ; elle dépend de la manière dont les atomes vibrent à l'intérieur, et il s'avéra possible de quantifier ces vibrations). Cette branche de la science est moins séduisante, et les écrits sur le travail d'Einstein la passent souvent sous silence, mais la théorie quantique de la matière fut acceptée beaucoup plus rapidement que la théorie quantique du rayonnement d'Einstein, et c'est elle qui finit par convaincre de nombreux physiciens de l'ancienne école qu'il importait de prendre au sérieux les idées quantiques. Einstein raffina ses idées sur le rayonnement quantique au fil des ans, jusqu'en 1911, établissant que la structure quantique de la lumière est une implication inévitable de l'équation de Planck et signalant à un monde scientifique sceptique que le passeport pour une meilleure compréhension de la lumière imposait la fusion des théories ondulatoire et corpusculaire, lesquelles rivalisaient depuis le dix-septième siècle. En 1911, ses pensées furent accaparées par d'autres sujets de réflexion. Il était convaincu de la réalité des quanta, et seule comptait son opinion personnelle. Son nouveau centre d'intérêt concernait la gravité ; jusqu'en 1916 il s'attacha à élaborer sa théorie de la relativité générale, le plus important de tous ses travaux. Il fallut attendre jusqu'à 1923 pour que la réalité de la nature quantique de la lumière soit établie sans aucun doute possible, et ceci déboucha alors sur un nouveau débat relatif aux particules et aux ondes qui permit de transformer la théorie quantique et d'introduire la version moderne de la théorie : la mécanique quantique. Le premier développement de la théorie quantique intervint pendant la décennie où Einstein se détourna du sujet pour se consacrer à d'autres tâches. Il résulta d'une fusion de ses idées avec le modèle de l'atome de Rutherford, et il était dû en grande partie au travail qu'avait réalisé un scientifique danois, Niels Bohr, lequel avait travaillé avec Rutherford à Manchester. Après que Bohr eut exposé son modèle de l'atome, personne ne pouvait plus douter de la valeur de la théorie quantique en tant que description du monde physique de l'infiniment petit.

Chapitre 4

L'ATOME DE BOHR

En 1912 les pièces du puzzle atomique étaient sur le point de s'ajuster. Einstein avait établi la validité générale de l'idée des quanta et avait introduit celle des photons même si cette dernière ne faisait pas encore l'unanimité. En étendant l'analogie du distributeur de billets, on peut dire que pour Einstein l'énergie ne pouvait se présenter que sous forme de paquets de taille finie — le distributeur automatique ne délivre que des billets de 5 livres parce que c'est la plus petite coupure fiduciaire existante, non en raison de l'un ou l'autre caprice du programmeur qui a construit l'appareil. Rutherford avait fourni une nouvelle image de l'atome, un petit noyau central autour duquel gravitait un nuage électronique, mais cette idée ne faisait pas non plus l'unanimité. Les lois classiques de l'électrodynamique interdisaient toutefois la stabilité de l'atome de Rutherford. La solution consistait à utiliser des règles *quantiques* pour décrire le comportement des électrons à l'intérieur des atomes. Ainsi qu'à l'accoutumée, la percée fut le fait d'un jeune chercheur ayant une approche inédite du problème — un thème récurrent tout au long de l'histoire du développement de la théorie quantique.

Niels Bohr était un physicien danois qui acheva son doctorat durant l'été 1911 et se rendit à Cambridge en septembre de la même année pour travailler avec J.J. Thomson au Cavendish. C'était un très jeune chercheur, timide et qui maîtrisait mal l'anglais ; il éprouva des difficultés à s'intégrer à Cambridge, mais au cours d'une visite à Manchester il rencontra Rutherford, le trouva très abordable et intéressé par les travaux qu'il poursuivait. En mars 1912, Bohr s'installa donc à Manchester et commença à travailler avec l'équipe de Rutherford sur la structure de l'atome*. Il se rendit à Copenhague six mois plus tard pour un bref séjour et continua à collaborer avec l'équipe de Rutherford à Manchester jusqu'en 1916.

Le saut électronique

Bohr avait un génie particulier, et c'était précisément ce dont la physique atomique avait besoin pour progresser au cours des dix ou quinze années suivantes. Il ne se soucia pas d'expliquer tous les détails dans une théorie complète, mais il chercha à assembler différentes idées pour élaborer un « modèle » imaginaire qui serait à tout le moins susceptible de confirmer dans les grandes lignes les observations des atomes réels. Dès qu'il avait une idée de ce qu'il advenait, il la creusait jusqu'à ce que les diverses parties s'ajustent de manière plus satisfaisante et de cette façon se dirigea vers une représentation plus complète. Il retint donc l'image d'un atome semblable à un système solaire miniature, avec des électrons circulant en orbites selon les lois de la mécanique classique et de l'électromagnétisme et affirma que les électrons ne pouvaient adopter un mouvement centripète hors de ces orbites, en émettant ce faisant un rayonnement, parce qu'ils n'étaient autorisés à n'irradier que des fragments entiers d'énergie — des quanta entiers — non le rayonnement continu requis par la théorie classique. Les orbites « stables » des électrons correspondaient à certaines

---

* Une autre version de l'histoire affirme que Bohr déménagea parce qu'il était en désaccord avec le modèle de l'atome de Thomson et que J.J. lui suggéra gentiment que Rutherford serait peut-être plus réceptif à ses idées. Cf. E.U. Condon, cité par Max Jammer dans *The conceptual Development of quantum Mechanics*.

quantités définies d'énergie, chacune étant un multiple du quantum fondamental, et les orbites intermédiaires n'existaient pas puisqu'elles auraient exigé des quantités fractionnées d'énergie. Poussant au-delà de ce qui est nécessaire l'analogie du système solaire, cela revient à dire que l'orbite de la terre autour du soleil est stable, ainsi que celle de Mars, mais qu'il n'existe aucune autre orbite stable entre ces deux planètes.

Ce que Bohr avançait était tout à fait impossible. L'idée d'une orbite dépend de la physique classique ; l'idée des états électroniques correspondant à des quantités définies d'énergie — les niveaux énergétiques, ainsi qu'on les nomme de nos jours — est issue de la théorie quantique. Élaborer un modèle de l'atome en assemblant des parties de la physique classique et des parties de la théorie quantique n'offrait aucune compréhension véritable du fonctionnement des atomes, mais fournit cependant à Bohr un modèle de travail suffisant pour progresser. Il s'avéra que ce modèle était erroné à tous les égards ou peu s'en faut, mais il permit à une véritable théorie quantique de l'atome de voir le jour, et en tant que telle, il était précieux. Il est cependant déplorable qu'on retrouve encore ce modèle non seulement dans les pages des ouvrages de vulgarisation mais encore dans celles des manuels scolaires voire universitaires ; cet état de fait est dû à la simplicité de son amalgame des idées quantiques et classiques et à la séduction de l'image de l'atome en tant que système solaire miniature. Si vous avez étudié les atomes à l'école, je suis sûr que vous avez étudié le modèle de Bohr, quel que soit le nom sous lequel on vous l'a présenté. Je ne vous dirai pas d'oublier tout ce qu'on vous a dit, mais de vous préparer à apprendre que cela ne recouvre pas l'entière vérité. Et vous *devriez* tenter d'oublier l'idée voulant que les électrons soient des petites « planètes » décrivant des cercles autour du noyau — ce fut l'idée première de Bohr, mais elle était vraiment erronée. Un électron se trouve simplement à l'extérieur du noyau, dispose d'une certaine quantité d'énergie et possède d'autres propriétés. Il se déplace, comme nous le verrons, d'une manière mystérieuse.

Bohr connut son premier grand triomphe en 1913 quand il parvint à expliquer le spectre de la lumière de l'hydrogène, l'atome le plus simple. La science de la spectroscopie remonte aux toutes premières années du dix-neuvième siècle, à l'époque où William Wollaston découvrit les raies noires dans le spectre de la lumière solaire. Cependant ce n'est qu'avec les travaux de Bohr qu'elle devint un outil à part entière pour l'exploration de la structure de l'atome. Comme Bohr qui mélangeait les théories classiques et quantiques pour progresser, nous devons revenir en arrière, et délaisser un instant les idées d'Einstein sur les quanta lumineux pour comprendre ce qu'est la spectroscopie. Pour ce type de travail, il importe que nous considérions la lumière comme une onde électromagnétique*.

Ainsi que Newton l'a démontré, la lumière blanche est composée de toutes les couleurs de l'arc-en-ciel, le spectre. Chaque couleur correspond à une longueur d'onde de lumière différente, et en utilisant un prisme de verre pour décomposer la lumière blanche en ses constituants colorés nous décomposons en fait le spectre de façon à ce que les ondes de fréquences différentes se trouvent côte à côte sur un écran, ou sur une plaque photographique. La lumière à ondes courtes — le bleu et le violet — se trouve à une extrémité du spectre optique et la lumière à ondes longues, le rouge, à l'autre — quoique le spectre s'étende aux deux extrémités bien au-delà de la gamme des couleurs visibles à l'œil humain. Quand la lumière solaire est décomposée de cette manière, le spectre obtenu se caractérise par des raies très étroites et sombres à des endroits très précis du spectre, correspondant à des fréquences très précises. Bien qu'ignorant comment se formaient ces raies, des chercheurs du dix-neuvième siècle tels que Joseph Fraunhofer, Robert Bunsen (dont le nom est immortalisé par le brûleur de laboratoire — le bec bunsen) et Gustav Kirchhoff, déterminèrent par des expériences que chaque élément produit son propre

---

* La théorie quantique nous apprend que la lumière est à la fois particule *et* onde, mais nous n'en sommes pas là.

ensemble de raies spectrales. Quand un élément (tel le sodium) est chauffé par la flamme d'un bec bunsen, il irradie une lumière ayant une couleur caractéristique (dans ce cas, jaune), laquelle est due à l'émission puissante du rayonnement sous la forme d'une ou de plusieurs raie(s) brillante(s) dans une partie du spectre. Quand la lumière blanche traverse un liquide ou un gaz contenant le même élément, même si ce dernier est combiné avec d'autres dans un composé chimique, le spectre dans la lumière présente des raies d'absorption foncées, semblables à celles de la lumière solaire, aux mêmes fréquences caractéristiques de cet élément.

Ce phénomène expliquait les raies sombres du spectre solaire. Elles doivent être produites par des couches de matériau plus froides dans l'atmosphère du soleil, lesquelles absorbent le rayonnement à des fréquences caractéristiques de la lumière qui les traverse venant de la surface solaire beaucoup plus chaude. Cette technique offrit aux chimistes un moyen utile pour identifier les éléments présents dans un composé. Jetez du sel sur un feu, par exemple, et les flammes adopteront la couleur jaune, caractéristique du sodium (une couleur qui nous est aujourd'hui familière à cause de l'éclairage urbain au sodium). En laboratoire, le spectre caractéristique peut être observé en plongeant un fil dans la substance qu'on teste et en le maintenant ensuite au-dessus de la flamme d'un bec bunsen. Chaque élément donne son propre schème de raies, et dans chaque cas, le modèle reste le même, bien que son intensité change, y compris si la température de la flamme varie. La netteté de chaque raie spectrale montre que chaque atome de l'élément sans aucune exception émet ou absorbe à la même fréquence. Par comparaison avec de telles expériences, les spectroscopistes étudièrent la plupart des raies du spectre de la lumière solaire, et expliquèrent qu'elles résultaient de la présence d'éléments connus sur terre. En inversant cette procédure, l'astronome anglais Norman Lockyer (le fondateur de la revue *Nature*) découvrit des raies dans le spectre solaire qui ne pouvaient être expliquées par rapport au spectre d'aucun élément connu et affirma qu'elles étaient vraisemblablement dues à un élément précédemment inconnu, qu'il nomma hélium. Bientôt on découvrit de l'hélium sur terre, et il fut prouvé qu'il avait exactement le spectre requis pour correspondre aux raies solaires.

Grâce à la spectroscopie, les astronomes peuvent explorer les étoiles et les galaxies lointaines pour découvrir de quoi elles sont faites. Et les physiciens atomiques peuvent aujourd'hui étudier la structure interne de l'atome en employant le même outil.

Le spectre de l'hydrogène est des plus simples, et nous savons maintenant qu'il en est ainsi parce que l'hydrogène est l'élément le plus simple ; chaque atome contient essentiellement un proton chargé positivement, son noyau, et un électron chargé négativement. Les raies du spectre qui fournissent l'empreinte unique de l'hydrogène sont dites raies de Balmer, d'après Johann Balmer, un instituteur suisse qui élabora une formule décrivant le modèle en 1885, l'année où naquit Niels Bohr. La formule de Balmer relie entre elles les fréquences du spectre selon l'ordre d'apparition des raies de l'hydrogène. En partant de la fréquence de la première raie de l'hydrogène, dans la partie rouge du spectre, la formule de Balmer donne la fréquence de la raie suivante de l'hydrogène dans le vert. En partant de la raie verte, la même formule appliquée à cette fréquence donne la fréquence de la raie suivante, dans le violet, et ainsi de suite*. Balmer ne connaissait que quatre raies de l'hydrogène dans le spectre visible quand il élabora sa formule, mais d'autres raies avaient déjà été découvertes et la confirmaient ; quand des raies supplémentaires furent identifiées dans l'ultra-violet et l'infrarouge, on constata qu'elles se conformaient elles aussi à cette simple relation numérique. De toute évidence, la formule de Balmer transmettait un renseignement significatif quant à la structure de l'atome d'hydrogène. Mais lequel ?

---

* Une version simplifiée de la formule dit que les longueurs d'onde des quatre premières lignes de l'hydrogène sont obtenues en multipliant une constante (36,456 × 10^{-5}) par 9/5, 16/12, 25/21, et 36/32. Dans cette version de la formule, le numérateur de chaque fraction est obtenu par la séquence des carrés (3^2, 4^2, 5^2, 6^2) ; les dénominateurs correspondent aux différences des carrés, 3^2-2^2 ; 4^2-2^2, etc.

A l'époque où Bohr entra en scène, la formule de Balmer était bien connue des physiciens et était enseignée dans tous les cours supérieurs de physique. Mais elle n'était que partie d'une masse de données compliquées sur le spectre, et Bohr n'était pas spectroscopiste. Quand il commença à travailler sur l'énigme de la structure de l'atome d'hydrogène, il ne songea pas immédiatement aux séries de raies de Balmer en tant que sésame pour percer le mystère, mais quand un collègue spécialisé en spectroscopie lui montra à quel point cette formule était simple (sans considération des complexités du spectre des autres atomes), il fut prompt à reconnaître sa valeur. A cette époque, au début de 1913, Bohr était déjà convaincu qu'une partie de la solution de cette énigme était liée à l'introduction de la constante de Planck, h, dans les équations décrivant l'atome. La structure de l'atome de Rutherford n'admettait que deux types de nombres fondamentaux, la charge de l'électron, e, et les masses des particules impliquées. Peu importe la manière dont vous jonglez avec les chiffres, il est impossible d'obtenir un nombre exprimant des dimensions de longueur à partir d'un mélange de masse et de charge, de sorte que le modèle de Rutherford était dépourvu d'unité de taille « naturelle ». Mais en ajoutant une action, telle h, au mélange il est possible de construire un nombre qui exprime les dimensions de longueur et dont on peut penser, sans trop se soucier des détails, qu'il communique une information quant à la taille de l'atome. L'expression h^2/me^2 équivaut numériquement à une longueur, environ 20×10^{-8} cm, ce qui cadre tout à fait avec les propriétés des atomes déduites des recherches et études diverses. Pour Bohr, il était évident que h s'inscrivait dans la théorie des atomes. La série de Balmer lui révéla sa place exacte.

De quelle manière un atome produit-il une raie spectrale très nette ? En émettant ou en absorbant l'énergie à une fréquence très précise, v. L'énergie est reliée à la fréquence par la constante de Planck ($E = hv$), et si un électron dans un atome émet un quantum d'énergie hv, l'énergie de l'électron doit alors être modifiée précisément par la quantité correspondante E. Bohr dit que les électrons « en orbite » autour du noyau atomique restaient en place parce qu'ils ne pouvaient pas dégager de l'énergie en continu, mais qu'ils seraient, d'après cette représentation, autorisés à émettre (ou à absorber) un quantum entier d'énergie — un photon — et à sauter d'un niveau énergétique (une orbite, selon l'ancienne image) à un autre. Cette idée apparemment simple se démarquait elle aussi des notions classiques. C'est comme si Mars disparaissait de son orbite et réapparaissait dans l'orbite de la terre, de manière instantanée, tout en émettant dans l'espace une vibration énergétique (dans ce cas, il s'agirait d'une radiation gravitationnelle). Vous constatez donc à quel point l'idée d'un atome semblable au système solaire était incapable d'expliquer ce qu'il advenait, et qu'il est préférable de songer que les électrons se trouvent dans des états différents, correspondant à des états énergétiques différents, à l'intérieur de l'atome.

Un saut d'un état à un autre peut se produire dans l'une ou l'autre direction, vers le haut ou vers le bas de l'échelle énergétique. Si un atome absorbe de la lumière, le quantum hv est utilisé pour élever l'électron d'un niveau d'énergie (vers un barreau suivant de l'échelle) ; si l'électron retombe ensuite exactement à son état original, la même énergie hv sera émise. La mystérieuse constante $36,456 \times 10^{-5}$ de la formule de Balmer pouvait être écrite en fonction de la constante de Planck, et cela signifiait que Bohr pouvait calculer les niveaux d'énergie possibles « permis » pour l'électron unique de l'atome d'hydrogène, et que la fréquence mesurée des raies spectrales pouvait à présent être interprétée comme exprimant la différence énergétique entre les divers niveaux*.

---

* Quand on traite des électrons et des atomes, les unités énergétiques courantes sont beaucoup trop grandes et l'unité appropriée est l'électron-Volt (eV), qui correspond à la quantité d'énergie qu'un électron acquerrait en traversant un champ électrique se caractérisant par une différence de potentiel de un Volt. L'unité fut introduite en 1912. Dans un langage plus courant, un électron-Volt correspond à $1,602 \times 10^{-13}$ joule, et un Watt équivaut à un joule par seconde. Une ampoule électrique consomme l'énergie à un taux de 100 watts, soit un peu moins de $6\ 1/4 \times 10^{12}$ eV par seconde. Il est plus impressionnant de dire que mon ampoule consomme 6,25 trillions d'électron-Volts par seconde, mais l'énergie est toujours celle d'une lampe de

L'hydrogène expliqué

Après avoir discuté de ses travaux avec Rutherford, Bohr publia sa théorie de l'atome dans une série d'articles au cours de l'année 1913. La théorie convenait tout à fait pour l'hydrogène, et il semblait qu'il serait possible de la développer pour expliquer les spectres d'atomes plus compliqués. En septembre, Bohr assista au quatre-vingt-troisième congrès annuel de la *British Association for the Advancement of Science*, et présenta son travail à un public qui rassemblait les plus éminents physiciens atomiques de l'époque. Dans l'ensemble son rapport fut bien accueilli, et Sir James Jeans le qualifia d'ingénieux, de suggestif et de convaincant. J.J. Thomson comptait au nombre des sceptiques obstinés, mais grâce à cette rencontre, même les scientifiques que son exposé avait laissés de bois avaient au moins entendu parler de Bohr et de son travail sur les atomes.

Treize ans après le geste désespéré de Planck qui incorpora le quantum à la théorie de la lumière, Bohr introduisit le quantum dans la théorie de l'atome. Mais il fallut à nouveau treize ans avant que n'émerge une véritable théorie quantique. A cette époque les progrès étaient laborieux — un pas en arrière pour deux pas en avant, et parfois deux pas en arrière pour un autre qui semblait aller dans la bonne direction. L'atome de Bohr était un salmigondis. Il associait les idées quantiques à celles de la physique classique, recourant à tout ingrédient qui semblait nécessaire pour assembler les parties et rendre le modèle viable. Il « permettait » beaucoup plus de raies spectrales qu'on ne peut réellement en voir dans la lumière des différents atomes, et des règles arbitraires durent être introduites précisant que certaines transitions entre différents états énergétiques au sein de l'atome

---

100 watts. Les énergies impliquées dans les transitions électroniques qui produisent des raies spectrales sont de l'ordre de quelques eV — il ne faut que 13,6 eV pour extraire l'électron d'un atome d'hydrogène. Les énergies des particules obtenues par des processus radioactifs sont de l'ordre de plusieurs millions d'électron-Volts ou MeV.

étaient « interdites ». De nouvelles propriétés *ad hoc* de l'atome — les nombres quantiques — furent attribuées pour correspondre aux observations, sans qu'elles reposent sur un fondement théorique expliquant l'utilité de ces nombres quantiques ou l'interdiction de certaines transitions. Mais un an après l'introduction du premier modèle de l'atome de Bohr, l'Europe fut secouée par la déclaration de la Première Guerre mondiale.

La science, comme tous les autres aspects de la vie, devait changer de visage après 1914. La guerre mit fin à la libre circulation des chercheurs d'un pays à un autre, et depuis lors certains scientifiques dans certains pays ont pu constater qu'il était difficile de communiquer avec tous leurs confrères dans le monde. La guerre eut également des répercussions sur la recherche scientifique dans les grands centres où la physique progressait à pas de géant dans les toutes premières années du vingtième siècle. Dans les nations belligérantes, les hommes jeunes désertèrent les laboratoires et partirent pour le front, laissant les professeurs plus âgés, tels que Rutherford, poursuivre comme ils pouvaient les travaux ; nombre de ces hommes, appartenant à la génération qui aurait dû reprendre les idées de Bohr et les développer, moururent. Le travail des scientifiques neutres fut lui aussi affecté, bien qu'en un certain sens certains d'entre eux bénéficièrent de l'infortune des autres. Bohr lui-même fut nommé Maître de physique à Manchester ; à Göttingen, un citoyen hollandais, Peter Debye, réalisait des études importantes sur la structure des cristaux, en utilisant les rayons X comme sondes. La Hollande et le Danemark demeurèrent des oasis scientifiques à cette époque, et Bohr regagna le Danemark en 1916 pour devenir professeur de physique théorique à Copenhague, et pour fonder en 1920 l'institut de recherches qui porte son nom. Des informations émanant d'un chercheur allemand tel qu'Arnold Sommerfeld (l'un des scientifiques qui perfectionna le modèle de l'atome de Bohr dans une mesure telle qu'on parle parfois de l'atome de « Bohr-Sommerfeld ») parvinrent à passer au Danemark neutre, et Bohr les transmit à Rutherford en Angleterre. Les progrès se poursuivaient mais l'état d'esprit n'était plus le même.

Après la guerre, les scientifiques allemands et autrichiens ne furent pas invités aux conférences internationales pendant plusieurs années. La Russie était en pleine révolution. La science avait perdu son internationalisme et une génération de chercheurs. C'est à une toute nouvelle génération qu'il échut de reprendre la théorie quantique là où Bohr l'avait laissée (laquelle avait été améliorée par les efforts diligents de nombreux chercheurs jusqu'à être remarquablement efficace mais ébranlée) pour la conduire vers la gloire, vers la mécanique quantique. Les pères de la physique moderne se nommaient Werner Heisenberg, Paul Dirac, Wolfgang Pauli, Pascual Jordan — pour n'en citer que quelques-uns. Ils appartenaient tous à la première génération quantique, étaient nés et avaient été élevés dans les années qui suivirent la grande contribution de Planck (Pauli en 1900, Heisenberg en 1901, Dirac et Jordan en 1902) et s'étaient engagés dans la recherche scientifique dans les années vingt. Ils ne devaient pas se débarrasser des préjugés d'une formation scientifique classique, et contrairement à Bohr, ils n'éprouvaient pas le besoin d'intégrer dans leurs théories atomiques des idées classiques. Le temps qui s'écoula entre la découverte par Planck de l'équation du corps noir et l'avènement de la mécanique quantique ne relève peut-être pas de la coïncidence ; ces vingt-six années correspondent au temps qu'il faut pour que les physiciens d'une nouvelle génération deviennent des chercheurs. Cette génération reçut toutefois deux grands héritages de ses aînés encore en activité outre la constante de Planck. Le premier était l'atome de Bohr indiquant sans aucun doute possible que les idées quantiques *devaient* être intégrées à l'une ou l'autre théorie satisfaisante des processus atomiques ; le second leur fut légué par le seul grand scientifique de l'époque, à n'avoir jamais fait montre d'un attachement profond pour les idées de la physique classique, l'exception à la règle. En 1916, au paroxysme de la guerre alors qu'il travaillait en Allemagne, Einstein introduisit la notion de probabilité dans la théorie atomique. Il y recourut à titre d'expédient — une autre contribution au salmigondis qui fit que les comportements de l'atome de Bohr ressemblaient à la conduite observée des atomes réels. Mais cet expédient survécut à l'atome de Bohr pour devenir le fondement de la véritable théorie quantique — même si l'ironie a voulu qu'Einstein le désavoue plus tard dans son fameux commentaire : « Dieu ne joue pas aux dés. »

Un élément de hasard : les dés de Dieu

Au tout début du siècle, quand Rutherford et son collègue Frederick Soddy étudiaient la nature de la radioactivité, ils avaient découvert une propriété curieuse et fondamentale de l'atome, ou plus exactement de son noyau. La « désintégration » radioactive, ainsi qu'on la nomme de nos jours, devait impliquer une modification fondamentale dans un atome (nous savons aujourd'hui qu'elle implique l'effondrement d'un noyau et l'éjection de parties du noyau), mais il semblait qu'aucune influence extérieure ne l'affectait. Qu'on élève ou qu'on abaisse la température des atomes, qu'on les place dans un vide ou qu'on les immerge dans de l'eau, le processus de la désintégration radioactive se poursuivait imperturbablement. Il semblait qu'il n'y avait aucun moyen de prédire avec exactitude le moment où un atome particulier de substance radioactive se désintégrerait, en émettant une particule alpha ou bêta et des rayons gamma, mais les expériences montraient que sur un grand nombre d'atomes radioactifs du même élément une certaine proportion se désintégrerait toujours en un temps donné. En particulier, pour chaque élément radioactif, il existe une durée caractéristique qu'on nomme demi-vie, durant laquelle la moitié des atomes d'un échantillon se désintègre. Le radium par exemple a une demi-vie de 1 600 ans ; une forme radioactive du carbone, le carbone-14, a une demi-vie légèrement inférieure à 6 000 ans, ce qui le rend utile pour la datation archéologique ; et le potassium radioactif se désintègre selon une demi-vie de 1 300 millions d'années.

Sans savoir ce qui fait qu'un atome parmi une multitude d'autres se désintègre alors que ses voisins ne le font pas, Rutherford et Soddy utilisèrent cette découverte comme base d'une théorie statistique de la désintégration radioactive, une théorie recourant aux techniques actuarielles semblables à celles qu'emploient les compagnies d'assurance, qui savent que bien que certaines des personnes qu'elles assurent mourront jeunes et que leurs héritiers toucheront des sommes dépassant de beaucoup les primes qu'elles avaient payées d'autres clients vivront vieux et paieront suffisamment de primes pour compenser. Sans savoir quels sont les clients qui mourront ni quand, les tables actuarielles permettent aux spécialistes d'équilibrer les comptes. De la même manière, les tables statistiques permettent aux physiciens d'équilibrer les comptes de la désintégration radioactive, pour autant qu'ils travaillent sur de grandes quantités d'atomes.

Une des particularités curieuses de ce comportement tient au fait que la radioactivité ne disparaît jamais tout à fait d'un échantillon de matériau radioactif. Sur les millions d'atomes présents, la moitié se désintègre en un temps donné. Au cours de la prochaine demi-vie — exactement la même durée de vie — la moitié du reste se désintègre, et ainsi de suite. Le nombre d'atomes radioactifs qui demeure dans l'échantillon devient de plus en plus petit, de plus en plus proche de zéro, mais chaque pas vers zéro ne lui fait jamais parcourir que la moitié du chemin qui l'en sépare.

A cette époque, des physiciens tels que Rutherford et Soddy imaginaient qu'en fin de compte quelqu'un découvrirait ce qui provoque la désintégration d'un certain atome, et que cette découverte expliquerait la nature statistique du processus. Quand Einstein introduisit les techniques statistiques dans le modèle de Bohr pour expliquer les détails du spectre atomique, il anticipa lui aussi que des découvertes ultérieures supprimeraient la nécessité de recourir aux « tables actuarielles ». Ils faisaient tous erreur.

Les niveaux énergétiques d'un atome, ou d'un électron dans l'atome, peuvent être comparés à une volée de marches. La profondeur de chacune des marches n'est pas égale sur le plan énergétique — les marches supé-

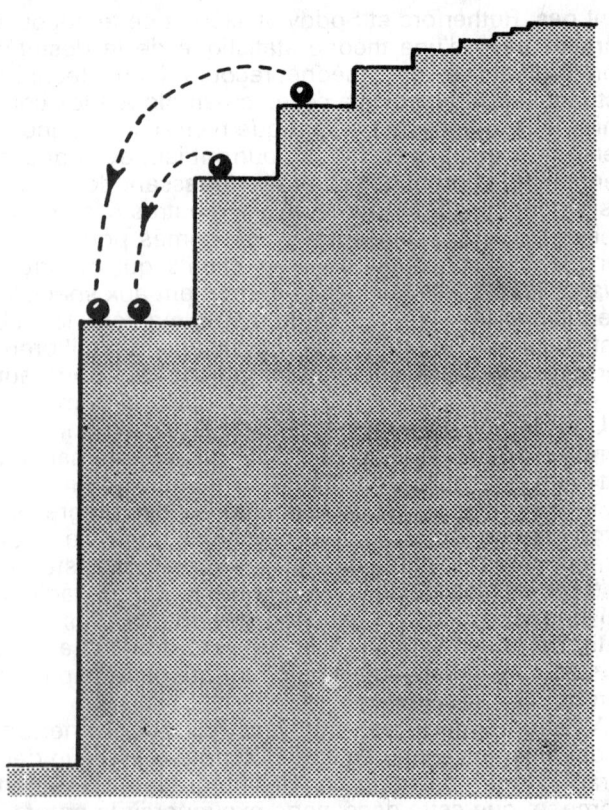

Schéma 4.1. Les niveaux d'énergie dans un atome simple tel que l'hydrogène peuvent être comparés à un ensemble de marches ayant des profondeurs différentes. Une balle placée sur différentes marches représente un électron à différents niveaux d'énergie dans l'atome. Le fait de descendre d'une marche à une autre correspond à l'émission d'une quantité d'énergie précise, responsable dans l'atome d'hydrogène des raies de la série de Balmer dans le spectre. Il n'y a pas de raies intermédiaires parce qu'il n'y a pas de « marches » intermédiaires pour que l'électron se « repose ».

rieures sont plus proches les unes des autres que les marches inférieures. Bohr montra que dans le cas de l'hydrogène, l'atome le plus simple, les niveaux d'énergie pouvaient être représentés sous la forme d'un escalier où la profondeur de chaque marche au-dessous du sommet de l'escalier est proportionnelle à $1/n^2$, n étant le nombre de marches à partir du pied. Une transition du niveau un au niveau deux sur cet escalier exige qu'un électron absorbe exactement la quantité d'énergie $h\nu$ requise pour monter cette marche; si l'électron retombe au niveau un (l'«état fondamental» de l'atome) il restitue alors la même quantité d'énergie. Il est impossible qu'un électron à l'état fondamental absorbe moins d'énergie, parce qu'il n'y a pas de « marche » intermédiaire sur laquelle il peut se reposer, et il est également impossible qu'un électron se trouvant au niveau deux émette une quantité d'énergie moindre, parce qu'il ne peut descendre nulle part excepté vers l'état fondamental. Il y a de nombreuses raies dans le spectre de chaque élément parce qu'il y a beaucoup de marches sur lesquelles l'électron peut se poser et parce qu'il peut passer d'une marche à une autre, en montant ou en descendant. Chaque raie correspond à une transition entre des marches — entre des niveaux d'énergie caractérisés par des chiffres quantiques différents. Toutes les transitions qui se terminent à l'état fondamental, par exemple, engendrent une famille de raies spectrales semblables à la série de Balmer; toutes les transitions à partir de marches supérieures qui se terminent au niveau deux correspondent à un autre ensemble de raies, et ainsi de suite[*]. Dans un gaz chauffé les atomes entrent constamment en collision les uns avec les autres, de sorte que les électrons excités passent à des niveaux d'énergie supérieurs puis retombent, et ce faisant émettent des raies spectrales lumineuses. Quand la lumière traverse un gaz froid, les électrons de l'état fondamental atteignent des énergies supérieures, absorbant ce faisant de la lumière et laissant des raies sombres dans le spectre.

---

[*] En fait, la série de Balmer dans le spectre de l'hydrogène correspond aux transitions qui prennent fin au niveau deux.

Si le modèle de l'atome de Bohr avait une signification, cette explication de la manière dont les atomes chauffés émettent de l'énergie devrait être rapprochée de la loi de Planck. Le spectre du corps noir de la radiation de la cavité ne correspondrait donc qu'à l'effet combiné d'un grand nombre d'atomes émettant de l'énergie quand les électrons sautent d'un niveau d'énergie à un autre.

En 1916 Einstein ayant élaboré sa théorie générale de la relativité s'intéressa à nouveau à la théorie quantique (comparée à son œuvre maîtresse, il s'agissait vraisemblablement d'une récréation). Il y fut probablement encouragé par le succès du modèle de l'atome de Bohr, et à cette époque sa propre version de la théorie corpusculaire de la lumière commençait enfin à gagner du terrain. Robert Andrews Millikan, un physicien américain, avait été l'un des plus féroces opposants à l'interprétation einsteinienne de l'effet photo-électrique, lorsque celle-ci avait été publiée en 1905. Il consacra dix ans à vérifier l'idée par une série d'expériences superbes, escomptant prouver qu'Einstein se trompait. Or, en 1914 il finit par obtenir une preuve expérimentale attestant du bien-fondé de l'explication d'Einstein de l'effet photo-électrique en termes de quanta lumineux ou photons. A cette occasion, il déduisit une détermination expérimentale très précise de la valeur de h, et en 1923, l'ironie étant à son comble, il reçut le prix Nobel pour son travail et sa mesure de la charge de l'électron.

Einstein comprit que la désintégration d'un atome passant d'un état d'énergie « excité » — un électron ayant un niveau d'énergie élevé — à un état d'énergie moindre — l'électron ayant un niveau d'énergie inférieur — est très semblable à la désintégration radioactive d'un atome. Il utilisa les techniques statistiques développées par Boltzmann (traitant du comportement d'une multitude d'atomes) pour étudier les états d'énergie individuels, calculant la probabilité qu'un atome particulier soit dans un état d'énergie correspondant à un nombre quantique particulier n, et il utilisa les « tables actuarielles » probabilistes de la radioactivité pour calculer la probabilité qu'un atome dans un état n se « désintègre » dans un autre état énergétique doté d'une énergie moindre (c'est-à-dire avec un nombre quantique inférieur). Cette démarche conduisit d'une manière claire et précise à la formule de Planck pour la radiation du corps noir, entièrement déduite sur base des idées quantiques. Très vite, en utilisant les idées statistiques d'Einstein, Bohr fut apte à développer son modèle de l'atome, prenant en considération l'explication voulant que certaines raies dans le spectre soient plus prononcées que d'autres parce que certaines transitions entre des états énergétiques sont plus probables — plus susceptibles de se produire — que d'autres. Il ne pouvait expliquer *pourquoi* il devait en être ainsi, mais personne ne s'en inquiétait outre mesure à l'époque.

A l'instar de tous ceux qui étudiaient la radioactivité à cette époque, Einstein pensait que les tables actuarielles n'étaient pas le mot de la fin, et qu'une recherche ultérieure déterminerait *pourquoi* une transition particulière se produisait à tel moment et non à tel autre. Mais c'est à ce stade que la théorie quantique commença vraiment à rompre le cordon ombilical qui la liait aux idées classiques. Aucune « raison sous-jacente » relative à la désintégration radioactive ou au « timing » des transitions de l'énergie atomique n'a jamais été découverte. Il semble vraiment que ces changements se produisent tout à fait par hasard, sur une base statistique, et cet état de fait commence déjà à soulever des questions philosophiques fondamentales.

Dans le monde classique, tout a une cause. Vous pouvez retrouver la cause de n'importe quel événement en remontant dans le temps pour identifier la cause de la cause, et ce qui était à l'origine de cette dernière, et ainsi de suite jusqu'au Big Bang (si vous êtes cosmologue) ou jusqu'au moment de la Création dans un contexte religieux, si tel est le modèle auquel vous adhérez. Mais dans le monde quantique, cette causalité directe commence à disparaître dès que nous nous penchons sur la désintégration radioactive et les transitions atomiques. Un électron ne passe pas d'un niveau énergétique à un autre à un moment précis pour une raison particulière.

Le niveau inférieur d'énergie est plus souhaitable pour l'atome, dans un sens statistique, et il est donc plus probable (la quantité de probabilité peut même être quantifiée) que l'électron fasse un tel mouvement, tôt ou tard. Mais il n'existe aucun moyen de dire quand cette transition interviendra. Aucun agent extérieur ne pousse l'électron, et aucun mécanisme interne ne fixe le moment du saut. Cela advient, un point c'est tout, sans raison particulière, maintenant plutôt que plus tard.

Il ne s'agit pas d'une rupture franche avec la stricte causalité, et bien que de nombreux scientifiques du dix-neuvième siècle auraient été horrifiés par l'idée, je serais étonné si aucun des lecteurs de ce livre l'était. Il ne s'agit pourtant que du sommet de l'iceberg, le premier indice de l'étrangeté réelle du monde quantique, et mieux vaut le noter en dépit du fait que sa signification n'ait pas été appréciée à l'époque. Cette idée s'imposa en 1916 à Einstein.

Un regard sur les atomes

Il serait fastidieux de recenser en détail toutes les améliorations dont fit l'objet le modèle de l'atome de Bohr jusqu'en 1926, et encore plus pénible de reconnaître en définitive que la plupart de ces tâtonnements vers la vérité étaient de toute façon erronés. Mais l'atome de Bohr tient une telle place dans les manuels et les ouvrages de vulgarisation qu'il ne peut être ignoré, et dans sa forme finale il représente à peu près le dernier modèle de l'atome qui entretienne encore une relation avec les images auxquelles nous habitue la vie quotidienne. On a montré que la boule de billard indivisible, l'atome des anciens, était non seulement divisible mais encore constituée d'espace vide, plein de particules étranges accomplissant des actions tout aussi étranges. Bohr proposa un cadre de référence qui situait certaines de ces étrangetés dans un contexte évoquant la vie quotidienne ; et bien qu'à certains égards il soit préférable d'écarter toutes les idées courantes avant de plonger la tête la première dans le monde quantique, il semble que maintes personnes se réjouissent de marquer une pause et d'étudier le modèle de Bohr avant de passer à l'acte. A égale distance des idées classiques et de la théorie quantique, prenons le temps de respirer et de nous reposer avant de nous aventurer en territoire inconnu. Mais ne perdons pas notre temps et notre énergie à recenser toutes les erreurs et les demi-vérités impliquées dans le patchwork du développement du modèle de Bohr et du noyau jusqu'en 1926. J'utiliserai au contraire la perspective des années quatre-vingt pour considérer *a posteriori* l'atome de Bohr et élaborer une sorte de synthèse moderne des idées de Bohr, et de celles de ses confrères, y compris certaines parties de l'énigme qui en fait ne furent résolues que bien après.

Les atomes sont infiniment petits. Ce qui est surprenant ce n'est pas que le modèle de l'atome de Bohr soit grossier et approximatif ou que les règles de la physique courante ne s'appliquent pas aux atomes. Le miracle est que nous possédons une certaine compréhension des atomes et que nous *pouvons* trouver des moyens de combler le fossé entre la physique classique newtonienne et la physique quantique atomique.

Si tant est qu'il soit possible de se représenter quelque chose d'aussi petit, voici à quoi un atome ressemble. Ainsi que Rutherford l'a montré, un nuage d'électrons, bourdonnant comme un essaim d'abeilles, entoure un noyau central minuscule. Au départ, on pensait que le noyau était essentiellement constitué de protons, chacun ayant une charge positive de même taille que la charge négative d'un électron, de sorte qu'un nombre égal de protons et d'électrons rendait chaque atome électriquement neutre. On constata plus tard qu'il existait une autre particule atomique élémentaire qui est très proche du proton mais qui n'a pas de charge électrique. Il s'agit du neutron, et dans tous les atomes, excepté la forme la plus simple de l'hydrogène, il existe des neutrons ainsi que des protons dans le noyau. Mais dans l'atome neutre il y a vraiment un nombre égal de protons et d'électrons. Le nombre de protons dans le noyau détermine à quel élément correspond l'atome ; le nombre d'électrons dans le nuage (égal au nombre de protons) détermine la chimie de cet atome et de cet élément. Mais certains atomes dotés du même nombre de protons et d'électrons pouvant avoir un nombre différent de neutrons, les éléments chimiques peuvent se présenter sous différentes variétés, appelées isotopes. Le terme a été inventé par Soddy en 1913, du grec *iso-* qui signifie « égal » et *topos* « place, endroit », parce qu'on avait découvert que des atomes de poids différents pouvaient occuper la même place dans le tableau des propriétés chimiques, le tableau périodique des éléments. En 1921 Soddy reçut le prix Nobel (de chimie) pour son travail sur les isotopes.

L'isotope le plus simple de l'élément le plus simple est la forme la plus courante de l'hydrogène, dans lequel un proton est accompagné d'un électron. Dans le deutérium, chaque atome est constitué d'un proton *et* d'un neutron ainsi que d'un électron, mais la chimie est la même que pour l'hydrogène ordinaire. Les neutrons et les protons ayant sensiblement la même masse l'un que l'autre, et chacun étant environ 2 000 fois plus lourd qu'un électron, le nombre total de protons et de neutrons dans un noyau détermine à peu de chose près la masse d'un atome. Celle-ci est en général désignée par le nombre A, le nombre de masse. Le nombre de protons dans le noyau, qui décide des propriétés de l'élément, est dit nombre atomique, Z. En toute logique on appelle unité de masse atomique l'unité qui sert à mesurer les masses atomiques. Elle est définie comme étant égale à un douzième de la masse de l'isotope de carbone, lequel contient six neutrons et six protons dans son noyau. On nomme cet isotope Carbone-12, ou en abrégé C^{12} ; les C^{13} et C^{14} sont d'autres isotopes, qui contiennent respectivement sept et huit neutrons par noyau.

Plus un noyau est massif (plus il contient de protons) plus les isotopes sont nombreux. L'étain par exemple a 50 protons dans son noyau ($Z = 50$) et dix isotopes stables dont les nombres atomiques vont de $A = 112$ (62 neutrons) à $A = 124$ (74 neutrons). Il y a toujours au moins autant de neutrons que de protons dans les noyaux stables (excepté pour l'atome d'hydrogène le plus simple) ; les neutrons neutres aident à maintenir ensemble les protons positifs, lesquels tendent à se repousser les uns les autres. La radioactivité est associée aux isotopes instables, qui adoptent une forme stable et ce faisant émettent un rayonnement. Un rayon bêta est un électron éjecté lorsqu'un neutron se transforme en proton ; une particule alpha est un noyau atomique à part entière, deux protons et deux neutrons (le noyau de l'hélium-4) éjectés quand un noyau instable adapte sa structure interne ; et des noyaux instables très lourds se divisent en deux ou en plusieurs noyaux plus légers, stables par l'entremise du processus désormais bien connu de la fission nucléaire ou atomique avec apparition de particules alpha et bêta. Ces phénomènes interviennent dans un volume presque plus petit que le plus petit atome lui-même, des dimensions que nous ne parvenons pas à imaginer. Un atome typique mesure environ 10^{-10} mètre de diamètre ; le noyau a un rayon de 10^{-15} m, 10^5 fois plus petit que l'atome. Les volumes se calculant en élevant au cube le rayon, nous devons multiplier l'exposant par trois pour trouver que le volume du noyau est 10^{15} fois plus petit que le volume de l'atome.

La chimie expliquée

Le nuage électronique confère à l'atome son aspect extérieur et les moyens par lesquels il interagit avec les autres atomes. Ce qui se trouve au cœur du nuage électronique est en grande partie immatériel — ce sont les électrons eux-mêmes qu'un autre atome « voit » et « sent » et ce sont les interactions entre les nuages électroniques qui sont à l'origine de la chimie. En expliquant les caractéristiques rudimentaires du nuage électronique, le modèle de l'atome de Bohr plaça en quelque sorte la chimie sur une voie scientifique. Les chimistes savaient déjà que certains éléments étaient très semblables au niveau de leurs propriétés chimiques, même s'ils avaient des poids atomiques différents. Quand les éléments sont classés en un tableau selon leurs poids atomiques (et en particulier en fonction de leurs différents isotopes) on remarque que ces éléments similaires apparaissent à intervalles réguliers selon un schème présentant une différence de huit en ce qui concerne le nombre atomique. Quand les éléments ayant des propriétés similaires sont regroupés, on obtient le tableau dit « périodique ».

En juin 1922, Bohr séjourna à l'université de Göttingen en Allemagne, pour donner une série de conférences sur la théorie quantique et la structure atomique. Göttingen devait devenir l'un des trois grands centres ayant contribué au développement de la version complète de la mécanique quantique, sous la direction de Max Born, qui y fut professeur de physique théorique à partir de 1921. Né en 1882, il était le fils du professeur d'anatomie de l'université de Breslau. Il fit ses études au début des années 1900, à l'époque de l'apparition des idées de Planck. Il étudia d'abord les mathématiques et ce n'est qu'après avoir achevé son doctorat en 1906 qu'il opta pour la physique (et travailla pendant un certain temps au Cavendish). Ainsi que nous le verrons, sa formation devait lui être très utile dans les années à venir. Le travail de Born se caractérisait par une grande rigueur mathématique, comme il se doit pour un expert en matière de relativité. Bohr avait quant à lui une tout autre attitude ; ses élaborations théoriques reposaient sur des intuitions brillantes, mais il laissait volontiers à d'autres le soin de se charger des détails mathématiques. Ces deux types de génie étaient indispensables à la nouvelle compréhension des atomes.

Les conférences de Bohr en juin 1922 jouèrent un rôle essentiel dans le renouveau de la physique allemande à l'issue de la guerre, ainsi que dans l'histoire de la théorie quantique. Des scientifiques venus des quatre coins de l'Allemagne y assistèrent et elles sont désormais connues sous le nom de « Festival Bohr ». Au cours de ce cycle de conférences, après avoir soigneusement préparé son public, Bohr présenta la première théorie du tableau périodique des éléments, une théorie qui subsiste de nos

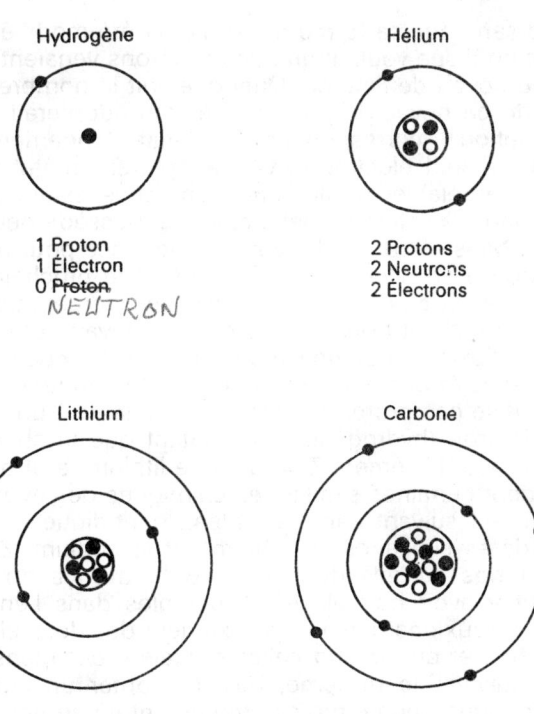

Schéma 4.2. Les atomes de certains des éléments les plus simples peuvent être représentés comme un noyau entouré d'électrons dans des couches correspondant aux marches de l'escalier du niveau énergétique. Les règles quantiques ne permettent qu'à deux électrons de se trouver sur la marche la plus basse, aussi le lithium, avec trois électrons, doit en déposer un sur le barreau suivant de l'échelle énergétique. Cette seconde couche est en mesure d'« accueillir » huit électrons, de sorte que le carbone a une couche à moitié pleine, ce qui explique que ses propriétés chimiques intéressantes soient le fondement de la vie.

jours sans que sa forme originelle ait été modifiée. Bohr partit de l'idée voulant que des électrons venaient s'ajouter au noyau de l'atome. Quel que soit le nombre atomique de ce noyau, le premier électron adopterait un état énergétique correspondant à l'état fondamental de l'hydrogène. L'électron suivant adopterait un état énergétique semblable, offrant une apparence extérieure très semblable à l'atome d'hélium, lequel possède deux électrons. Mais, dit Bohr, il n'y a plus de place pour un autre électron à ce niveau dans l'atome, et le prochain devra passer à un type différent de niveau énergétique. Donc un atome ayant trois protons dans le noyau et trois électrons à l'extérieur du noyau devrait avoir deux de ces électrons plus étroitement liés au noyau et un indépendant ; il devrait se comporter de manière semblable à un atome à un électron (hydrogène) pour autant que la chimie soit concernée. L'élément $Z = 3$ est le lithium, et il présente vraiment certaines similitudes chimiques de l'hydrogène. L'élément suivant dans le tableau périodique ayant des propriétés similaires au lithium est le sodium, $Z = 11$, huit rangs au-delà du lithium. Bohr avança donc qu'il devait y avoir huit places disponibles dans l'ensemble des niveaux énergétiques à l'extérieur des deux électrons internes, et que quand celles-ci étaient occupées l'électron suivant, le onzième, devait adopter un autre état énergétique encore moins étroitement lié au noyau, présentant l'apparence d'un atome n'ayant qu'un électron.

On appelle ces états énergétiques « couches », et l'explication du tableau périodique selon Bohr impliquait que les électrons remplissaient les couches au fur et à mesure que Z augmentait. Vous pouvez imaginer ces couches comme des pelures d'oignons s'enveloppant l'une autre ; au regard de la chimie seul importe le nombre d'électrons de la couche la plus extérieure de l'atome. Ce qu'il advient dans les couches plus profondes ne joue qu'un rôle secondaire dans la détermination de la manière dont l'atome interagira avec les autres atomes.

Travaillant sur les couches électroniques, et exploitant toutes les informations de la spectroscopie, Bohr expliqua les relations entre les éléments dans le tableau périodique en termes de structure atomique. Il ignorait pourquoi une couche contenant huit électrons devait être saturée (« fermée »), mais il veilla à ce que son public soit convaincu qu'il avait découvert la vérité essentielle. Comme Heisenberg le dit plus tard, Bohr « n'avait rien prouvé mathématiquement... il savait seulement que telle était plus ou moins la connexion*». En 1949, Einstein commentant dans ses *Notes autobiographiques* le suc-

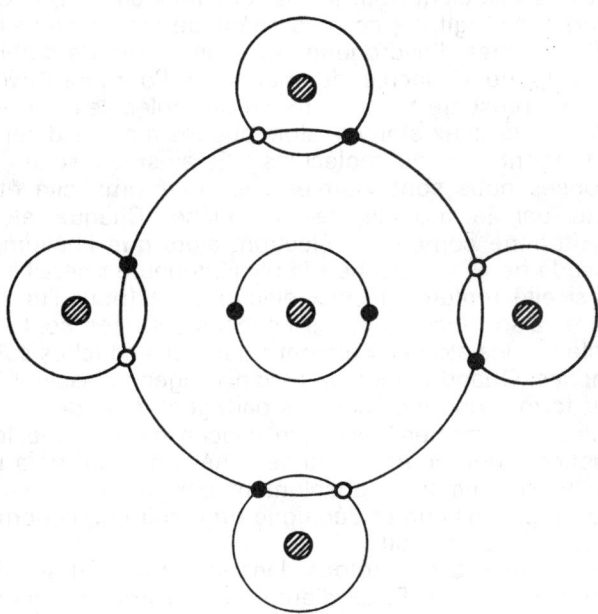

Schéma 4.3. Quand un atome de carbone se combine à quatre atomes d'hydrogène, les électrons se répartissent de manière telle que chaque atome d'hydrogène a l'illusion de posséder une couche intérieure saturée (deux électrons) et que chaque atome de carbone « voit » huit électrons dans sa deuxième couche. Il s'agit d'une configuration très stable.

---

* Cité dans *Mehra et Rechenberg*, vol. I, p. 357.

cès du travail de Bohr fondé sur la théorie quantique dit : « que ce fondement contradictoire et incertain permette à un homme doté de l'intuition de Bohr de découvrir les lois fondamentales des raies spectrales et des couches électroniques des atomes ainsi que leur signification pour la chimie, voilà qui me paraissait — et qui me paraît toujours — relever du miracle* ».

La chimie traite de la manière dont les atomes réagissent et s'associent pour former des molécules. Pourquoi le carbone réagit-il avec l'hydrogène de manière à ce que quatre atomes d'hydrogène liés à un atome de carbone forment une molécule de méthane ? Pourquoi l'hydrogène se présente-t-il sous forme de molécules, formées chacune de deux atomes, alors que les atomes d'hélium ne forment pas de molécules ? Et ainsi de suite. Les réponses nous sont fournies avec une simplicité étonnante par le modèle de la couche. Chaque atome d'hydrogène compte un électron, alors que l'hélium en possède deux. La couche « la plus intérieure » serait saturée si elle renfermait deux électrons, et (pour l'une ou l'autre raison inconnue) les couches saturées sont plus stables — les atomes « aiment » que leurs couches soient remplies. Quand deux atomes d'hydrogène s'assemblent pour former une molécule, ils partagent leurs deux électrons d'une manière telle que chacun d'eux recueille le bénéfice d'une couche saturée. L'hélium ayant déjà une couche saturée n'est absolument pas intéressé par ce type de proposition et dédaigne de réagir chimiquement avec quoi que ce soit.

Le carbone a six protons dans son noyau et six électrons à l'extérieur. Deux d'entre eux se trouvent dans la couche intérieure saturée, les quatre autres sont associés à la couche suivante, qui est à moitié vide. Quatre atomes d'hydrogène peuvent chacun prétendre au partage de l'un des quatre électrons extérieurs du carbone et apportent leur propre électron dans l'affaire. Chaque atome d'hydrogène se retrouve avec une couche pseudo saturée de deux électrons intérieurs, alors que chaque atome

---

* *Idem*, p. 359.

de carbone a une seconde couche pseudo saturée de huit électrons.

Bohr dit que des atomes s'assemblent de manière à ce que leur couche extérieure soit aussi proche que possible de la saturation. Parfois, comme avec la molécule d'hydrogène, mieux vaut penser à une paire d'électrons partagée par deux noyaux ; dans d'autres cas, on imaginera à propos qu'un atome ayant un électron déparié dans sa couche extérieure (le sodium, peut-être) le cèdera à un atome dont la couche extérieure renferme sept électrons et une place libre (dans ce cas, il peut s'agir du chlore). Chaque atome est heureux — le sodium, en perdant un électron, laisse une couche « visible », plus profonde mais saturée ; le chlore, en gagnant un électron, remplit sa couche extérieure. Il résulte de cet échange que l'atome de sodium est devenu un ion chargé positivement en perdant une unité de charge négative, alors que l'atome de chlore est devenu un ion négatif. Des charges opposées s'attirant, les deux ions s'assemblent pour former une molécule électriquement neutre de chlorure de sodium, le sel de table.

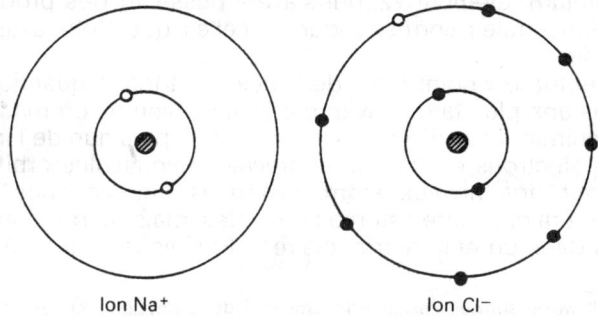

Ion Na$^+$ Ion Cl$^-$

Schéma 4.4. En cédant son électron extérieur isolé, un atome de sodium parvient à une configuration mécanique quantique souhaitable et dispose alors d'une charge positive. En acceptant un électron supplémentaire, le chlore remplit sa couche extérieure avec huit électrons et présente une charge négative. Les ions chargés sont ensuite maintenus solidaires pour former des molécules et des cristaux de sel ordinaires (NaCl) par des forces électrostatiques.

Toutes les réactions chimiques peuvent être expliquées de cette manière, comme un partage ou un échange d'électrons entre atomes dans le but de parvenir à la stabilité des couches électroniques saturées. Des transitions énergétiques impliquant des électrons extérieurs produisent l'empreinte spectrale caractéristique d'un élément, mais les transitions énergétiques impliquant les couches intérieures (et donc beaucoup plus d'énergie, du côté des rayons X du spectre) devraient être identiques pour tous les éléments, ainsi qu'elles s'avérèrent l'être. A l'instar des théories les meilleures, le modèle de Bohr se trouva confirmé par une prédiction brillante. Les éléments figurant dans le tableau périodique, même en 1922, présentaient quelques « blancs », correspondant à des éléments inconnus de nombres atomiques 43, 61, 72, 75, 85 et 87. Le modèle de Bohr prédit les propriétés détaillées de ces éléments « manquants » et suggéra en particulier que l'élément 72 devrait présenter des propriétés similaires au zirconium, une prévision qui contredisait celles faites en se fondant sur les modèles alternatifs de l'atome. Elle se trouva confirmée un an plus tard par la découverte de l'hafnium, élément 72, qui s'avéra posséder des propriétés spectrales correspondant à celles que Bohr avaient prédites.

Tel fut le « point fort » de l'ancienne théorie quantique. Trois ans plus tard, il avait été balayé, bien qu'en matière de chimie, vous n'ayez besoin de guère plus que de l'idée des électrons en tant que particules minuscules orbitant autour des noyaux atomiques dans des couches qui « aimeraient » être saturées (ou vides, mais de préférence pas dans un état intermédiaire*). Et si vous vous intéres-

---

* Il va de soi que j'exagère la simplicité de la physique ici. Le « guère plus » nécessaire pour expliquer des molécules plus complexes fut formulé à la fin des années vingt et au début des années trente, en utilisant les fruits du développement complet de la mécanique quantique. La personne qui accomplit la majeure partie de ce travail se nommait Linus Pauling, plus connu aujourd'hui comme partisan de la paix et promoteur de la vitamine C, qui reçut le premier de ses deux prix Nobel pour ce travail, ayant été cité en 1954 « pour sa recherche sur la nature du lien chimique et son application à l'élucidation de la structure des substances complexes. Ces « substances complexes » élucidées à l'aide de la théorie quantique par Pauling, un chi-

sez à la physique des gaz, vous n'avez besoin de guère plus que de l'image des atomes en tant que boules de billard dures et indestructibles. La physique du dix-neuvième siècle convient bien pour les objectifs quotidiens ; la physique de 1923 convient bien pour la majeure partie de la chimie ; et la physique des années trente nous entraîne aussi loin qu'il est possible aujourd'hui dans la recherche des vérités ultimes. Il n'y a pas eu de grands progrès comparables à la révolution quantique pendant cinquante ans, et durant tout ce temps le reste de la science a été porté par les intuitions d'une poignée de génies. Le succès de l'expérience d'Aspect à Paris au début des années quatre-vingt marqua la fin de cette période d'inertie avec l'obtention de la première preuve directe et expérimentale montrant que même les aspects les plus étranges de la mécanique quantique sont une description littérale de la façon dont les objets se comportent dans le monde réel. Le moment est venu de découvrir l'étrangeté du monde quantique.

---

miste physique, ouvrirent la voie à une étude des molécules de la vie. La contribution de la chimie quantique à la biologie moléculaire est décrite par Horace Judson dans son livre épique *The Eight Day of Creation*; l'histoire détaillée dépasse hélas le cadre de cet ouvrage.

Deuxième partie

LA MÉCANIQUE QUANTIQUE

« La science n'est que physique ou philatélie. »
Ernest Rutherford
1871-1937

Chapitre premier

LES PHOTONS ET LES ÉLECTRONS

Bien que Planck et Bohr réussissent à indiquer la voie d'une physique de l'infiniment petit qui différait de la mécanique classique, la théorie quantique telle que nous la connaissons aujourd'hui n'a vraiment débuté qu'avec l'acceptation des idées d'Einstein sur le quantum lumineux et la compréhension du fait que la lumière devait être décrite *à la fois* en termes de particules *et* d'ondes. L'hypothèse ne fut acceptée et considérée avec sérieux qu'en 1923 alors qu'Einstein l'avait exposée dans son article sur l'effet photo-électrique, publié en 1905. Il s'était montré prudent, tout à fait conscient des implications révolutionnaires de son travail, et en 1911 il dit aux participants du premier congrès Solvay : « J'insiste sur le caractère provisoire de ce concept, qui semble irréconciliable avec les conclusions vérifiées expérimentalement de la théorie ondulatoire*. »

Bien que Millikan ait prouvé en 1915 l'exactitude de l'équation d'Einstein relative à l'effet photo-électrique il semblait encore déraisonnable d'accepter la réalité des particules de lumière, et reconsidérant son travail dans

---

* Les congrès Solvay étaient des rencontres scientifiques sponsorisées, par Ernest Solvay, un chimiste belge qui fit fortune grâce à sa méthode de fabrication du carbonate de sodium. S'intéressant à des domaines scientifiques plus abstraits, Solvay finança ces réunions auxquelles les physiciens éminents de l'époque se rencontrèrent et échangèrent leurs idées.

les années quarante, Millikan commenta ainsi les vérifications de ces équations : « Je fus contraint en 1915 d'affirmer sans ambiguïté sa validité en dépit de son caractère déraisonnable... elle semblait violer toutes nos connaissances quant à l'interférence de la lumière. » A l'époque, il s'exprima de façon moins nuancée. Ayant annoncé qu'il avait vérifié expérimentalement l'exactitude de l'équation d'Einstein pour l'effet photo-électrique, il poursuivit : « La théorie semi-corpusculaire de laquelle Einstein déduisit son équation semble aujourd'hui tout à fait indéfendable. » Cette déclaration remonte à 1915 ; en 1918, Rutherford déclara qu'il semblait n'exister « aucune explication physique » en ce qui concerne le lien entre l'énergie et la fréquence qu'Einstein avait expliqué treize ans auparavant avec son hypothèse des quanta lumineux. Rutherford n'ignorait pas la suggestion d'Einstein, mais elle ne l'avait tout simplement pas convaincu. Toutes les expériences conçues pour vérifier la théorie ondulatoire de la lumière montrant que cette dernière était constituée d'ondes, comment pourrait-elle être faite de particules[*] ?

Les particules de lumière

En 1909, à l'époque où il cessa de travailler au bureau des brevets techniques pour se consacrer à son premier poste académique, en tant que professeur suppléant à Zurich, Einstein fit un pas en avant, limité mais significatif, en se référant pour la première fois à des « quanta ponctuels ayant une énergie $h\nu$ ». Des particules telles que des électrons sont représentées par des corps « ponctuels » en mécanique classique, et ceci est très éloigné de toute description en termes ondulatoires, excepté que la fréquence de la radiation, ν, nous indique l'énergie de la particule. « Je suis convaincu », dit Einstein en 1909, « que la prochaine phase dans le développement de la théorie physique nous amènera à une théorie de la lumière sus-

---

[*] Les citations de ce passage sont extraites de *Subtle is the Lord* par A. Pais.

ceptible d'être interprétée comme une sorte de fusion des théories ondulatoire et émettrice. »

Ce commentaire, qui passa pratiquement inaperçu à l'époque, est au cœur de la théorie quantique moderne. Dans les années vingt, Bohr s'en inspira pour formuler une nouvelle loi fondamentale de la physique : le « principe de complémentarité », lequel pose que les théories ondulatoire et corpusculaire de (dans ce cas) la lumière ne s'excluent pas l'une l'autre mais sont complémentaires. Les *deux* concepts sont nécessaires pour fournir une description complète, et le besoin de mesurer l'énergie de la « particule » lumineuse en fonction de sa fréquence, ou longueur d'onde, en atteste.

Peu de temps après avoir fait ces remarques, Einstein cessa toutefois de s'intéresser à la théorie quantique pour se consacrer à l'élaboration de sa théorie de la relativité générale. Quand il se pencha à nouveau sur la question quantique en 1916, il proposa une autre hypothèse logique sur le thème du quantum de lumière. Ses idées statistiques aidèrent, comme nous l'avons vu, à débroussailler l'image de l'atome de Bohr et à améliorer la description du rayonnement du corps noir de Planck. Ces calculs portant sur la manière dont la lumière absorbe ou émet le rayonnement expliquèrent également comment la quantité de mouvement se transmet de la radiation à la matière, pour autant que chaque quantum du rayonnement hv comporte une quantité de mouvement hv/c. Ce travail nous renvoie à un autre des grands articles de 1905, celui traitant du mouvement brownien. De la même manière que les grains de pollen sont ébranlés par les atomes d'un gaz ou d'un liquide de sorte que leur mouvement prouve la réalité des atomes, les atomes eux-mêmes sont ébranlés par les « particules » de la radiation du corps noir. Ce « mouvement brownien » des atomes et des molécules ne pouvait être observé de manière directe, mais l'ébranlement engendre des effets statistiques qui pouvaient être mesurés en termes de propriétés comme la pression d'un gaz. Ce sont donc les effets statistiques qu'Einstein expliqua en termes de particules de la radiation du corps noir qui transmet la quantité de mouvement.

Cependant, la même expression de la quantité de mouvement d'une particule de lumière est directement issue de la relativité restreinte, d'une manière très simple. Dans la théorie de la relativité, l'énergie *(E)*, la quantité de mouvement *(p)* et la masse au repos *(m)* d'une particule sont liés par l'équation simple
$$E^2 = m^2c^4 + p^2c^2$$
Puisque la particule de lumière n'a pas de masse au repos, cette équation se réduit rapidement à
$$E^2 = p^2c^2$$
ou simplement $p = E/c$. Il peut sembler surprenant qu'il fallut tant de temps à Einstein pour faire cette constatation, mais il avait alors autre chose en tête — la relativité générale en l'occurence. Cependant, dès qu'il eût établi la connexion, la concordance entre les arguments statistiques et la théorie de la relativité renforça sa conviction. (D'un autre point de vue, puisque les statistiques montrent que $p = E/c$, vous êtes en mesure de prétendre que les équations relativistes établissent que la particule de lumière a une masse au repos égale à zéro.)

C'est ce travail qui donna à penser à Einstein que les quanta lumineux étaient réels. Le terme « photon » désignant la particule de lumière ne fut pas introdult avant 1926 (par Gilbert Lewis, travaillant à Berkeley, Californie), et il ne devint partie intégrante du langage scientifique qu'après la tenue du cinquième congrès Solvay intitulé « Électrons et Photons » en 1927. En 1917, Einstein était le seul à croire en la réalité de ce que nous nommons photons, néanmoins il semble que le moment soit venu pour nous d'introduire le terme. Il fallut attendre encore six ans avant qu'une preuve expérimentale, irréfutable et directe, de la réalité des photons soit obtenue par le physicien américain Arthur Compton.

Compton étudiait les rayons X depuis 1913. Il travailla dans plusieurs universités américaines et au Cavendish en Angleterre. Une série d'expériences réalisées au début des années vingt l'avait amené inexorablement à conclure que l'interaction entre les rayons X et les électrons ne pouvait être expliquée que si les rayons X étaient traités de l'une ou l'autre manière comme des particules — des photons. Les expériences essentielles concernent la manière selon laquelle un électron provoque la diffraction des rayons X — ou, dans un langage corpusculaire, la façon dont un photon et un électron interagissent quant ils entrent en collision. Quand un photon de rayon X frappe un électron, l'électron gagne de l'énergie et une quantité de mouvement et dévie sa trajectoire. Le photon, lui perd de l'énergie et une quantité de mouvement et adopte une trajectoire différente, laquelle peut être calculée à partir des lois simples de la physique des particules. La collision est semblable à l'impact d'une boule de billard en mouvement sur une boule stationnaire, et le transfert de la quantité de mouvement intervient de la même manière. Toutefois, dans le cas du photon, la perte d'énergie entraîne un changement dans la fréquence du rayonnement, lequel est fonction de la quantité $h\nu$ cédée à l'électron. Les deux descriptions, corpusculaire et ondulatoire, sont indispensables pour obtenir une explication complète de l'expérience. Quand Compton procéda aux expériences, il constata que l'interaction correspondait en tous points à cette description — les angles de dispersion, les changements de longueur d'onde et le recul de l'électron s'adaptaient tous parfaitement à l'idée voulant que les rayons X se présentent sous forme de particules dotées d'une énergie $h\nu$. On nomme aujourd'hui ce processus effet Compton, et en 1927 Compton reçut un prix Nobel pour ce travail[*]. Après 1923, la réalité des photons en tant que particules porteuses à la fois d'énergie et d'une quantité de mouvement fut prouvée (bien que Bohr s'acharnât pendant un temps à trouver une explication alternative de l'effet Compton ; il ne vit pas immédiatement la nécessité d'inclure les descriptions corpusculaire et ondulatoire dans une bonne théorie de la lumière, et considérait la théorie corpusculaire comme une rivale de la théorie ondulatoire incorpo-

---

[*] Le théoricien Peter Debye calcula indépendamment à peu près à la même époque l' « effet Compton », et publia un article suggérant une expérience pour vérifier l'idée. Avant que cet article paraisse, Compton avait réalisé l'expérience.

rée à son modèle de l'atome). Mais toutes les preuves en faveur de la théorie ondulatoire restaient valables. Ainsi qu'Einstein le dit en 1924 : « Il y a donc maintenant deux théories de la lumière, toutes deux indispensables... sans aucune connexion logique. »

Le lien entre ces deux théories forma la base de l'élaboration de la mécanique quantique pendant les quelques années fiévreuses qui suivirent. Des progrès intervinrent simultanément dans différents domaines ; les idées et les découvertes nouvelles ne se présentèrent pas dans l'ordre qui aurait été souhaitable pour le développement de la nouvelle physique. Dans un souci de cohérence, je dois suivre une chronologie différant de la réalité.

Une manière d'y parvenir consiste à exposer les fondements des concepts avant de décrire la mécanique quantique *per se*, en dépit du fait que les prémices de la théorie de la mécanique quantique furent posées avant que certains de ces concepts soient compris. Les implications de la dualité onde/particule elles-mêmes n'étaient pas pleinement compensées au moment où la mécanique quantique commençait à s'organiser mais dans une description logique de la théorie quantique il importe que la découverte de la nature duale de la matière succède à la découverte de la nature duale de la lumière.

La dualité onde/particule

C'est à une suggestion faite par un noble français, Louis de Broglie que nous devons cette découverte. Elle paraît très simple, pourtant elle concerne le cœur de la matière. Nous pouvons l'imaginer s'interrogeant : « Si les ondes lumineuses se comportent comme des particules, pourquoi les électrons ne se comporteraient-ils pas comme des ondes ? » S'il en était resté là, il ne fait aucun doute qu'il ne serait pas considéré aujourd'hui comme l'un des fondateurs de la théorie quantique et qu'il n'aurait pas reçu un prix Nobel en 1929. En tant que spéculation, l'idée n'est pas révolutionnaire ; d'autres hypothèses de la même veine avaient été formulées à propos des rayons X bien avant les travaux de Compton — dès 1912, quand le grand physicien (et lauréat du prix Nobel) W. H. Bragg dit de la physique des rayons X : « Il me semble que la difficulté ne consiste pas à choisir entre les deux théories des rayons X mais à en trouver... une conciliant leurs avantages[*]. » Le grand mérite de De Broglie fut d'adopter l'idée de la dualité onde/particule et de la traiter de manière mathématique, en décrivant comment les ondes de la matière devraient se comporter et en suggérant des façons selon lesquelles il serait possible de les observer. Membre relativement jeune de la communauté de la physique théorique, il eut le grand avantage d'avoir un frère aîné, Maurice, qui était un physicien expérimental respecté et qui le mit sur la voie de la découverte. Louis de Broglie dit plus tard que Maurice lui signala dans des conversations l'« importance et l'existence indéniable des aspects duals de la particule et de l'onde ». Le moment était venu pour cette idée de s'imposer, et Louis de Broglie eut la chance de vivre à une époque où une intuition conceptuelle simple était en mesure de transformer la physique théorique. Mais il tira sans conteste le meilleur parti de son idée.

De Broglie était né en 1892. La tradition familiale le destinait à embrasser une carrière au service de l'État, mais quand il entra à l'université de Paris en 1910, il s'enthousiasma pour la science, en particulier pour la mécanique quantique, un monde que lui avait en partie révélé son frère (de dix-sept ans son aîné), lequel avait obtenu son doctorat en 1908 et qui, en tant que secrétaire scientifique du premier congrès Solvay, tenait son cadet informé. Au bout de quelques années, ses études de physique furent interrompues en 1913 par ce qui aurait dû n'être qu'une courte période de service militaire mais qui dura, en raison de la Première Guerre mondiale, jusqu'en 1919. De Broglie reprit ses études après la guerre et commença à travailler dans la direction qui l'amena à décou-

---

[*] Les citations des écrits de De Broglie et Bragg sont extraites de *The conceptual development of quantum mecanics* par Max Jammer.

vrir l'unité sous-tendant les théories corpusculaire et ondulatoire. La percée intervint en 1923, quand il publia trois articles sur la nature des quanta lumineux dans la revue française *Comptes Rendus* et rédigea en anglais un résumé de son travail qui parut dans le *Philosophical Magazine* en février 1924. Ces contributions ne connurent pas un grand retentissement, mais de Broglie s'attacha immédiatement à ordonner ses idées et à les présenter sous une forme plus aboutie dans la thèse qu'il soutint à la Sorbonne en novembre 1924, laquelle fut publiée au début de 1925 dans les *Annales de Physique*. Sous cette forme, la base de son travail devint compréhensible et engendra l'un des progrès essentiels en physique dans les années vingt.

Dans sa thèse, de Broglie prit pour point de départ les deux équations qu'Einstein avait élaborées pour les quanta lumineux :

$$E = h\nu ; p = h\nu/c$$

Dans ces deux équations, les propriétés qui « concernent » les particules (énergie et quantité de mouvement) figurent sur la gauche, et celles qui « concernent » les ondes (fréquence) apparaissent sur la droite. Il avança que l'échec des expériences à démontrer une fois pour toutes que la lumière est soit onde soit particule devait donc être dû au fait que les deux types de comportement étaient inextricablement mêlés — pour mesurer la quantité de mouvement d'une particule vous devez connaître la propriété ondulatoire qu'on nomme fréquence. Or cette dualité ne s'appliquait pas seulement aux photons. On considérait à l'époque que les électrons étaient des particules sages, disciplinées, sauf pour la manière curieuse dont ils occupaient des niveaux énergétiques distincts au cœur de l'atome. De Broglie comprit que le fait que les électrons n'existaient que dans des « orbites » définies par des nombres entiers évoquait à certains égards une propriété ondulatoire. « Les seuls phénomènes impliquant des nombres entiers en physique étaient ceux de l'interférence et des modes de vibration normaux », écrivit-il dans sa thèse. « Ce fait me donna à penser qu'il était également impossible de considérer que les électrons n'étaient que des corpuscules, mais qu'on devait leur attribuer une périodicité. »

« Les modes de vibration normaux » ne sont que les vibrations qui tirent les notes de la corde d'un violon ou produisent l'onde sonore dans le tuyau d'un orgue. Une corde fermement tendue, par exemple, vibrera de telle manière que chaque extrémité restera fixe cependant que la partie centrale bougera. Pincez la corde au centre, et chaque moitié vibrera de la même façon alors que le centre restera au repos — et ce « mode » supérieur de vibration correspond également à une note supérieure, une harmonique, de la corde qu'on ne pince pas. Dans le premier mode, la longueur d'onde est deux fois plus grande que dans le second, et des modes supérieurs de vibration, correspondant à une succession de notes plus élevées, s'accordent à la corde qui vibre à la condition expresse que la longueur de la corde corresponde à un nombre entier de longueurs d'onde (1, 2, 3, 4, et ainsi de suite). Seules certaines ondes, de certaines fréquences, s'accordent à la corde.

C'est en fait d'une manière semblable que les électrons « s'agencent » dans l'atome selon des états correspondant aux niveaux d'énergie quantique 1, 2, 3, 4, et ainsi de suite. Au lieu d'une corde droite tendue, imaginez une corde qui formerait un cercle, une « orbite » autour d'un atome. Une onde vibratoire pourrait se propager autour de la corde, à condition que la longueur de la circonférence corresponde à un nombre entier de longueurs d'onde. Toute onde qui ne s'adapterait pas précisément à la corde serait instable et se dissiperait en interférant avec elle-même. La tête et la queue du serpent doivent toujours être solidaires, faute de quoi la corde, comme l'analogie, tombe. Cela permettrait-il d'expliquer la quantification des états énergétiques dans l'atome chacun d'eux correspondant à une onde électronique résonnant à une fréquence particulière ? A l'instar de tant d'analogies se fondant sur l'atome de Bohr — en fait comme toutes les représentations physiques de l'atome — l'image était très éloignée de la vérité, mais favorisa une meilleure compréhension du monde quantique.

Les ondes électroniques

De Broglie pensa que les ondes étaient *associées* à des particules, et suggéra qu'une particule telle qu'un photon est en fait guidée par l'onde à laquelle elle est liée. Il en résulta une description mathématique complète du comportement de la lumière, qui tenait compte des expériences tant ondulatoires que corpusculaires. Les examinateurs qui étudièrent la thèse de De Broglie apprécièrent la partie mathématique, mais n'accordèrent pas foi à l'hypothèse voulant qu'une onde similaire associée à une particule comme l'électron eût une quelconque réalité physique — il ne s'agissait à leurs yeux que d'une subtilité mathématique. De Broglie ne partageait pas leur avis. Quand un des examinateurs lui demanda s'il était possible de concevoir une expérience pour détecter les ondes de matière, il répondit qu'il était envisageable de procéder aux observations requises dans le cadre de la diffraction d'un faisceau d'électrons sur un cristal. L'expérience est en tous points semblable à la diffraction de la lumière à travers non pas deux fentes mais tout un dispositif de fentes, les intervalles entre les atomes régulièrement espacés dans le cristal fournissant une série de « fentes » suffisamment étroites pour diffracter des ondes électroniques à haute fréquence (ondes courtes, comparées à la lumière ou même aux rayons X).

De Broglie connaissait la longueur d'onde à rechercher, puisqu'en combinant les deux équations d'Einstein pour les particules lumineuses il obtint la relation très simple $p = h\nu/c$, que nous avons déjà rencontrée. Puisque la longueur d'onde est liée à la fréquence par $\lambda = c/\nu$, il s'ensuit que $p\lambda = h$, autrement dit la quantité de mouvement multipliée par la longueur d'onde donne la constante de Planck. Plus la longueur d'onde est petite plus la quantité de mouvement de la particule correspondante est grande, ce qui faisait que les électrons, ayant une petite masse et une quantité de mouvement proportionnelle, étaient les particules les plus « semblables aux ondes » alors connues. Comme avec la lumière, ou les vagues à la surface de la mer, les effets de diffraction ne se manifestent que si l'onde traverse un trou beaucoup plus petit que sa longueur d'onde, et dans le cas des ondes électroniques cela désigne un trou vraiment très petit, ayant environ la taille de l'intervalle entre les atomes dans un cristal.

De Broglie ignorait que les effets susceptibles d'être mieux expliqués en termes de diffraction des électrons avaient été observés quand des faisceaux électroniques avaient été utilisés pour sonder des cristaux dès 1914. Deux physiciens américains, Clinton Davisson et son collègue Charles Kunsman étudiaient ce comportement particulier des électrons en 1922 et 1923, tandis que de Broglie développait ses idées. Ne le sachant pas, de Broglie tenta de persuader des chercheurs de vérifier l'hypothèse de l'électron-onde. Pendant ce temps, son directeur de thèse, Paul Langevin, avait adressé une copie du travail à Einstein qui y vit — et cela ne nous surprendra pas — plus qu'une subtilité mathématique ou une analogie et comprit que les ondes de matière devaient être réelles. Il communiqua à son tour l'information à Max Born à Göttingen, et là le patron du service de physique expérimentale, James Franck, dit que les expériences de Davisson « avaient déjà prouvé l'existence de l'effet escompté[*] » !

Davisson et Kunsman, comme d'autres physiciens, avaient pensé que l'effet de dispersion était dû à la structure des atomes bombardés par les électrons, et non à la nature des électrons eux-mêmes. Walter Elsasser, un élève de Born, publia un bref rapport expliquant les résultats de ces expériences en termes d'ondes électroniques en 1925, mais les chercheurs n'accordèrent que peu d'attention à cette réinterprétation de leurs informations par un théoricien — en particulier par un étudiant inconnu de vingt et un ans. Même en 1925, en dépit des preuves expérimentales disponibles, l'idée des ondes de matière n'était rien de plus qu'une vague notion. Ce n'est que lorsqu'Erwin Schrödinger présenta une nouvelle théorie de la structure atomique intégrant l'idée de De Broglie

---

[*] Cf. Jammer, *op. cit.*

mais la dépassant que les chercheurs éprouvèrent le besoin de vérifier l'hypothèse de l'électron-onde en procédant à des expériences de diffraction. Le bien-fondé des assertions de De Broglie fut établi en 1927 — les électrons sont diffractés sur des réseaux cristallins de la même manière que le serait une onde. Cette découverte fut faite indépendamment en 1927 par deux groupes, Davisson et un nouveau collaborateur Lester Germer aux États-Unis, et George Thomson (le fils de J.J.) et l'étudiant Alexander Reid, qui travaillaient en Angleterre et utilisaient une technique différente. Pour ne pas avoir accepté à leur juste valeur les calculs d'Elsasser, Davisson fut contraint de partager avec Thomson le prix Nobel de physique de 1937, lequel récompensait leurs études indépendantes de 1927. Mais il ne s'agit que d'une anecdote que Davisson lui-même aurait appréciée, et qui résume de manière pertinente la caractéristique fondamentale de la théorie quantique.

En 1906, J.J. Thomson avait reçu le prix Nobel pour avoir prouvé que les électrons étaient des particules ; en 1937 son fils fut lauréat du prix Nobel pour avoir établi que les électrons étaient des ondes. Tous deux avaient raison, et leurs récompenses respectives étaient tout à fait méritées. Les électrons sont des particules ; les électrons sont des ondes. A partir de 1928, la dualité onde/particule de De Broglie fut amplement démontrée sur le plan empirique. On constata que d'autres particules, dont le proton et le neutron*, possédaient des propriétés ondulatoires, y compris la diffraction. A la fin des années soixante-dix et au début des années quatre-vingt, Tony Klein et ses collègues de l'université de Melbourne reproduisirent certaines des expériences classiques qui avaient assis la théorie ondulatoire de la lumière au dix-neuvième siècle, en utilisant un faisceau de neutrons à la place d'un faisceau lumineux**.

---

* Qui ne fut détecté qu'en 1932 par James Chadwick, dont le travail fut récompensé par un prix Nobel en 1935, deux ans avant la reconnaissance des travaux de Davisson et Thomson.

** Ces expériences ouvrent la voie à des applications pratiques, notamment le « microscope à neutrons ». Cf. *New Scientist*, 2 septembre 1982, p. 631.

Une rupture avec le passé

La rupture avec la physique classique fut consommée quand on comprit que toutes les « particules » et toutes les « ondes » — et pas seulement les photons et les électrons — étaient en fait un mélange d'onde et de particule. Il se trouve que dans la vie quotidienne c'est la composante corpusculaire qui prévaut, par exemple dans le cas d'une boule de billard ou d'une maison. L'aspect ondulatoire est toujours présent, en accord avec la relation $p\lambda = h$, bien qu'il soit totalement insignifiant. Dans le monde de l'infiniment petit, où les aspects corpusculaire et ondulatoire de la réalité possèdent une signification égale, le comportement des objets n'est pas compréhensible par rapport à notre expérience du monde quotidien. Ceci ne signifie pas seulement que l'atome de Bohr et ses électrons en « orbite » sont une représentation erronée ; *toutes* les images sont fausses, et aucune analogie physique ne nous permettra de comprendre ce qui intervient à l'intérieur des atomes. Les atomes ont un comportement qui leur est propre.

Sir Arthur Eddington commenta brillamment la situation dans son livre *The nature of physical world*, publié en 1929. « Aucune conception familière ne peut être élaborée autour de l'atome », dit-il, et notre meilleure description de l'atome se résume à « quelque chose d'inconnu fait nous ne savons quoi ». Il fait remarquer que « cette théorie ne semble pas particulièrement révélatrice. J'ai lu ailleurs quelque chose de semblable :

... les slictueux toves
gyraient sur l'alloinde et vriblaient »

Mais en dépit du fait que nous ignorons *ce* que font les électrons dans les atomes, nous savons que seul importe le nombre d'électrons. En en ajoutant quelques-uns, nous écrivons un « Jabberwocky » scientifique — « huit slictueux toves gyrent sur l'alloinde de l'oxygène et vriblent ; sept dans l'azote... si l'un de ces toves s'échappe, l'oxygène revêtira le masque d'une alloinde caractéristique de l'azote ».

Il ne s'agit pas d'une remarque facétieuse. Pour autant que les nombres demeurent inchangés, ainsi qu'Eddington l'a souligné il y a plus de cinquante ans, tous les principes fondamentaux de la physique sont susceptibles d'être transformés en « Jabberwocky* ». La signification n'y perdrait pas, et nous devrions logiquement retirer un grand bénéfice en renonçant à l'assimilation instinctive des atomes à des sphères solides et des électrons à des particules minuscules. Ce point est prouvé par la confusion dont fait l'objet la propriété de l'électron qu'on nomme « spin », lequel n'a rien à voir avec le comportement de la toupie d'un enfant ou avec la rotation de la terre sur son axe en orbite autour du soleil.

L'une des énigmes de la spectroscopie atomique que le modèle de l'atome de Bohr échoue à expliquer implique le dédoublement des raies spectrales qui « devrait » être unique dans des multiplets proches. Chaque raie spectrale étant associée au passage d'un niveau d'énergie à un autre, le nombre de raies dans le spectre révèle combien d'états énergétiques compte l'atome — combien de « marches » comporte l'escalier quantique, et la profondeur de chacune d'elles. De leurs études du spectre, les physiciens du début des années vingt déduisirent plusieurs explications possibles de la structure des multiplets. La meilleure est due à Wolfgang Pauli et implique l'attribution de quatre nombres quantiques distincts à l'électron. Ceci se passait en 1924, quand les physiciens considéraient encore l'électron comme une particule et tentaient d'expliquer ses propriétés quantiques selon une terminologie familière. Le modèle de Bohr incluait déjà trois de ces nombres, dont on pensait qu'ils décrivaient respectivement le moment angulaire d'un électron (la vitesse à laquelle il se meut autour de son orbite), la forme de l'orbite et son orientation. Le quatrième nombre devait être associé à une autre propriété de l'électron, une propriété qui se présentait essentiellement sous deux formes, pour expliquer le dédoublement observé des raies spectrales.

---

* Célèbre poème de Lewis Carroll. (N.d.T.)

Il ne fallut guère de temps pour qu'on conclut que le quatrième nombre quantique de Pauli décrivait le « spin » de l'électron, qu'on pouvait considérer comme étant orienté soit vers le haut soit vers le bas, offrant avec à-propos un nombre quantique de valeur double. Ralph Kronig, un jeune physicien qui visitait l'Europe après avoir passé son doctorat à l'université de Columbia*, fut le premier à proposer cette idée. Il avança que l'électron avait un spin intrinsèque de 1/2 dans les unités naturelles ($h/2\pi$), et que ce spin pouvait être soit parallèle soit antiparallèle au champ magnétique de l'atome**. A sa grande surprise, Pauli contesta l'idée, surtout parce qu'il ne parvenait pas à la concilier avec celle de l'électron en tant que particule dans le cadre de référence de la théorie relativiste. De même qu'un électron en orbite autour du noyau ne « doit » pas être stable selon la théorie électromagnétique classique, un électron à spin ne « doit » pas être stable selon la théorie relativiste. Pauli aurait peut-être dû faire montre d'une ouverture d'esprit plus large, quoi qu'il en soit Kronig abandonna l'idée et ne la publia jamais. Moins d'un an plus tard, cependant, la même idée s'imposa à George Uhlenbeck et Samuel Goudsmit, de l'Institut de Physique théorique à Leyde. Ils la présentèrent dans le journal allemand *Die Naturwissenschaften* à la fin de l'année 1925 et dans *Nature* au début de 1926.

La théorie de l'électron à spin fut rapidement améliorée pour expliquer de manière satisfaisante le dédoublement étrange des raies spectrales, et en mars 1926 Pauli l'accepta enfin. Mais qu'est-ce que le spin ? Si vous tentez de l'expliquer dans un langage courant, le concept, comme tant de concepts quantiques, s'évanouit. Une « explication », par exemple, vous apprend (avec un certain à propos) que le spin de l'électron n'est pas semblable à la rotation de la toupie d'un enfant parce que l'élec-

---

* Arthur Compton avait en fait avancé en 1920 que l'électron pourrait avoir un spin rétrograde, mais cette idée avait circulé dans un contexte différent et Kronig l'ignorait.

** 2π résulte du nombre de rayons dans un cercle complet, 360°. L'unité fondamentale $h/2\pi$ s'écrit en général $\hbar$. Nous y reviendrons ultérieurement.

tron doit tourner *deux fois* sur lui-même pour revenir à son point de départ. Là encore, comment une onde électronique peut-elle « tourner »? Nul ne fut plus heureux que Pauli quand Bohr parvint à prouver en 1932 qu'il était impossible de mesurer le spin de l'électron en procédant à des expériences classiques, telle que la déflection d'un faisceau électronique par des champs magnétiques. C'est une propriété qui *n*'apparaît que dans les interactions quantiques, telles que celles qui provoquent le dédoublement des raies spectrales, et elle ne revêt aucune signification classique. Tout aurait été plus simple pour Pauli et ses collègues qui s'acharnaient à comprendre l'atome dans les années vingt, s'ils avaient parlé de « gyre » de l'électron au lieu de « spin »!

Hélas, nous avons hérité du terme *spin*, et aucune campagne en faveur de l'abolition de la terminologie classique en physique quantique n'est susceptible d'aboutir. Dorénavant si vous êtes décontenancé par l'apparition d'un mot familier dans un contexte étrange, essayez de le changer en « Jabberwocky » et voyez s'il est moins effrayant. Personne ne comprend ce qui se produit vraiment dans les atomes, mais les quatre nombres quantiques de Pauli expliquent certaines caractéristiques essentielles de la manière selon laquelle les « slictueux toves » correspondent aux différentes alloindes.

Pauli et le principe d'exclusion

Wolfgang Pauli fut l'un des membres les plus remarquables de la communauté scientifique remarquable qui fonda la théorie quantique. Né à Vienne en 1900, il entra à l'université de Munich en 1918. Il était considéré comme un mathématicien précoce et avait déjà rédigé un article sur la théorie de la relativité générale qui éveilla immédiatement l'intérêt d'Einstein et fut publié en janvier 1919. Mêlant la physique qu'on lui enseignait à l'université et à l'institut de Physique théorique à ses propres lectures, il acquit une maîtrise de la relativité telle qu'il se vit confier en 1920 la tâche de rédiger un article de fond sur le sujet destiné à une encyclopédie mathématique. Cet article magistral dû à un étudiant âgé de vingt ans le fit connaître de la communauté scientifique, où son travail fut loué par des hommes tels que Max Born, qu'il alla rejoindre à Göttingen comme assistant en 1921. Il quitta vite cette ville, d'abord pour aller à Hambourg et ensuite à l'Institut Bohr au Danemark. Born n'eut pas à pâtir de son départ — son nouvel assistant, Werner Heisenberg, était tout aussi talentueux et joua un rôle essentiel dans le développement de la théorie quantique*.

Avant qu'on nomme « spin » le quatrième nombre quantique de Pauli, ce dernier était parvenu en 1925 à utiliser les quatre nombres quantiques pour résoudre l'une des plus grandes énigmes de l'atome de Bohr. Dans le cas de l'hydrogène, l'électron célibataire se trouve naturellement dans l'état énergétique disponible le plus bas, au pied de l'escalier quantique. S'il est excité — par une collision, disons — il peut sauter sur une marche supérieure de l'escalier, puis retomber au niveau fondamental, en émettant un quantum de rayonnement. Mais quand on ajoute des électrons au système, pour obtenir des atomes plus lourds, ils ne retombent pas tous à l'état initial, mais se répartissent les marches de l'escalier. Bohr disait que les électrons se trouvaient dans des « couches » autour du noyau, les « nouveaux » électrons s'intégraient à la couche dotée de l'énergie la plus faible jusqu'à ce qu'elle soit saturée, puis à la suivante, et ainsi de suite. C'est ainsi qu'il élabora le tableau périodique des éléments et éclaircit nombre de mystères chimiques. Mais il n'expliqua ni comment ni pourquoi une couche arrivait à saturation — pourquoi la première couche ne pouvait contenir que deux électrons et la suivante huit, et ainsi de suite.

Chacune des couches de Bohr correspondait à un

---

* Cf. par exemple, *The Born-Einstein Letters*. Dans une lettre datée du 12 février 1921, Born écrit : « L'article de Pauli pour l'Encyclopédie est apparemment terminé, et l'on dit qu'il pèse deux kilos et demi. Ceci nous renseigne quant à son poids intellectuel. Le petit bonhomme n'est pas seulement intelligent mais encore travailleur. » Le petit bonhomme obtint son doctorat en 1921, peu de temps avant de devenir l'assistant de Born.

ensemble de nombres quantiques, et Pauli comprit en 1925 qu'avec l'addition de son quatrième nombre quantique de l'électron le nombre d'électrons dans chaque couche saturée correspondait exactement au nombre d'ensembles *différents* de nombres quantiques caractérisant cette couche. Il formula ce qu'on connaît aujourd'hui comme le Principe d'exclusion de Pauli, selon lequel deux électrons ne peuvent pas correspondre au même ensemble de nombres quantiques et expliqua donc la manière dont les couches se saturaient pour donner des atomes de plus en plus lourds.

Le principe d'exclusion et la découverte du spin de l'électron étaient sans conteste des notions avant-gardistes, qui ne furent incorporées à la nouvelle physique qu'à la fin des années vingt — après l'invention de la nouvelle physique. En raison de l'évolution spectaculaire de la physique en 1925 et 1926, l'importance de l'exclusion passa parfois inaperçue, mais c'est en fait un concept aussi fondamental et aussi révolutionnaire que celui de la relativité, et il a de vastes applications en physique. Il s'avère que le Principe d'exclusion de Pauli s'applique à *toutes* les particules qui ont une quantité demi-entière de spin — $(1/2)\hbar$; $(3/2)\hbar$; $(5/2)\hbar$ et ainsi de suite. Des particules qui n'ont absolument pas de spin (comme les photons) ou un spin entier ($\hbar$, $2\hbar$, $3\hbar$, et ainsi de suite) se comportent d'une manière tout à fait différente, en se conformant à un ensemble de règles différent. Les règles que respectent les particules à spin demi-entier forment ce qu'on nomme la statistique de Fermi-Dirac, d'après Enrico Fermi et Paul Dirac, qui l'élaborèrent en 1925 et 1926. On appelle « fermions » de telles particules. Les règles que suivirent des particules à spin entier constituent quant à elles la statistique de Bose-Einstein, d'après les noms des deux hommes qui la formulèrent. Ces particules sont dites bosons.

La statistique de Bose-Einstein fut développée à l'époque — 1924-1925 — où régnait l'excitation provoquée par les ondes de De Broglie, l'effet Compton et le spin de l'électron. Elle constitue la dernière grande contribution d'Einstein à la théorie quantique (et en réalité, son dernier grand travail scientifique) et elle marqua une nouvelle rupture totale avec les idées classiques.

Satyendra Bose était né à Calcutta en 1894, et en 1924 il était chargé de cours à la toute jeune université de Dacca. Suivant de loin les travaux de Planck, d'Einstein, de Bohr et de Sommerfeld, et très conscient des fondements encore imparfaits de la loi de Planck, il entreprit de déduire la loi du corps noir d'une autre façon, en partant de l'hypothèse que la lumière se présente sous forme de photons, comme on les nomme maintenant. Il obtint une dérivation très simple de la loi impliquant des particules de masse zéro qui se conformaient à une catégorie particulière de statistiques, et adressa une copie de son travail à Einstein, en anglais, en lui demandant de la transmettre en vue de publication à la revue *Zeitschrrift für Physik*. Einstein fut si impressionné par son travail qu'il le traduisit lui-même en allemand et en recommanda chaleureusement la publication, laquelle intervint en août 1924. En abandonnant tous les éléments de la théorie classique et en déduisant la loi de Planck d'une combinaison des quanta lumineux — considéré comme des particules relativistes de masse zéro — et des méthodes statistiques, Bose coupa le cordon ombilical reliant la théorie quantique à ses antécédents classiques. Le rayonnement pouvait désormais être traité comme un gaz quantique, et les statistiques impliquaient qu'on calcule les particules et non les fréquences.

Einstein poussa plus avant les statistiques, et les appliqua à ce qui était alors le cas hypothétique d'une collection d'atomes — gaz ou liquide — se conformant aux mêmes règles. Il s'avéra qu'elles étaient inadaptées pour les gaz réels à température ambiante, mais qu'elles expliquaient avec justesse les propriétés bizarres de l'hélium liquide, un liquide refroidi pratiquement jusqu'au zéro absolu, — 273° C. Avec l'entrée en scène de la statistique de Fermi-Dirac en 1926, il fallut quelque temps aux physiciens pour comprendre quelles règles devaient être appliquées et dans quels cas, ainsi que pour apprécier la signification du spin demi-entier.

Il est inutile que nous nous embarrassions des subtilités pour le moment, mais la distinction entre les fermions et les bosons est importante et aisément compréhensible. Il y a quelques années, je suis allé voir une pièce dans laquelle jouait le comédien Spike Milligan. Juste avant le lever du rideau, le grand homme apparut sur la scène et jeta un regard lugubre à une poignée de sièges inoccupés dans la partie la plus cotée du théâtre, près de la scène. « Ils ne trouveront plus à louer ces places maintenant », dit-il, « vous pouvez donc vous rapprocher ». Le public fit ce qu'il suggérait — tout le monde se rapprocha afin que tous les fauteuils situés à proximité de la scène soient occupés et que les sièges inoccupés soient repoussés dans les derniers rangs. Nous nous sommes comportés comme de gentils fermions, bien disciplinés ; chaque personne n'occupant qu'un siège (un état quantique) et les fauteuils étant occupés à partir du « niveau fondamental » le plus souhaitable, près de la scène, vers l'extérieur.

Il en alla tout autrement à un récent concert de Bruce Springsteen auquel j'assistai. Dans ce cas, chaque siège était occupé, mais il y avait un petit espace entre le premier rang et la scène. Quand les projecteurs s'allumèrent et que l'orchestre joua les premières mesures de *Born to run* le public se leva et s'agglutina devant la scène. Toutes les « particules » étaient rassemblées dans le même « état énergétique ». Telle est la différence entre les fermions et les bosons. Les fermions se conforment au principe d'exclusion au contraire des bosons.

Toutes les particules « matérielles » qui nous sont familières — les électrons, les protons et les neutrons — sont des fermions, et en l'absence du principe d'exclusion la diversité des éléments chimiques et toutes les caractéristiques qui participent du monde physique n'existeraient pas. Les bosons sont des particules plus fantomatiques, telles que les photons, et la loi du corps noir résulte directement de l'interaction de tous les photons tentant d'occuper le même état énergétique. Les atomes d'hélium peuvent imiter les propriétés des bosons, dans de bonnes conditions, et devenir liquides parce que chaque atome de He4 contient deux protons et deux neutrons avec leurs spins demi-entiers agencés de manière à former zéro. Les fermions sont également maintenus en interactions entre les particules — il est impossible d'augmenter le nombre total des électrons dans l'univers — alors que les bosons, comme quiconque ayant allumé une lampe le sait, peuvent être fabriqués en grandes quantités.

Et après ?

La théorie quantique n'était pas organisée en 1925 en dépit des apparences que nous offre la perspective des années quatre-vingt. Aucune voie royale ne s'ouvrait au progrès, plusieurs personnes se frayaient leur propre chemin à travers la jungle. Les éminents chercheurs ne le savaient que trop bien, et exprimaient leur préoccupation publiquement, mais le grand pas en avant est dû, à une exception près, à la nouvelle génération de chercheurs qui se lancèrent dans la recherche après la Première Guerre mondiale, lesquels étaient ouverts aux idées nouvelles. En 1924, Max Born dit « pour le moment nous ne possédons que quelques vagues intuitions » quant à la manière dont les lois classiques doivent être modifiées pour expliquer les propriétés atomiques, et dans son texte sur la théorie quantique publié en 1925 il promettait qu'un second volume compléterait son travail, ouvrage qui selon lui « ne serait pas rédigé avant plusieurs années*. »

Heisenberg, après une tentative infructueuse de calcul de la structure de l'atome d'hélium, dit à Pauli au tout début de 1923, « Quel dommage ! » — une phrase que Pauli reprit dans une lettre qu'il adressa à Sommerfeld en juillet de la même année : « La théorie... stipule que des atomes ont plus d'un électron, c'est vraiment dommage. » En mai 1925 Pauli écrivit à Kronig en disant que : « la physique est encore à l'heure actuelle objet de confusion », et Bohr en 1925 partageait les mêmes interroga-

---

* Les citations de cette section sont extraites de l'épilogue du volume I de Mehra et Rechenberg.

tions quant aux nombreux problèmes qui remettaient en cause son modèle de l'atome. En juin 1926, Wilhelm Wien, dont la loi du corps noir avait servi de tremplin à Planck pour son saut dans l'inconnu, écrivait à Schrödinger à propos du « marécage des discontinuités quantiques des entiers et des demi-entiers et de l'utilisation arbitraire de la théorie classique ». Tous les grands noms qui élaborèrent la théorie quantique étaient conscients des problèmes — et tous ces hommes étaient en vie en 1925 (hormis Henri Poincaré ; Lorentz, Planck, J. J. Thomson, Bohr, Einstein, et Born étaient encore vaillants, cependant que Pauli, Heisenberg, Dirac et les autres commençaient à faire leurs preuves). Les deux sommités étaient Einstein et Bohr, mais vers 1925, leurs points de vue scientifiques divergèrent. Bohr fut tout d'abord l'un des opposants les plus acharnés du quantum lumineux ; puis, quand Einstein commença à s'intéresser au rôle de la probabilité dans la théorie quantique, Bohr devint son plus ardent défenseur. Les méthodes statistiques (introduites par Einstein) devinrent la pierre angulaire de la théorie quantique, mais dès 1920, Einstein écrivit à Born : « Ce travail sur la causalité me pose maints problèmes... Je dois admettre que... je n'ai pas le courage de mes convictions », et le dialogue entre Einstein et Bohr sur ce sujet se poursuivit pendant trente-cinq années, jusqu'à la mort d'Einstein*.

Max Jammer décrit la situation au début de 1925 comme « un lamentable imbroglio d'hypothèses, de principes, de théorèmes et de recettes de calcul** ». Chaque problème de physique quantique devait tout d'abord être « résolu » en utilisant la physique classique, puis retravaillé en insérant les nombres quantiques par une démarche qui relève plus de l'intuition que du raisonnement. La théorie quantique n'était ni autonome ni cohérente, mais se nourrissait à l'instar d'un parasite de la physique classique, une floraison exotique sans racine. Il

---

* Einstein exprima également ses doutes dans sa correspondance avec Born, publiée sous le titre *The Born-Einstein Letters*.
** *The conceptual developpment of quantum mechanics*, p. 196.

n'est donc pas étonnant que Born ait pensé qu'il lui faudrait encore plusieurs années avant que son second ouvrage sur la physique atomique voit le jour. Et pourtant, tout à fait dans la ligne de l'étrange histoire du quantum, dans les quelques mois de confusion des tout débuts de 1925 la communauté scientifique étonnée se vit présenter non pas une mais deux théories quantiques complètes, autonomes, logiques et bien fondées.

Chapitre 2

LES MATRICES ET LES ONDES

Werner Heisenberg est né à Würzburg le 5 décembre 1901. En 1920, il entra à l'Université de Munich, où il étudia la physique sous la direction de Arnold Sommerfeld, l'un des éminents physiciens de l'époque qui avait participé activement à l'élaboration du modèle atomique de Bohr. Heisenberg fut plongé directement dans la recherche sur la théorie quantique et entreprit de trouver des nombres quantiques susceptibles d'expliquer le dédoublement des raies spectrales par paires, ou doublets. Il découvrit la réponse en l'espace de quelques semaines — les nombres quantiques demi-entiers permettaient d'expliquer le schème. Cet étudiant jeune et dépourvu de préjugés avait découvert la solution la plus simple du problème, mais ses collègues et son supérieur, Sommerfeld, furent horrifiés. Sommerfeld, plongé dans le modèle de Bohr, n'accepta pas cette remise en question des nombres quantiques entiers, et les spéculations du jeune homme furent rapidement étouffées. Les experts redoutaient que l'introduction de demi-entiers dans les équations n'annonce la découverte de quart entiers, puis de huitièmes et de seizièmes entiers, ce qui détruirait le principe fondamental de la théorie quantique. Or leur position était erronée.

Quelques mois plus tard, le plus âgé d'entre eux, Alfred Landé, eut la même idée et la publia ; il s'avéra par la suite que les nombres quantiques demi-entiers avaient une importance décisive pour l'ensemble de la théorie quantique, et qu'ils jouaient un rôle essentiel dans la description de la propriété des électrons qu'on nomme spin. Des corps ayant un spin entier ou égal à zéro, tels les photons, se conforment à la statistique de Bose-Einstein, tandis que ceux ayant un spin demi-entier (1/2, 3/2, etc.) respectent la statistique de Fermi-Dirac. Le spin demi-entier de l'électron est en relation directe avec la structure de l'atome et le tableau périodique des éléments. Il est juste que les nombres quantiques ne *changent* que par entiers véritables, mais un saut de 1/2 à 3/2 ou de 5/2 à 9/2 est tout aussi normal qu'un autre de 1 à 2 ou de 7 à 12. Ainsi ne reconnut-on pas qu'Heisenberg avait introduit une idée nouvelle dans la théorie quantique. L'intérêt de cette histoire est de montrer que de la même manière que des hommes jeunes appartenant à la génération précédente avaient développé la première théorie quantique, dans les années vingt le moment était venu pour des hommes à l'esprit frais, exemptés des idées et des lieux communs, de faire faire à la science son prochain pas en avant. En dépit d'un handicap initial sur un point mineur, Heisenberg a rattrapé le retard par la suite.

Après avoir travaillé pendant un trimestre à Göttingen avec Born, où il avait assisté au fameux « Festival Bohr », Heisenberg retourna à Munich et passa son doctorat en 1923 — alors qu'il n'avait pas encore vingt-deux ans. A cette époque, Wolfgang Pauli, un ami intime d'Heisenberg, venait tout juste de terminer un stage en tant qu'assistant de Born à Göttingen, et Heisenberg lui succéda à ce poste en 1924. Cet emploi lui offrit l'opportunité de travailler pendant plusieurs mois avec Bohr à Copenhague, et en 1925, ce physicien, précoce et matheux, était mieux armé que quiconque pour trouver la théorie quantique logique dont tous les physiciens pensaient qu'elle allait être découverte mais pas aussi rapidement.

La découverte d'Heisenberg se fondait sur une idée originale du groupe de Göttingen — personne aujourd'hui n'est plus capable de dire qui l'a formulée en premier lieu — voulant qu'une théorie physique ne devrait s'intéresser qu'aux phénomènes réellement susceptibles d'être observés sur un plan expérimental. Ceci semble banal, mais il s'agit en fait d'une vision très profonde. Une expérience qui « observe » des électrons dans les atomes, par exemple, ne nous montre pas des petites balles dures orbitant autour du noyau — il n'existe aucun moyen d'observer l'*orbite*, et la présence des raies spectrales nous indique ce qu'il advient des électrons quand ils passent d'un état énergétique (ou orbite, dans le langage de Bohr) à un autre. Toutes les caractéristiques observables des électrons et des atomes concernent *deux* états, et le concept d'une orbite est par analogie lié aux observations du comportement des corps dans notre monde (songez aux slictueux toves). Heisenberg écarta la référence aux analogies quotidiennes et se plongea dans les mathématiques qui décrivaient non un « état » de l'atome ou de l'électron, mais les associations entre *paires* d'états.

Du nouveau à Heligoland

On raconte souvent comment Heisenberg fut frappé par une grave crise d'asthme en mai 1925 et passa sa convalescence sur l'île d'Héligoland, où il s'efforça d'interpréter selon ces termes les connaissances qu'on avait à l'époque du comportement quantique. La crise n'étant plus qu'un mauvais souvenir, Heisenberg profita de la tranquillité des lieux pour s'atteler à la tâche. Dans *Physics and Beyond,* un ouvrage autobiographique, il décrivit les sentiments qui l'envahirent lorsque les nombres commencèrent à s'organiser, et comment à trois heures du matin il ne put « plus douter de la cohérence mathématique du type de mécanique quantique que mes calculs indiquaient. Je fus tout d'abord très inquiet. J'éprouvais le sentiment que j'observais sous la surface des phénomènes atomiques un intérieur étrangement beau, et le vertige s'empara presque de ma personne à l'idée qu'il me restait à vérifier cette abondance de structures mathématiques que la nature me laissait entrevoir avec une telle générosité. »

De retour à Göttingen, Heisenberg passa trois

semaines à donner à son travail une forme qui convenait à la publication et en adressa une copie à son vieil ami Pauli, en lui demandant s'il pensait que cela avait un sens. Pauli se montra enthousiaste, mais Heisenberg était épuisé par ses efforts, et l'état de son travail ne lui donnait pas entière satisfaction. Il confia son article à Born afin qu'il en dispose pour le mieux, et partit en juillet 1925 donner une série de conférences à Leyde et à Cambridge. On note avec ironie qu'il choisit de ne pas parler de ses récentes découvertes à ses auditeurs, lesquels durent attendre que les informations leur parviennent par d'autres canaux.

Born eut le bonheur d'adresser l'article d'Heisenberg à la revue *Zeitschrift für Physik*, et comprit presque immédiatement ce sur quoi Heisenberg avait achoppé. Les mathématiques impliquant deux états d'un atome ne pouvaient être résolues par des nombres ordinaires, mais impliquaient des séries de nombres, qu'Heisenberg avait conçu comme des tables. La meilleure analogie est celle de l'échiquier. Il y a 64 cases sur l'échiquier, et dans ce cas vous pouvez identifier chaque case en lui attribuant un numéro allant de 1 à 64. Cependant les joueurs d'échecs préfèrent utiliser une notation qui repère les « colonnes » de cases sur le jeu par les lettres a, b, c, d, e, f, g et h et les « rangées » par les chiffres 1, 2, 3, 4, 5, 6, 7 et 8. De cette façon chaque case de l'échiquier peut être identifiée par une paire unique de repères : a1 est la case de la tour ; g2 celle du pion du cavalier, et ainsi de suite. Les tables d'Heisenberg, à l'instar de l'échiquier, impliquaient des séries de nombres bidimensionnelles, parce qu'il effectuait des calculs concernant deux états et leurs interactions. Ces calculs impliquaient notamment de multiplier deux ensembles de nombres, ou séries, ensemble, et Heisenberg avait laborieusement élaboré les bonnes formules mathématiques pour y parvenir. Mais il avait obtenu un résultat si curieux, si stupéfiant qu'il hésitait à publier son travail. Quand on multiplie deux de ces séries, la « réponse » obtenue dépend de l'ordre dans lequel on a effectué la multiplication.

Voilà qui est vraiment étrange. C'est comme si 2×3

ne donnait pas le même produit que 3 × 2, ou en termes algébriques $a \times b \neq b \times a$. Born s'inquiéta jour et nuit de cette particularité, convaincu qu'un principe fondamental la sous-tendait. Et soudain tout devint limpide. Les séries mathématiques et les tables de nombres, si laborieusement élaborées par Heisenberg, étaient *déjà connues* en mathématiques. Un mode de calcul de tels nombres existait; il s'agissait des matrices, et Born les avait étudiées aux tout débuts du vingtième siècle, quand il était étudiant à Breslau. Il n'est pas vraiment surprenant qu'il se soit souvenu de cette obscure branche des mathématiques plus de vingt ans après, car une propriété fondamentale des matrices marque toujours les étudiants quand ils en entendent parler pour la première fois — le

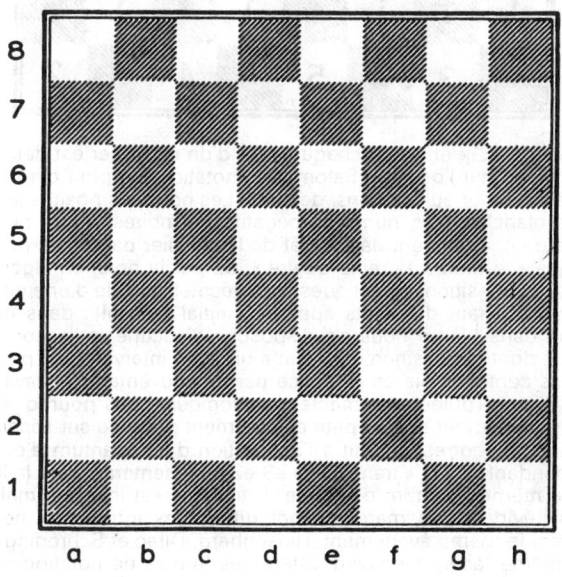

Schéma 6.1. Chaque case d'un échiquier peut être identifiée par un chiffre et une lettre appariés, tels que b4 ou f7. Les états de la mécanique quantique sont également définis par des paires de nombres.

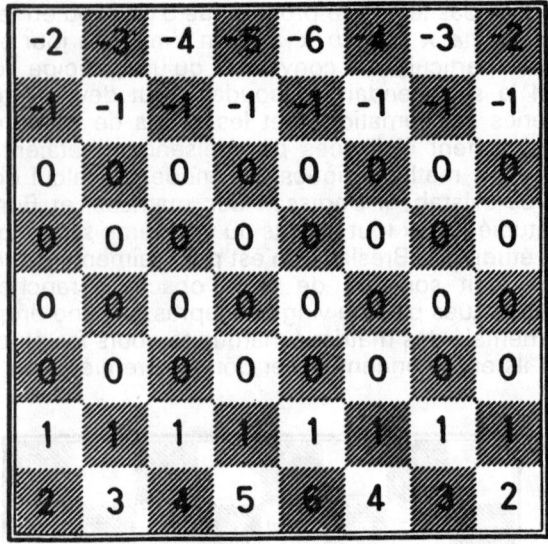

Schéma 6.2. L' « état » de chaque case d'un échiquier est déterminé par la pièce qui l'occupe. Selon cette notation, un pion correspond au 1, et une tour au 2, et ainsi de suite. Les nombres positifs sont les pièces blanches, les nombres négatifs les noires. Nous pouvons décrire un changement dans l'état de l'échiquier par une expression telle que « le pion à la reine quatre », ou par la notation algébrique e2-e4. Les transitions quantiques sont décrites à l'aide d'une notation semblable reliant des états appariés (initial et final) ; dans un cas comme dans l'autre nous ne disposons d'aucune indication de la manière dont la transition d'un état à un autre intervient, un point qui est sans conteste mis en évidence par le mouvement du cavalier et par le roque. Toujours de manière analogique, nous pourrions nous divertir et imaginer le plus petit changement possible sur l'échiquier, e2-e3, lequel correspondrait à l'absorption d'un quantum d'énergie, *hv* cependant que la « transition » e3-e2 représenterait alors la libération du même quantum d'énergie. L'analogie est inexacte mais elle met en évidence la manière dont différentes formes de notation décrivent le même événement. Heisenberg, Dirac et Schrödinger ont de la même façon découvert différentes formes de notation mathématique pour décrire les mêmes événements quantiques.

produit que vous obtenez quand vous multipliez des matrices dépend de l'ordre dans lequel vous avez effectué la multiplication, ou dans un langage mathématique, les matrices ne commutent pas.

Les maths quantiques

Au cours de l'été 1925, alors qu'il travaillait avec Pascual Jordan, Born développa les prémisses de ce que nous nommons aujourd'hui la mécanique des matrices, et quand Heisenberg rentra à Copenhague en septembre, il prit contact avec eux pour écrire un article scientifique exhaustif sur la mécanique quantique. Dans cet article, beaucoup plus clair et explicite que l'article original d'Heisenberg, les trois auteurs soulignèrent l'importance fondamentale de la non-commutativité des variables quantiques. Dans un article rédigé en collaboration avec Jordan, Born avait déjà découvert la relation $pq-qp = \hbar i$, où p et q sont des matrices représentant des variables quantiques, l'équivalent dans le monde quantique de la quantité de mouvement et de la position. La constante de Planck figure dans la nouvelle équation, ainsi que i, la racine carrée d'un nombre négatif ; dans cet « article des trois », ainsi qu'on le nomma, l'équipe de Göttingen insistait sur le fait qu'il s'agissait de la « relation mécanique quantique fondamentale ». Mais qu'est-ce que cela signifiait en termes physiques ? La constante de Planck était à cette époque assez familière, et les physiciens connaissaient des équations impliquant i (un indice de ce qu'il adviendrait mais qu'ils n'ont pas su interpréter, puisque de telles équations impliquent généralement des oscillations ou ondes). Mais la plupart des mathématiciens et des physiciens n'étaient pas familiarisés avec les matrices en 1925, et la non-commutativité leur semblait aussi étrange que l'introduction par Planck de h à leurs prédécesseurs en 1900. Pour ceux qui connaissaient les mathématiques, les résultats étaient spectaculaires. Les équations de la mécanique newtonienne furent remplacées par des équations similaires impliquant les matrices et Heisenberg dit : « Ce fut une curieuse expérience que de constater que nombre de résultats anciens de la mécanique newtonienne, comme la conservation de l'énergie, etc., pouvaient également être déduits du nouveau schème*. » En d'autres termes, la mécanique matricielle *englobait* la mécanique newtonienne, de la même manière que les équations relativistes d'Einstein englobaient les équations newtoniennes en tant que cas particulier. Il est regrettable que peu de personnes aient été en mesure de comprendre les mathématiques, et le progrès dont étaient responsables Heisenberg et le groupe de Göttingen ne fut pas directement perçu à sa juste valeur par la plupart des physiciens. Un homme fit toutefois exception à la règle ; il vivait à Cambridge, en Angleterre.

Paul Dirac était de quelques mois plus jeune qu'Heisenberg, étant né le 8 août 1902. On le considère en règle générale comme le seul théoricien anglais apte à rivaliser avec Newton, et il développa la forme la plus complète de ce qu'on nomme aujourd'hui la mécanique quantique. Or il ne se tourna vers la physique théorique qu'après avoir obtenu un diplôme en ingénierie à l'université de Bristol en 1921. Ne trouvant pas d'emploi dans sa branche, on lui offrit une bourse pour étudier les mathématiques à Cambridge, mais il dut la refuser pour des raisons financières. Restant à Bristol chez ses parents, il assimila un programme mathématique de trois ans en deux ans seulement, grâce à sa formation et passa son BA** en mathématiques appliquées en 1923. Il put alors se rendre à Cambridge pour se consacrer à la recherche, aidé par une allocation du *Department of Scientific and Industrial Research* — et ce n'est qu'à partir de ce moment qu'il entendit parler de la théorie quantique.

Dirac n'était donc qu'un « apprenti chercheur » inconnu quand il assista aux conférences d'Heisenberg en juillet 1925. Heisenberg ne mentionna pas ses derniers travaux

---

* *Physique et philosophie.*
** BA : diplôme de la *British Association for the Advancement of Science.* (N.d.T.)

à cette occasion ; il en fit pourtant part à Ralph Fowler, le maître de recherches de Dirac, et lui adressa à la mi-août une copie des épreuves de l'article, avant parution dans *Zeitschrift*. Fowler transmit l'article à Dirac, qui l'eut donc entre les mains avant que quiconque n'appartenant pas au cercle de Göttingen (à l'exception de Pauli, l'ami d'Heisenberg) ait eu l'opportunité d'étudier la nouvelle théorie. Dans ce premier article, bien qu'il ait souligné la non-commutativité des variables en mécanique quantique — les matrices — Heisenberg ne développa pas l'idée, mais tenta de la contourner. Quand il se pencha sur les équations, Dirac reconnut sans délai l'importance *fondamentale* du fait que a × b ≠ b × a. Contrairement à Heisenberg, Dirac connaissait déjà des quantités mathématiques qui se comportaient de cette façon, et en l'espace de quelques semaines il parvint à reformuler les équations d'Heisenberg en fonction d'une branche des mathématiques développée par William Hamilton un siècle plus tôt. Par l'ironie scientifique la plus subtile, les équations hamiltoniennes qui s'avérèrent si utiles à la nouvelle théorie quantique, laquelle supprime les orbites des électrons, avaient été élaborées au dix-neuvième siècle dans une large mesure pour aider à calculer les orbites des corps au sein d'un système, tel que le système solaire, où plusieurs planètes entrent en interaction.

Dirac découvrit donc, indépendamment du groupe de Göttingen, que les équations de la mécanique quantique ont la même structure mathématique que les équations de la mécanique classique, et que cette dernière est incluse dans la mécanique quantique en tant que cas particulier, correspondant à de grands nombres quantiques ou déterminant que la constante de Planck est égale à zéro. Suivant son raisonnement, Dirac élabora pourtant une autre manière d'exprimer mathématiquement la dynamique, en utilisant une forme particulière d'algèbre, qu'il appela algèbre quantique, impliquant l'addition et la multiplication des variables quantiques, ou « nombres q ». Ces nombres q sont des animaux au comportement étrange, notamment parce que dans le monde mathématique élaboré par Dirac il est impossible de dire lequel des deux nombres *a* et *b* est le plus grand — le concept d'un nombre qui serait plus grand ou plus petit qu'un autre n'a pas droit de cité dans cet algèbre. Mais, là encore, les règles de ce système mathématique correspondaient exactement aux observations du comportement des processus atomiques. En fait, il est juste d'affirmer que l'algèbre quantique inclut la mécanique matricielle, mais il ne se limite pas à cela et tant s'en faut.

Fowler apprécia immédiatement l'importance du travail de Dirac, et c'est à son instigation qu'il fut publié dans les *Proceedings of the Royal Society* en décembre 1925. Entre autre chose, l'article mentionnait, en tant que composante essentielle de la nouvelle théorie, les nombres quantiques demi-entiers qui avaient tant perturbé Heisenberg quelques années auparavant. Heisenberg, ayant reçu une copie manuscrite de l'article de Dirac, l'encensa : « J'ai lu votre extraordinaire article sur la mécanique quantique avec le plus grand intérêt, et il ne fait aucun doute que vos résultats soient corrects... (l'article est) sans conteste mieux écrit et plus concis que ne le sont nos tentatives*. » Au cours du premier semestre de l'année 1926, Dirac poursuivit son travail et rédigea une série de quatre articles, lesquels constituaient le corps de sa thèse de doctorat. Entre-temps, Pauli avait utilisé des méthodes matricielles pour prédire avec justesse les séries de Balmer pour l'atome d'hydrogène, et vers la fin de 1925, il était devenu évident que le dédoublement de certaines raies spectrales en doublets pouvait en vérité être mieux expliqué en attribuant à l'électron la nouvelle propriété, le spin. Les pièces s'assemblaient à merveille, et les différents outils mathématiques utilisés par les différents exposants de la mécanique matricielle n'étaient de toute évidence que des aspects différents de la même réalité**.

---

* Cité par Mehra et Rechenberg, vol. IV, p. 159.
** Dans la version de la mécanique quantique due à Dirac, une expression clé des équations hamiltoniennes est remplacée par l'expression mécanique quantique (ab - ba) ih, laquelle n'est qu'une autre forme de l'expression que Born, Heisenberg et Jordan qualifiaient de « relation mécanique quantique fondamentale » dans l' « article des trois », rédigé avant la publication du premier article de Dirac, mais publié après.

Les échecs peuvent à nouveau nous aider à expliciter ce point. Il existe plusieurs manières de décrire par écrit les échecs. L'une d'elles consiste à imprimer un « échiquier » représentatif qui ferait état des positions de toutes les pièces — mais ceci exigerait un espace considérable si nous envisagions de rendre compte d'une partie complète. Une autre consiste à nommer les pièces qu'on déplace : « le pion du Roi au pion du Roi quatre ». Et dans la notation algébrique plus concise le même mouvement devient simplement « d2-d4 ». Trois descriptions différentes fournissent la même information quant à un événement réel, le passage d'une pièce d'un « état » à un autre (et de la même manière que dans le monde quantique, nous ignorons *tout* de la manière selon laquelle la pièce passe d'un état à un autre, un point qui est encore plus évident si vous considérez le mouvement du Cavalier). Les différentes formulations de la mécanique quantique sont semblables à ceci. L'algèbre quantique de Dirac est la plus élégante et la plus « belle » dans un sens mathématique ; les méthodes matricielles élaborées par Born et ses collaborateurs à l'instigation d'Heisenberg sont plus vagues mais n'en sont pas moins efficaces*.

Certains des résultats les plus spectaculaires de Dirac furent obtenus quand il tenta d'introduire la relativité restreinte dans sa mécanique quantique. Convaincu que la lumière était composée de particules (les photons), Dirac fut ravi de constater qu'en introduisant le temps en tant que nombre q avec tout le reste dans ses équations, il serait inévitablement amené à « prédire » qu'un atome

---

* Avec la modestie qui le distingue, Dirac a décrit combien il fut aisé de progresser dès qu'on a su que les équations quantiques correctes n'étaient que des équations classiques présentées sous la forme hamiltonienne. Pour ce qui était des énigmes mineures qui posaient problème à la théorie quantique, il suffisait d'écrire les équations classiques équivalentes, de les transformer en Hamiltoniennes, et de les résoudre. « C'était un jeu, un jeu très intéressant auquel on s'adonnait. A chaque fois que quelqu'un résolvait l'un des problèmes mineurs, on pouvait écrire un article à ce propos. Il était très facile à l'époque pour un physicien de second ordre de faire un travail de premier ordre. Depuis lors il n'y a plus jamais eu de jours aussi glorieux. Il est très difficile aujourd'hui pour un physicien de premier ordre de faire un travail de second ordre. » (*Directions in Physics*, p. 7.)

doit subir un mouvement de recul quand il émet de la lumière, ainsi que ce serait le cas si la lumière se présente sous la forme d'une particule porteuse de sa propre quantité de mouvement, et il poursuivit en développant une interprétation mécanique quantique de l'effet Compton. Les calculs de Dirac se divisaient en deux parties, premièrement les manipulations numériques impliquant les nombres q, et deuxièmement l'interprétation des équations en fonction de ce qu'il était possible d'observer d'un point de vue physique. Ce processus cadre en tous points avec la manière selon laquelle la nature semble « effectuer le calcul » et nous présenter ensuite un événement observé — par exemple une transition électronique — mais malheureusement au lieu de creuser cette idée dans les années qui suivirent 1926, les physiciens abandonnèrent l'algèbre quantique et se laissèrent séduire par la découverte d'une autre technique mathématique susceptible de résoudre les problèmes persistants de la théorie quantique — la mécanique ondulatoire. La mécanique matricielle et l'algèbre quantique étaient issus de la représentation de l'électron en tant que particule effectuant une transition entre deux états quantiques différents. Mais qu'en était-il de la suggestion de De Broglie selon laquelle les électrons, et autres particules, devaient également être appréhendés comme des ondes ?

La théorie de Schrödinger

Cependant que la mécanique matricielle et l'algèbre quantique faisaient des débuts relativement discrets sur la scène scientifique, on assistait à une activité intense dans le domaine de la théorie quantique. Il semble que la science européenne ait été nourrie par un ferment d'idées qui arrivaient à maturité, et que des idées différentes éclosaient en des lieux différents, pas nécessairement dans ce qui semble être aujourd'hui un ordre logique. Nombre d'entre elles furent « découvertes » par des individus différents à peu près à la même époque. A la fin de 1925, la théorie des ondes électroniques de De Broglie était déjà apparue sur la scène, mais les expériences qui prouvèrent la nature ondulatoire de l'électron n'avaient pas encore été réalisées. Ceci conduisit à une autre découverte, indépendante du travail d'Heisenberg et de ses collègues, une mathématique quantique se fondant sur la notion d'onde.

L'idée est due à de Broglie, et dans une moindre mesure à Einstein. Le travail de De Broglie aurait pu demeurer dans l'obscurité pendant des années, considéré tout au plus comme une subtilité mathématique intéressante mais dépourvue de réalité physique, s'il n'avait éveillé l'attention d'Einstein. C'est ce dernier qui en parla à Born et qui donc, d'une manière indirecte, se trouve à l'origine de l'ensemble du travail expérimental qui établit la réalité des ondes électroniques ; et ce fut dans l'un des articles qu'Einstein publia en février 1925, qu'Erwin Schrödinger lut son commentaire du travail de De Broglie, « Je pense que cela implique plus qu'une simple analogie. » A cette époque, les physiciens étaient pendus aux lèvres d'Einstein, et un signe d'assentiment venant du grand homme suffit pour que Schrödinger se lance dans une investigation des implications qui résulteraient de la reconnaissance des idées de De Broglie.

Schrödinger est le plus singulier des physiciens qui développèrent la nouvelle théorie quantique. Né en 1887, il était âgé de trente-neuf ans quand il gratifia la science de sa contribution la plus importante — un âge remarquablement avancé pour un travail scientifique original d'une telle importance. Il avait passé son doctorat en 1910, et depuis 1921, il avait enseigné la physique à Zurich, un pilier de respectabilité scientifique, et non un adepte inconditionnel des idées révolutionnaires. Mais, ainsi que nous le constaterons, la nature de sa contribution à la théorie quantique était très proche de ce qu'on était en droit d'attendre de la part d'un membre de l'ancienne génération au milieu des années vingt. Là où le groupe de Göttingen, et Dirac encore plus, rendirent la théorie quantique plus abstraite et l'affranchirent des concepts physiques quotidiens, Schrödinger s'efforça de remettre à l'honneur des concepts physiques facilement compréhensibles, décrivant la physique quantique en termes d'ondes, lesquelles sont des caractéristiques familières du monde physique, et luttant jusqu'à la fin de sa vie contre les idées nouvelles qu'étaient l'indéterminisme et le saut instantané des électrons d'un état à un autre. Il offrit à la physique un outil pratique d'une valeur inestimable pour résoudre des problèmes, mais en termes conceptuels sa mécanique ondulatoire représentait un pas en arrière, un retour aux idées du dix-neuxième siècle.

De Broglie avait ouvert la voie en introduisant l'idée voulant que les ondes électroniques « en orbite » autour d'un noyau atomique doivent correspondre à un nombre total de longueurs d'onde dans chaque orbite, afin d' « interdire » les orbites intermédiaires. Schrödinger utilisa les mathématiques des ondes pour calculer les niveaux énergétiques autorisés dans une telle situation, et il fut tout d'abord déçu d'obtenir des réponses qui ne cadraient pas avec les schèmes connus du spectre atomique. En réalité, sa technique n'était pas erronée, la seule raison de cet échec initial tenait au fait qu'il n'avait pas pris en considération le spin de l'électron — ce qui n'est pas surprenant puisqu'à cette époque, en 1925, le concept du spin électronique n'était pas encore connu. Ainsi abandonna-t-il ce travail pendant quelques mois, et ne fut-il pas la première personne à publier un traitement mathématique des quanta complet, logique et cohérent. Il se pencha à nouveau sur l'idée quand on lui demanda d'expliquer à un colloque le travail de De Broglie, et c'est alors qu'il s'aperçut que s'il n'introduisait pas les effets relativistes dans ses calculs, il obtenait une meilleure concordance avec les observations d'atomes dans des situations où les effets relativistes n'étaient pas importants. Ainsi que Dirac le montrera ultérieurement, le spin électronique est une propriété relativiste (et n'entretient aucun rapport avec la propriété dite spin qu'on associe habituellement aux objets en rotation). La grande contribution de Schrödinger à la théorie quantique fut donc publiée dans une série d'articles en 1926, peu de temps après la parution de l' « article des trois » et de celui de Dirac.

Les équations dans la variante de Schrödinger sur le thème quantique appartiennent à la même famille que les équations qui décrivent les ondes réelles dans le monde quotidien — les ondes à la surface de l'océan, ou les ondes sonores qui transmettent les bruits à travers l'atmosphère. Le monde de la physique les accueillit avec enthousiasme, précisément parce qu'elles semblaient confortables et familières. Il est impossible d'imaginer deux approches plus différentes du problème. Heisenberg rejeta délibérément l'image de l'atome et ne traita que de quantités susceptibles d'être mesurées par expérience ; on trouvait toutefois au cœur de sa théorie l'idée voulant que les électrons soient des particules. Schrödinger partit d'une représentation physique évidente de l'atome en tant qu'entité « réelle », et au cœur de sa théorie, on trouve l'idée selon laquelle les électrons sont des ondes. Les deux approches fournirent des ensembles d'équations qui décrivaient exactement le comportement des objets qu'il était possible de mesurer dans le monde quantique.

A première vue, c'était étonnant. Or peu après Schrödinger, l'Américain Carl Eckart, et ensuite Dirac prouvèrent mathématiquement que les différents ensembles d'équations étaient en fait équivalents, il s'agissait de visions différentes du même monde mathématique. Les équations de Schrödinger incluent la relation de non-commutativité et le facteur décisif h/i, essentiellement de la même manière qu'ils se présentent dans la mécanique matricielle et dans l'algèbre quantique. Cette constatation renforça la confiance que les physiciens placèrent en elles. Il semble que, quel que soit le type de formalisme mathématique que vous utilisiez, quand vous étudiez les problèmes fondamentaux de la théorie quantique vous aboutissiez inéluctablement aux mêmes « réponses ». Mathématiquement parlant, la variante de Dirac sur ce thème est la plus complète, puisque son algèbre quantique inclut à la fois la mécanique matricielle et la mécanique ondulatoire en tant que cas particuliers. Il va de soi cependant que les physiciens des années vingt choisirent d'utiliser la version la plus familière des équations, les ondes de Schrödinger, parce qu'elle pouvait être appréhendée en termes courants, et parce que les équations étaient connues de la physique ordinaire — l'optique, l'hydrodynamique, etc. Mais le succès de la version de Schrödinger aurait pu différer toute compréhension fondamentale du monde quantique de plusieurs décennies.

Un pas en arrière

Avec le recul, il semble surprenant que Dirac n'ait pas découvert (ou inventé) la mécanique ondulatoire, car les équations élaborées par Hamilton, qui s'avérèrent si utiles pour la mécanique quantique, trouvaient leur origine dans une tentative d'unification des théories ondulatoire et corpusculaire de la lumière datant du dix-neuvième siècle. Sir William Hamilton était né à Dublin en 1805, et de nombreuses personnes en vinrent à le considérer comme le premier mathématicien de son époque. Sa contribution la plus précieuse (qui ne fut pas reconnue comme telle à l'époque) concernait l'unification des lois de l'optique et de la dynamique dans un cadre de référence mathématique, un ensemble d'équations qu'il était possible d'utiliser pour décrire tant le mouvement d'une onde que celui d'une particule. Le travail fut publié à la fin des années 1820 et au début des années 1830, et d'autres se penchèrent ensuite sur la question. La mécanique et l'optique furent l'une comme l'autre utiles aux chercheurs au cours de la seconde moitié du dix-neuvième siècle, mais rares furent ceux qui remarquèrent que le système les associant constituait la véritable préoccupation d'Hamilton. Son travail implique que les trajectoires corpusculaires soient remplacées par les mouvements ondulatoires en physique, tout comme le concept des « rayons » lumineux l'est par celui d'ondes en optique. Mais une telle idée aurait paru si étrangère aux physiciens du dix-neuvième siècle que personne — pas même Hamilton — ne songea à la formuler. L'idée ne fut pas étudiée puis rejetée comme une absurdité : elle était tout simplement trop curieuse pour être conçue. C'eut été une conclusion impossible à l'époque, et il était inévitable qu'elle ne soit exhumée qu'après que la preuve de l'inadaptation de la mécanique classique en tant que description des processus atomiques ait été apportée. Mais en se souvenant qu'il inventa également la forme de mathématiques dans laquelle a × b ≠ b × a, il ne serait pas abusif de présenter Sir William Hamilton comme le fondateur oublié de la mécanique quantique. Aurait-il été présent à l'époque, qu'il aurait vite identifié le lien entre les mécaniques matricielle et ondulatoire ; Dirac aurait pu le faire, mais il ne le comprit pas dans un premier temps, et cela n'a rien de surprenant. Après tout, il n'était qu'un étudiant plongé dans sa première recherche importante, et il existe une limite à ce qu'un homme peut accomplir en l'espace de quelques semaines. Et surtout, il travaillait sur des idées abstraites et il marchait sur les traces d'Heisenberg pour tenter d'affranchir la physique de l'image rassurante des électrons orbitant autour des noyaux atomiques, il n'escomptait donc pas découvrir une représentation de l'atome ancrée dans le monde physique. En fait, les scientifiques ne comprirent pas immédiatement que la mécanique ondulatoire n'offrait pas une image rassurante, en dépit des attentes de Schrödinger.

Schrödinger pensait qu'il avait éliminé les sauts quantiques entre deux états en introduisant les ondes dans la théorie quantique. Il envisageait les « transitions » d'un électron d'un état énergétique à un autre comme un phénomène semblable au changement de vibration de la corde d'un violon d'une note à une autre (d'une harmonique à une autre), et il appréhendait l'onde dans son équation ondulatoire comme l'onde matérielle à laquelle se référait de Broglie. Mais quand d'autres chercheurs tentèrent de trouver la signification sous-tendant les équations, les espoirs qu'il avait placés dans la restauration de la physique classique s'évanouirent. Bohr, par exemple, fut déconcerté par le concept ondulatoire. Comment une onde, ou une série d'ondes en interaction, pouvait-elle être comptabilisée par un compteur Geiser de la même manière que s'il enregistrait une particule isolée ? Qu'est-ce qui « ondulait » vraiment dans l'atome ? Et, encore plus important, comment la nature de la radiation du corps noir pouvait-elle être expliquée en fonction des ondes de Schrödinger ? En 1926, Bohr invita Schrödinger a séjourner quelque temps à Copenhague, où ils abordèrent ces problèmes et obtinrent des solutions qui n'eurent pas l'heur de plaire à Schrödinger.

Premièrement, il s'avéra à l'issue d'un examen détaillé que les ondes elles-mêmes étaient aussi abstraites que les nombres q de Dirac. Les mathématiques indiquaient qu'elles ne pouvaient correspondre à des ondes réelles dans l'espace, comme des rides sur une mare, mais qu'elles représentaient une forme complexe de vibrations dans un espace mathématique imaginaire dit espace de phase. Pire encore, chaque particule (chaque électron, disons) avait besoin de ses trois dimensions. Un électron en lui-même peut être décrit par une équation ondulatoire dans un espace de phase tridimensionnel. Décrire deux électrons exige un espace de phase à six dimensions ; trois électrons un espace de phase à neuf dimensions, et ainsi de suite. Comme dans le cas de la radiation du corps noir, même quand tout était converti dans un langage mécanique ondulatoire, il demeurait indispensable de disposer des quanta discrets et des sauts quantiques. Schrödinger était découragé, et fit cette réflexion qu'on a souvent citée de manière plus ou moins fidèle : « Si j'avais su que nous ne parviendrions pas à nous débarrasser de ce damné saut quantique, je ne me serais jamais lancé dans cette entreprise. » Voici ce que dit Heisenberg dans son livre *Physique et Philosophie* : « ... Les paradoxes du dualisme entre les représentations ondulatoire et corpusculaire n'étaient pas résolus ; ils étaient dissimulés de l'une ou l'autre manière dans le schème mathématique. »

Sans aucun doute, l'image séduisante des ondes dotées d'une réalité physique décrivant des cercles autour des noyaux atomiques qui avait amené Schrödinger à découvrir que l'équation qui porte aujourd'hui son nom était fausse. Ni la mécanique ondulatoire ni la mécanique matricielle ne constituent des modes d'emploi pour la réalité du monde atomique, mais contrairement à la mécanique matricielle, la mécanique ondulatoire donne une *illusion* de familiarité et de confort. C'est cette illusion douillette qui a persisté jusqu'à nos jours et qui a dissimulé le fait que le monde atomique est totalement différent du monde matériel. Plusieurs générations d'étudiants, qui sont désormais professeurs, auraient pu parvenir à une meilleure compréhension de la théorie quantique s'ils avaient été contraints de se frotter à la nature abstraite de l'approche de Dirac, plutôt que d'être amenés à penser que ce qu'ils connaissaient du comportement des ondes dans le monde ordinaire offrait un reflet de la manière dont les atomes se comportent. Et c'est pourquoi il me semble que bien que d'énormes progrès soient intervenus dans l'application de la mécanique quantique à de nombreux problèmes intéressants (souvenez-vous de la remarque de Dirac quant aux physiciens de second ordre qui effectuaient un travail de premier ordre), nous ne sommes pas mieux lotis aujourd'hui, plus de cinquante ans après, que les physiciens de la fin des années vingt en ce qui concerne la compréhension fondamentale de la physique quantique. Le succès de l'équation de Schrödinger en tant qu'outil de travail a empêché les gens de penser sérieusement aux raisons de sa viabilité.

La « cuisine » quantique

Les principes de la cuisine quantique — la physique quantique pratique depuis les années vingt — reposent sur des idées développées par Bohr et Born à la fin des années vingt. Bohr nous gratifia d'un fondement philosophique destiné à réconcilier la nature duale onde/particule du monde quantique, et Born nous offrit les règles fondamentales auxquelles nous devions nous conformer pour préparer nos recettes quantiques.

Bohr affirma que les *deux* images théoriques, la physique corpusculaire et la physique ondulatoire, étaient aussi valables l'une que l'autre et constituaient des descriptions complémentaires de la même réalité. Aucune des descriptions n'est complète en elle-même, mais il est des circonstances où il est plus approprié d'utiliser le concept corpusculaire, et d'autres où il est préférable de recourir au concept ondulatoire. Une entité fondamentale tel que l'électron n'est ni une particule ni une onde, mais en certaines circonstances elle se comporte comme une onde, et en d'autres occasions comme une particule (étant bien sûr en fait un slictueux tove). Mais en aucun cas vous ne pouvez concevoir une expérience qui présentera l'électron se comportant des deux façons en même temps. L'idée voulant que l'onde et la particule soient deux aspects complémentaires de la personnalité complexe de l'électron est dite complémentarité.

Born découvrit une nouvelle manière d'interpréter les ondes de Schrödinger. L'élément capital dans l'équation de Schrödinger qui correspond aux rides à la surface d'une mare dans le monde quotidien est la fonction ondulatoire, laquelle est en règle générale notée par la lettre grecque psi (Ψ). Travaillant à Göttingen avec des physiciens expérimentaux qui réalisaient presque tous les jours de nouvelles expériences électroniques confirmant la nature corpusculaire de l'électron, Born ne pouvait se résoudre à accepter que cette fonction psi corresponde à une onde électronique « réelle », bien qu'il ait considéré à l'instar de la plupart de ses contemporains (et des nôtres) que les équations ondulatoires étaient les plus appropriées pour résoudre maints problèmes. Aussi essaya-t-il de trouver un moyen d'associer une fonction ondulatoire et l'existence des particules. L'idée qu'il reprit et améliora appartenait à celles ayant été lancées auparavant lors du débat sur la nature de la lumière. Les particules étaient réelles, dit Born, mais dans un certain sens elles étaient guidées par l'onde, et la force de l'onde (plus précisément la valeur de Ψ^2) en n'importe quel point de l'espace était une mesure de la *probabilité* de trouver la particule en ce point spécifique. Nous ne pouvons jamais être certains de l'endroit où se trouve une particule tel qu'un électron, mais la fonction ondulatoire nous permet de calculer la probabilité voulant que nous la trouvions en un certain point quand nous réalisons une expérience conçue pour localiser l'électron. La singularité de cette idée est qu'elle implique qu'un électron puisse se trouver n'importe où ; en fait il est très probable qu'il se trouve à certains endroits et très improbable qu'il se trouve à d'autres. Mais à l'instar des principes statistiques qui stipulent qu'il est *possible* que la totalité de l'air dans une pièce se rassemble dans les angles, l'interprétation que donna Born de Ψ ne conforta pas le monde quantique dans ses certitudes mais au contraire dans ses incertitudes.

Les idées de Bohr et de Born cadraient avec la découverte d'Heisenberg, à la fin de 1926, selon laquelle l'incertitude est inhérente aux équations de la mécanique quantique. Les mathématiques qui disent que $pq \neq qp$ posent également que nous ne pouvons jamais être assurés de ce que sont p et q. Ainsi, si nous nommons p la quantité de mouvement d'un électron, et que nous utilisions q pour désigner sa position, nous pouvons imaginer que nous mesurerons avec précision p ou q. La marge d'« erreur » dans notre mesure sera appelée Δp ou Δq, puisque les mathématiciens utilisent la lettre grecque delta, Δ, pour symboliser de petits fragments de quantités variables. Heisenberg montra donc que si vous tentez, dans ce cas, de mesurer *à la fois* la position et la quantité de mouvement d'un électron, vous ne pouvez jamais être assuré d'y parvenir parce $\Delta p \times \Delta q$ doit *toujours* être supérieur à $\hbar$, la constante de Planck divisée par 2π. Plus nous sommes certains de la position d'un corps, moins nous sommes assurés de sa quantité de mouvement — de l'endroit où il se rend. Et si nous connaissons sa quantité de mouvement de manière très précise, nous ne pouvons pas être tout à fait assurés de sa position. Cette relation d'incertitude présente des implications majeures qui sont discutées dans la troisième partie de cet ouvrage. Il importe toutefois de comprendre qu'il ne s'ensuit pas qu'il y ait quelque défaut dans les expériences utilisées pour mesurer les propriétés de l'électron. Une règle fondamentale de la mécanique quantique stipule qu'*en principe* il est impossible de mesurer de manière précise et simultanée certaines paires de propriétés, y compris la position et la quantité de mouvement. Il n'existe pas de vérité absolue au niveau quantique*.

La relation d'incertitude d'Heisenberg mesure la quantité par laquelle les descriptions complémentaires de l'électron, ou les autres entités fondamentales, se chevauchent. La position est plutôt une propriété corpusculaire — des particules peuvent être localisées avec précision. En revanche, les ondes n'ont pas de localisation précise mais elles ont une quantité de mouvement. Plus vous avez d'informations sur l'aspect ondulatoire de la réalité, moins vous en avez sur l'aspect corpusculaire, et vice versa. Des expériences conçues pour détecter des particules détectent toujours des particules ; des expériences conçues pour détecter des ondes détectent toujours des ondes. Aucune expérience ne montre l'électron se comportant au même moment comme une onde et comme une particule.

Bohr souligna l'importance des expériences pour notre compréhension du monde quantique. Nous ne pouvons sonder le monde quantique qu'en procédant à des expériences, et chaque expérience pose en fait une question au monde quantique. Les questions que nous posons sont très influencées par notre expérience quotidienne, de sorte que nous recherchons des propriétés telles que la « quantité de mouvement » et la « longueur d'onde » et nous obtenons des « réponses » que nous interprétons par rapport à ces propriétés. Les expériences sont enracinées dans la physique classique, bien que nous sachions qu'elle ne fournit pas une description valable des processus atomiques. En outre, nous devons interférer avec les-

---

* La même relation d'incertitude s'applique dans le monde ordinaire, mais p et q étant de beaucoup supérieurs à h la quantité d'incertitude impliquée ne correspond qu'à une infime fraction de la propriété macroscopique équivalente. La constante de Planck, h, est égale à $6,6 \times 10^{-27}$ et π est légèrement supérieur à trois. En chiffres ronds, h, est donc égale à 10^{-27}. Nous pouvons mesurer la position et le mouvement de la balle aussi exactement que nous le souhaitons en l'observant alors qu'elle roule sur une table, et l'incertitude naturelle — d'un ordre comparable à 10^{-27} — de la position ou du mouvement sera insignifiante. Comme toujours, les effets quantiques ne deviennent importants que si les nombres dans les équations ont à peu près la même taille, ou sont plus petits, que la constante de Planck.

processus atomiques afin de les observer, et, ainsi que Bohr le dit, ceci signifie qu'il est dépourvu de sens de se demander ce que font les atomes quand on ne les regarde pas. Comme Born l'a expliqué, tout ce que nous pouvons faire est de calculer la probabilité qu'une expérience particulière engendre un résultat particulier.

L'ensemble de ces idées — l'incertitude, la complémentarité, la probabilité et la perturbation par l'observateur du système observé — est désormais connu sous l'appellation d' « interprétation de Copenhague » de la mécanique quantique, bien que personne à Copenhague (ou ailleurs) ne s'y soit jamais référé en ces termes et en dépit du fait que l'un des ingrédients essentiels, l'interprétation statistique de la fonction ondulatoire, soit dû à Max Born, lequel travaillait à Göttingen. L'interprétation de Copenhague représente de nombreuses choses pour de nombreuses personnes, sinon une chose pour chaque personne, et elle revêt un côté fuyant qui correspond bien au monde fuyant.

Bohr présenta pour la première fois le concept en public lors d'une conférence à Tomo, en Italie, en septembre 1927. Cela marqua l'achèvement de la théorie cohérente de la mécanique quantique sous une forme permettant à un physicien compétent de l'utiliser pour résoudre des problèmes impliquant des atomes et des molécules, sans qu'il ait besoin de trop réfléchir aux principes fondamentaux mais qu'il soit simplement déterminé à suivre les recettes et à interpréter les réponses.

Dans les décennies qui suivirent, de nombreuses contributions fondamentales furent apportées par les semblables de Dirac et de Pauli, et les pionniers de la nouvelle théorie quantique furent dûment honorés par le Comité Nobel, bien que l'attribution des prix se soit conformée à une logique des plus curieuses. Heisenberg reçut le prix Nobel en 1932, et en éprouva une amertume certaine parce que ses collègues Born et Jordan n'avaient pas été récompensés ; Born se sentit bafoué pendant des années, faisant souvent remarquer qu'Heisenberg ne savait même pas ce qu'était une matrice avant qu'il (Born) le lui apprenne — il écrivit à Einstein en 1953 : « à cette époque, il n'avait aucune idée de ce qu'était une matrice. C'est lui qui a recueilli les fruits de notre travail commun, dont le prix Nobel* ». Schrödinger et Dirac se partagèrent le prix Nobel de physique en 1933, mais Pauli dut attendre jusqu'en 1945 pour recevoir le sien, pour la découverte du principe d'exclusion, et Born fut en définitive récompensé en 1954 par un prix Nobel pour son travail sur l'interprétation probabiliste de la mécanique quantique**.

Pourtant cette activité intense — les nouvelles découvertes des années trente, les attributions des prix, et les nouvelles applications de la théorie quantique au cours des décennies qui suivirent la Seconde Guerre mondiale — ne devrait pas dissimuler le fait que l'ère des progrès fondamentaux était, à ce stade, révolue. Il se peut que nous soyons à l'aube d'une autre ère de la même veine, et que de nouveaux progrès soient effectués en abandonnant l'interprétation de Copenhague et la pseudo-familiarité rassurante de la fonction ondulatoire de Schrödinger. Avant que nous n'étudiions ces possibilités spectaculaires, il convient que nous nous penchions sur les acquits de la théorie, laquelle fut essentiellement complète avant la fin des années vingt.

---

* *Born-Einstein Letters*, p. 203.
** Selon lui, ce n'était pas trop tôt (et, pour être honnête, nombreux étaient ceux qui partageaient son avis). *In Born-Einstein Letters*, il rappelle (p. 229) que : « le fait de ne pas avoir reçu le prix Nobel en 1932 avec Heisenberg me blessa au plus haut point à l'époque, bien qu'Heisenberg m'ait adressé une lettre charmante ». Il explique la reconnaissance tardive de son travail sur l'interprétation statistique de l'équation ondulatoire par l'opposition d'Einstein, de Schrödinger, de Planck et de De Broglie, à l'idée — des noms que le Comité Nobel n'aurait certes pas écartés à la légère — et il fait référence à l' « école de Copenhague, qui aujourd'hui prête son nom presque partout à la ligne de pensée à l'origine de laquelle je me trouve », entendant par là que l'interprétation de Copenhague englobait les idées statistiques. Il ne s'agit pas simplement des remarques bourrues d'un vieil homme, elles sont fondées. Chacun dans le monde de la mécanique quantique s'est réjoui lorsque la contribution de Born a été reconnue. Nul plus qu'Heisenberg, qui confia plus tard à Jagdish Mehra : « Je fus *si soulagé* quand Born reçut le prix Nobel. » *(Mehra et Rechenberg*, vol. 4, p. 281.)

Chapitre 3

LA « CUISINE » ET LES QUANTA

Afin d'utiliser les recettes du livre de cuisine quantique, les physiciens doivent connaître un certain nombre de règles élémentaires. Aucun modèle ne nous apprend à quoi ressemblent l'atome et les particules élémentaires et rien ne nous renseigne sur leurs agissements quand nous ne les observons pas. Mais il est possible d'utiliser les équations de la mécanique ondulatoire (la variante la plus populaire et la plus répandue sur le thème) pour faire des prédictions sur une base statistique. Si nous observons un système quantique et obtenons la réponse A à notre mesure, les équations quantiques nous indiqueront alors quelle probabilité nous avons d'obtenir la réponse B (ou C, ou D, ou quoi que ce soit) si nous procédons à la même observation à un moment ultérieur. La théorie quantique *ne* nous apprend *pas* à quoi ressemblent les atomes ni de quelle manière ils se comportent quand nous ne les observons pas. Il est regrettable que la plupart des gens qui utilisent aujourd'hui les équations ondulatoires ne le comprennent pas et n'apprécient pas à sa juste mesure le rôle des probabilités. Les étudiants apprennent ce que Ted Bastin a nommé « une forme cristallisée du jeu du courant idéologique de la fin des années vingt... ce que le physicien moyen, qui ne s'est jamais interrogé quant à ses convictions sur des questions fondamentales, est capable d'appréhender pour résoudre ses problèmes détaillés* ». Ils apprennent à

---
* *Quantum theory and Beyond.* p. 1.

penser aux ondes en tant que réalité, et rares sont ceux qui étudient la théorie quantique sans que leur imagination n'élabore une image de l'atome. Les gens travaillent sur l'interprétation probabiliste sans vraiment la comprendre, et ceci témoigne du pouvoir des équations développées en particulier par Schrödinger et Dirac, et de l'interprétation due à Born voulant que même sans comprendre pour quelles raisons les recettes « marchent » les scientifiques sont passés maîtres queux en matière de quanta.

Dirac fut le premier chef quantique. De la même manière qu'il avait été la première personne n'appartenant pas au cercle de Göttingen à comprendre la nouvelle mécanique matricielle et à la perfectionner, il fut celui qui se pencha sur la mécanique ondulatoire de Schrödinger et lui conféra une meilleure assise tout en la développant. En adaptant les équations afin qu'elles satisfassent les exigences de la théorie de la relativité, en ajoutant le temps comme quatrième dimension, Dirac découvrit en 1928 qu'il avait introduit le terme qu'on considère aujourd'hui comme représentant le spin de l'électron, offrant incidemment l'explication du dédoublement des raies spectrales, lequel déconcertait les théoriciens depuis une dizaine d'années. Cette amélioration des équations fit en outre apparaître un autre résultat inattendu, résultat qui ouvrit la voie au développement moderne de la physique des particules.

L'antimatière

Selon les équations d'Einstein, l'énergie d'une particule ayant pour masse m et pour quantité de mouvement p est donnée par
$$E^2 = m^2 c^4 + p^2 c^2$$
laquelle se réduit à la fameuse équation $E = mc^2$ quand la quantité de mouvement est égale à zéro. Mais l'histoire n'est pas tout à fait complète. Attendu que l'équation la plus familière résulte du calcul de la racine carrée de l'équation complète, en mathématiques nous devons dire

que E est soit positif soit négatif. Comme $2 \times 2 = 4$, $-2 \times -2 = 4$, et à proprement parler $E = \pm mc^2$. Quand de telles « racines négatives » apparaissent aussi souvent dans les équations, on est en droit de les considérer comme dépourvues de signification, et il est « évident » que la seule réponse qui nous intéresse est la racine positive. Dirac, étant un génie, n'adopta pas cette démarche, mais se creusa la tête pour en comprendre les implications. Quand nous calculons des niveaux énergétiques dans la version relativiste de la mécanique quantique, nous avons affaire à deux ensembles, l'un positif, correspondant à mc^2, et l'autre négatif, correspondant à $-mc^2$. D'après la théorie, les électrons doivent tomber dans l'état énergétique inoccupé le plus bas, or même l'état énergétique négatif le plus élevé est inférieur à l'état énergétique positif le plus bas. Que signifient donc les états énergétiques négatifs, pour quelles raisons tous les électrons de l'univers n'y tombent-ils pas et ne disparaissent-ils pas ?

La réponse de Dirac se fonde sur le fait que les électrons sont des fermions, et qu'il ne peut y avoir qu'un électron par état quantique (deux par niveau énergétique, chacun ayant un spin). Il se peut, raisonna-t-il, que les électrons ne tombent pas dans les états énergétiques négatifs parce que tous ces états sont déjà saturés. Ce que nous nommons « espace vide » est en fait un océan d'électrons dotés d'une énergie négative ! Et il ne s'arrêta pas là. Donnez de l'énergie à un électron, et il gravira l'échelle des états énergétiques. Ainsi si nous donnons à un électron de l'océan d'énergie négative suffisamment d'énergie, il doit sauter dans le monde réel et devenir visible comme un électron ordinaire. Pour passer de l'état $-mc^2$ à l'état $+mc^2$, il faut un apport énergétique égal à $2\ mc^2$, ce qui, pour la masse d'un électron, correspond à 1 MeV, lequel peut être obtenu facilement au cours d'un processus atomique ou à la faveur d'une collision entre particules. L'électron d'énergie négative promu dans le monde réel serait normal à tous les égards, mais son départ creuserait un trou dans l'océan de l'énergie négative, l'*absence* d'un électron chargé négativement. Un tel trou, avança Dirac, se comporterait comme une particule chargée positivement (car une négation double équivaut à une affirmation ; l'absence d'une particule chargée négativement dans un océan négatif doit présenter une charge positive). Au début de sa réflexion, il pensa qu'eu égard à la symétrie de la situation cette particule positivement chargée devait avoir la même masse que l'électron. Mais dans un moment de faiblesse, quand il publia l'idée, il suggéra que la particule positive pourrait être le proton, lequel était la seule autre particule connue à la fin des années vingt. Ainsi qu'il l'explique dans *Directions in physics*, ceci était tout à fait faux, et il aurait dû avoir le courage de prédire que les chercheurs découvriraient une particule précédemment inconnue ayant la même masse que l'électron mais de charge positive.

A l'époque les avis étaient partagés quant à la manière dont il convenait d'accueillir le travail de Dirac. L'idée selon laquelle la contrepartie positive de l'électron était le proton fut abandonnée, mais personne ne prit l'idée très au sérieux jusqu'à ce que Carl Anderson, un physicien américain, découvre la trace d'une particule chargée positivement durant ses observations pionnières des rayons cosmiques en 1932. Les rayons cosmiques sont des particules énergétiques qui arrivent sur terre de l'espace. Ils avaient été découverts avant la Première Guerre mondiale par l'Autrichien Victor Hess, lequel partagea le prix Nobel avec Anderson en 1936. Les expériences d'Anderson consistaient à suivre des particules chargées alors qu'elles se déplaçaient dans une chambre de Wilson, un dispositif dans lequel les particules laissent une trace semblable à la trace de condensation d'un avion, et il constata que certaines particules produisaient des traces qui étaient déviées par un champ magnétique dans la même proportion que la trace d'un électron, mais dans la direction opposée. Il ne pouvait s'agir que de particules ayant la même masse que l'électron mais de charge positive, et on les nomma « positrons ». Anderson reçut un prix Nobel pour cette découverte en 1936, trois ans après que Dirac eut reçu le sien, et cette découverte modifia la vision que les physiciens avaient du monde des particules. Ils suspectaient depuis longtemps l'existence d'une particule atomique neutre, le neutron, que James Chadwick découvrit en 1932 (pour lequel il reçut le prix Nobel en 1935) et ils se satisfaisaient de l'idée d'un noyau atomique constitué de protons positifs et de neutrons neutres, entouré par des électrons négatifs. Mais les positrons n'avaient pas droit de cité dans ce schème matérialiste, et l'idée voulant que des particules puissent être créées à partir d'énergie modifia radicalement le concept de la particule élémentaire.

Une particule peut, en principe, être produite par le processus de Dirac à partir d'énergie, pour autant que ce phénomène s'accompagne toujours de la production d'une antiparticule, le « trou » dans l'océan d'énergie négative. Bien qu'aujourd'hui les physiciens préfèrent des versions plus érudites de l'histoire de la création de la particule, les règles sont très semblables, et l'une des règles essentielles veut qu'à chaque fois qu'une particule rencontre sa contrepartie, l'antiparticule, elle « tombe dans le trou », libérant une quantité d'énergie égale à $2mc^2$ et disparaissant, non dans une bouffée de fumée mais plutôt dans un jaillissement de rayons gamma. Avant 1932, nombre de physiciens avaient observé des traces de particules dans des chambres de Wilson, dont un grand nombre devait être dû à des positrons, mais jusqu'aux travaux d'Anderson on avait toujours supposé que ces traces étaient dues au mouvement des électrons pénétrant dans un noyau atomique plutôt qu'au mouvement des positrons en sortant. Les physiciens s'insurgeaient alors contre l'idée de particules nouvelles. Aujourd'hui la situation est inversée et Dirac dit : « Les gens sont trop désireux de proposer une nouvelle particule au moindre indice, qu'il soit théorique ou expérimental. » (*Directions in physics*, p. 18.) Il en résulte que le zoo des particules ne comprend plus simplement les deux particules fondamentales connues dans les années vingt, mais plus de deux cents, toutes pouvant être produites en fournissant une énergie suffisante à des accélérateurs de particules, et qui sont pour la plupart hautement instables, « se désintégrant » très rapidement en une pluie d'autres particules et de rayonnement. L'antiproton et l'antineutron, découverts au milieu des années cinquante, sont presque perdus dans ce zoo, mais ils n'en constituent pas moins la confirmation la plus significative de l'exactitude des idées originales de Dirac.

Maints ouvrages ont été consacrés au zoo des particules, et de nombreux physiciens ont construit leurs carrières sur la taxinomie corpusculaire. Mais il me semble que cette prolifération de particules ne dissimule aucune vérité fondamentale ; cette situation évoque celle de la spectroscopie avant la théorie quantique, quand les spectroscopistes pouvaient mesurer et classifier les relations entre les raies de différents spectres, mais qu'ils ignoraient tout des causes sous-tendant les relations qu'ils observaient. Selon toute vraisemblance, c'est à une découverte beaucoup plus fondamentale qu'il appartiendra d'expliquer le caractère pléthorique des particules connues, une opinion qu'Einstein livra à son biographe Abraham Pais dans les années cinquante. « Il était évident qu'il sentait que le moment n'était pas encore venu de s'inquiéter de telles choses et que ces particules apparaîtraient en définitive comme des solutions aux équations d'une théorie des champs unifiée*. » Trente ans plus tard, il semble bien qu'Einstein avait raison, et l'esquisse d'une théorie unifiée possible sera décrite dans l'Épilogue. Il suffit de souligner ici que la grande explosion de la physique des particules depuis les années quarante est enracinée dans le développement de la théorie quantique de Dirac, les premières recettes de cuisine quantique.

Au cœur du noyau

Après les triomphes de la mécanique quantique pour expliquer le comportement des atomes, il était naturel

---

* *Subtle is the Lord*, p. 8.

que les physiciens tournent leur attention vers la physique nucléaire, mais en dépit de nombreux succès pratiques (y compris le réacteur de Three Mile Island et la bombe à hydrogène) nous n'avons pas une idée aussi précise de ce qui anime le noyau que du comportement de l'atome. Voilà qui n'est pas si surprenant. En termes de rayon, le noyau est 100 000 fois plus petit que l'atome ; puisque le volume est proportionnel au cube du rayon, il est plus révélateur de dire que l'atome est dix mille milliards (10^{15}) de fois plus grand que le noyau. Des propriétés simples telles que la masse et la charge du noyau peuvent être mesurées, et ces mesures conduisent au concept des isotopes, des noyaux qui ont le même nombre de protons, et qui donc forment des atomes ayant le même nombre d'électrons (et les mêmes propriétés chimiques) mais des nombres différents de neutrons, et donc une masse différente.

Attendu que tous les protons contenus dans le noyau ont une charge positive, et qu'ils se repoussent donc les uns les autres, il doit exister une forme plus forte de « colle » pour assurer leur solidarité, une force qui ne fonctionne que sur des échelles très courtes correspondant à la taille du noyau et qu'on nomme l'interaction nucléaire forte (il y a également une interaction nucléaire faible qui est inférieure à la force électrique mais joue un rôle important dans certaines réactions nucléaires). Il appert également que les neutrons jouent un rôle dans la stabilité du noyau, parce qu'en comptant simplement les nombres de protons et de neutrons dans des noyaux stables les physiciens obtiennent une image très semblable à celle de la couche électronique autour du noyau. Le plus grand nombre de protons comptabilisés dans un noyau existant à l'état naturel est de 92, dans l'uranium. Bien que les physiciens soient parvenus à fabriquer des noyaux comptant jusqu'à 106 protons, ceux-ci sont instables (excepté pour certains isotopes du plutonium, numéro atomique 94) et se séparent en d'autres noyaux. Dans l'ensemble, il existe quelque 260 noyaux stables connus ; l'état de nos connaissances quant à ces noyaux, même à l'heure actuelle, est encore moins satisfaisant que le modèle de Bohr en tant que description de l'atome, mais des signes précis donnent à penser qu'il existe une sorte de structure au sein du noyau.

Les noyaux qui ont 2, 8, 20, 28, 50, 82 et 126 nucléons (neutrons ou protons) sont particulièrement stables, et les éléments correspondants sont beaucoup plus abondants dans la nature que les éléments correspondant à des atomes ayant des nombres de nucléons sensiblement différents, aussi sont-ils quelquefois nommés « nombres magiques ». Mais les protons prévalent dans la structure du noyau, et pour chaque élément il n'y a qu'un choix limité d'isotopes possibles correspondant à différents nombres de neutrons — le nombre de neutrons possible est en général légèrement supérieur au nombre de protons, et augmente pour les éléments plus lourds. Des noyaux qui possèdent des nombres magiques tant de protons que de neutrons sont particulièrement stables, et les théoriciens prédisent sur cette base que les éléments super-lourds ayant environ 114 protons et 184 neutrons dans leur noyau devraient être stables — mais ces noyaux lourds n'ont jamais été découverts dans la nature ni fabriqués dans des accélérateurs de particules en bombardant plus de nucléons sur les noyaux les plus lourds qu'on rencontre dans la nature.

Le noyau le plus stable entre tous est le fer-56, et des noyaux plus légers « aimeraient » gagner des nucléons et devenir du fer, cependant que des noyaux plus lourds « aimeraient » perdre des nucléons et évoluer vers la forme la plus stable. A l'intérieur des étoiles, les noyaux les plus légers, l'hydrogène et l'hélium, sont convertis en noyaux plus lourds grâce à une série de réactions nucléaires qui fusionnent ensemble les noyaux légers, produisant des éléments tels que le carbone et l'oxygène avant de donner du fer, et libérant en conséquence de l'énergie. Quand certaines étoiles se transforment par explosion en supernovae, une grande quantité d'énergie gravitationnelle est introduite dans les processus nucléaires, et cela pousse la fusion au-delà du fer pour donner des éléments plus lourds, y compris l'uranium et le plutonium. Quand des éléments lourds reviennent vers la configuration la plus stable, en éjectant des nucléons sous forme de particules alpha, d'électrons, de positrons ou de neutrons individuels, ils libèrent également l'énergie emmagasinée de l'explosion d'une supernova depuis longtemps révolue. Une particule alpha est essentiellement le noyau d'un atome d'hélium et contient deux protons et deux neutrons. En éjectant une telle particule, un noyau réduit sa masse de quatre unités, et son nombre atomique de deux. Et il le fait en accord avec les règles de la mécanique quantique et les relations d'incertitude découvertes par Heisenberg.

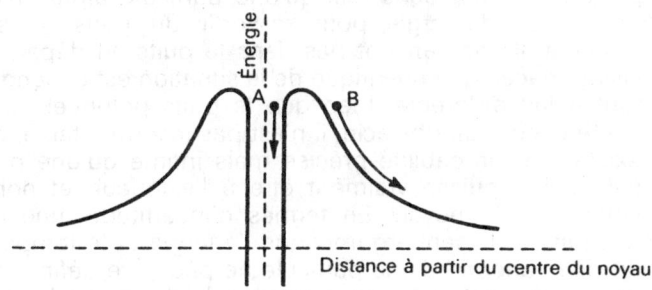

Schéma 7.1. Un puits potentiel au cœur d'un noyau atomique. Une particule située en A demeurera à l'intérieur du puits sauf si elle acquiert suffisamment d'énergie pour sauter « au-dessus du sommet » en B, quand elle dévalera la « pente ». L'incertitude quantique autorise parfois une particule à « percer un tunnel » entre A et B (ou B et A) si elle ne dispose pas d'une énergie suffisante pour escalader la colline*.

Les nucléons sont maintenus solidaires à l'intérieur du noyau par l'interaction nucléaire forte, mais si une particule alpha se trouvait juste à l'extérieur du noyau elle serait violemment repoussée par la force électrique. L'effet combiné des deux forces vise à créer ce que les physiciens nomment un « puits potentiel* ». Imaginez la

---

* Il s'agit du fameux « effet tunnel ». (N.d.T.)

coupe d'un volcan représentant des flancs en pente douce et un cratère profond. Une balle placée juste à l'extérieur de l'ouverture du cratère dévalera la pente ; une balle placée juste à l'intérieur du pourtour du cratère tombera dans le cœur du volcan. Les nucléons à l'intérieur du noyau se trouvent dans une situation semblable — ils sont à l'intérieur du puits au cœur de l'atome, mais s'ils pouvaient passer au-delà du « pourtour » — ne serait-ce que de façon imperceptible — ils « s'éloigneraient », poussés par la force électrique. L'écueil est que, selon la mécanique classique, les nucléons, ou des groupes de nucléons tels qu'une particule alpha, n'ont pas assez d'énergie pour ressortir du puits — s'ils l'avaient, ils ne seraient pas dans le puits au départ. La vision mécanique quantique de la situation est cependant tout à fait différente. Bien que le puits potentiel représente encore un obstacle, il n'est pas insurmontable, et il existe une probabilité précise mais infime qu'une particule alpha puisse vraiment être à l'extérieur, et non à l'intérieur, du noyau. En termes d'incertitude, une des relations d'Heisenberg implique l'énergie et le temps, et dit que l'énergie d'une particule ne peut être définie que dans une mesure ΔE sur une période de temps Δt, telle que $\Delta E \times \Delta t$ soit supérieur à $\hbar$. Pendant un court laps de temps, une particule peut « emprunter » de l'énergie à la relation d'incertitude, en quantité suffisante pour franchir l'obstacle potentiel avant de la restituer. Quand elle reprend son état énergétique « propre », elle se trouve à l'extérieur de l'obstacle et non plus à l'intérieur, et s'éloigne.

Il est également possible d'envisager la situation par rapport à l'incertitude de la position. Il semble parfois qu'une particule qui se « trouve » juste à l'intérieur de l'obstacle paraisse lui être extérieure, parce que sa position est déterminée de façon vague en mécanique quantique. Plus l'énergie de la particule est grande, plus il lui est facile de s'échapper, mais il n'est *pas* nécessaire qu'elle dispose de l'énergie requise pour remonter le long du puits potentiel comme l'affirme la théorie classique. Le processus donne donc l'impression que la particule exerce un « effet tunnel » sur l'obstacle, et il s'agit d'un effet purement quantique*. Telle est la base de la désintégration radioactive ; mais pour expliquer la fission nucléaire nous devons nous tourner vers un modèle de noyau différent.

Oubliez les nucléons isolés dans leurs couches pour le moment, et considérez le noyau comme une goutte de liquide. De la même manière qu'une goutte d'eau ne se conforme pas à un modèle de forme stable, certaines des propriétés collectives du noyau peuvent être expliquées comme résultant d'un changement de forme du noyau. Rien n'interdit de concevoir un grand noyau qui changerait de forme étant tantôt une sphère et tantôt un haltère et inversement. Si on introduit de l'énergie dans un tel noyau, l'oscillation peut devenir si extrême qu'elle brise le noyau en deux, engendrant deux noyaux plus petits et une gerbe de minuscules gouttes, des particules alpha et bêta et des neutrons. Pour certains noyaux, cette division peut être provoquée par la collision entre un neutron rapide et le noyau, et une réaction en chaîne intervient quand chaque atome soumis à une telle fission engendre suffisamment de neutrons pour assurer qu'au moins deux noyaux supplémentaires dans son entourage seront également soumis à la fission. Pour l'uranium 235, qui contient 92 protons et 143 neutrons, deux noyaux inégaux ayant des nombres atomiques allant de 34 à 58, et donnant un total de 92, sont toujours produits, avec une dispersion de neutrons libres. Chaque fission libère environ

---

* Le même processus opère de manière inverse lors de la fusion des noyaux. Quand deux noyaux légers sont poussés l'un vers l'autre par la pression qui règne à l'intérieur d'une étoile, ils ne peuvent fusionner que s'ils surmontent l'obstacle potentiel de l'extérieur. La quantité d'énergie dont dispose chaque noyau dans cette situation dépend de la température au cœur de l'étoile, et dans les années vingt les astrophysiciens furent stupéfaits de constater que la température calculée à l'intérieur du soleil était légèrement moindre que ce qu'elle aurait dû être — les noyaux au cœur du soleil ne possèdent pas une énergie suffisante pour surmonter l'obstacle potentiel et fusionner ensemble, selon la mécanique classique. La réponse veut que certains d'entre eux progressent grâce à l' « effet tunnel » à travers l'obstacle avec une énergie sensiblement inférieure, en fonction des règles de la mécanique quantique. La théorie quantique explique, entre autres choses, pourquoi le soleil brille alors que la théorie classique stipule que c'est impossible.

200 MeV d'énergie, et chacune en entraîne plusieurs autres, pour autant que le morceau d'uranium soit suffisamment gros pour que les neutrons ne s'en échappent pas. Si on laisse ce processus se poursuivre de manière exponentielle, on obtient le principe de la bombe atomique ; régulé en utilisant un matériau qui absorbe des neutrons pour entretenir le processus, nous avons un réacteur de fission contrôlé qui peut être utilisé pour chauffer l'eau des rivières et produire de l'électricité. Là encore, l'énergie que nous extrayons est l'énergie emmagasinée d'une explosion stellaire, très ancienne et très lointaine.

Dans le processus de fusion, cependant, nous pouvons imiter sur terre la production d'énergie d'une étoile semblable au soleil. Jusqu'à présent nous ne sommes parvenus qu'à copier le premier échelon sur l'échelle de la fusion, passer de l'hydrogène à l'hélium, et nous n'avons pas été capables de contrôler la réaction, seulement de la laisser se poursuivre dans la bombe à hydrogène, ou à fusion. Le principe de la fusion est l'opposé de celui de la fission. Au lieu d'encourager un grand noyau à se diviser, vous devez contraindre de petits noyaux à s'assembler en dépit de la répulsion électrostatique naturelle de leurs charges positives, jusqu'à ce qu'ils soient si proches que l'interaction nucléaire forte, qui n'a qu'une portée très restreinte, puisse annuler la force électrique et les attirer les uns vers les autres. Dès que quelques noyaux fusionnent de cette manière, la chaleur engendrée par le processus provoque un dégagement extérieur d'énergie qui tend à faire exploser tous les autres noyaux qui s'apprêtaient à fusionner et met en conséquence fin au processus*.

---

* Une manière d'extraire de l'énergie de la fusion consiste à combiner un isotope d'hydrogène, qui a un proton et un neutron (deutérium) à un autre ayant un proton et deux neutrons (tritium). Nous obtenons alors un noyau d'hélium (deux protons et deux neutrons), un neutron libre, et 17,6 MeV d'énergie. Les étoiles se conforment à des processus plus complexes impliquant des réactions nucléaires entre l'hydrogène et des noyaux tels que le carbone qui sont présents en petites quantités à l'intérieur de l'étoile. Ces réactions provoquent la fusion de quatre protons en un noyau d'hélium, un dégagement de deux électrons et de 26,7 MeV d'énergie, ainsi que la remise en circulation du carbone pour catalyser un autre cycle de réactions. Mais ce sont les processus impliquant le tritium et le deutérium qui sont étudiés dans les laboratoires de fusion à l'heure actuelle.

L'espoir d'une énergie illimitée à l'avenir due à la fusion nucléaire dépend de la découverte d'un moyen qui nous permettrait de conserver assez de noyaux en un même lieu pendant un laps de temps suffisant pour en extraire une quantité d'énergie utile. En outre, il est tout aussi important de découvrir un processus qui dégage plus d'énergie que nous n'en avons utilisée au préalable pour rassembler les noyaux. Voilà qui est assez facile dans une bombe — il vous suffit d'entourer d'uranium les noyaux que vous voulez faire fusionner, puis de déclencher l'uranium par une explosion de fusion. La pression intérieure de l'explosion environnante amènera suffisamment de noyaux d'hydrogène en contact pour induire la seconde explosion de fusion, plus spectaculaire. Mais les centrales nucléaires requièrent une technologie un peu plus subtile et celles qu'on étudie aujourd'hui incluent l'utilisation de champs magnétiques puissants conçus pour agir comme des bottle holding dans les noyaux chargés, et des vibrations de lumière émanant des rayons laser qui amalgament de manière physique les noyaux les uns contre les autres. Les lasers sont bien sûr fabriqués selon les préceptes d'une autre recette de cuisine quantique.

Les lasers et les masers

Bien qu'il fallut un chef de la stature de Dirac pour découvrir les recettes de fabrication des nouvelles particules, les processus nucléaires sont compris de manière plus imparfaite que le modèle atomique de Bohr. Aussi ne serait-il peut-être pas tout à fait étonnant de constater que le modèle de Bohr avait encore des utilisations. Certains des développements scientifiques récents les plus originaux et les plus excitants, les lasers, peuvent être compris par n'importe quel cuisinier quantique compétent ayant entendu parler du modèle de Bohr et n'exigent pas qu'on soit un génie pour les interpréter. (Dans ce cas, le génie est lié à la technologie de leur construction, mais c'est une autre histoire.) Présentons donc nos excuses à Heisenberg, Born, Jordan, Dirac et Schrödinger, ignorons toutes les subtilités quantiques pendant un moment et retournons vers le modèle des électrons en orbite autour du noyau d'un atome. Souvenons-nous que quand un atome gagne un quantum d'énergie un électron saute dans une orbite différente, et que quand cet atome excité est ensuite livré à lui-même, tôt ou tard, l'électron retombe à l'état fondamental, libérant un quantum de rayonnement très précisément défini et doté d'une longueur d'onde précise. On nomme ce processus émission spontanée et il représente la contrepartie de l'absorption.

Quand Einstein étudiait de tels processus en 1916 et élaborait les règles statistiques fondamentales de la théorie quantique, qu'il trouva plus tard si contraires à la raison, il comprit qu'il existait une autre possibilité. Il est possible *d'amener* un atome excité à libérer son énergie excédentaire et à réadopter son état fondamental si un photon incident l'y aide en quelque sorte. On qualifie ce processus d'émission stimulée, et il n'intervient que si le photon incident a exactement la même longueur d'onde que celui que l'atome s'apprête à émettre. De même que la cascade de neutrons qui est impliquée dans une chaîne de réaction de fission nucléaire, nous pouvons imaginer un dispositif d'atomes excités comportant essentiellement un photon de la bonne longueur d'onde qui stimulerait l'émission dans un atome ; le photon original plus le nouveau stimuleraient alors l'émission dans deux autres atomes, et les quatre photons quatre autres, et ainsi de suite. Il en résulte une cascade d'émissions, ayant toutes précisément la même fréquence. En outre, du fait de la manière dont l'émission est déclenchée, toutes les ondes se déplacent en phase les unes par rapport aux autres — toutes les vagues montent et descendent ensemble, produisant un faisceau très pur de ce qu'on nomme le rayonnement cohérent. Attendu que ni les crêtes ni les creux dans un tel rayonnement ne s'annihilent, la totalité de l'énergie libérée par les atomes est présente dans le faisceau et peut être transmise à une zone restreinte du matériel sur lequel le faisceau est dirigé.

Quand une collection d'atomes ou de molécules est

excitée par la chaleur, ils saturent une bande de niveaux énergétiques et, livrés à eux-mêmes, émettent différentes longueurs d'onde d'énergie d'une manière incohérente et confuse, véhiculant beaucoup moins d'énergie effective que les atomes et les molécules n'en libèrent. Mais certaines astuces peuvent être utilisées pour saturer une bande étroite de niveaux énergétiques de manière préférentielle, et provoquer ensuite le retour des atomes excités dans cette bande vers leur état fondamental. On assurera le déclenchement de la cascade par un faible apport de rayonnement à la bonne fréquence de façon à obtenir un faisceau beaucoup plus fort, amplifié, de même fréquence. Les techniques furent tout d'abord développées à la fin des années quarante, indépendamment par des équipes américaines et soviétiques, en utilisant le rayonnement dans la bande radio du spectre allant approximativement de 1 cm à 30 cm, qu'on nomme bande micro-onde. Les pionniers reçurent le prix Nobel en récompense de leur travail en 1954. Le rayonnement de cette bande étant dit radiation micro-onde et le processus impliquant l'amplification des micro-ondes par émission stimulée de radiation en accord avec les idées d'Einstein de 1917, les pionniers baptisèrent le processus amplification de micro-ondes par émission stimulée de rayonnement et forgèrent l'acronyme MASER, d'après les initiales des mots anglais.

C'était dix ans avant qu'on découvre un moyen d'appliquer ce processus aux fréquences optiques du rayonnement, et en 1957 deux personnes eurent la même idée de manière plus ou moins simultanée. L'un (qui semble avoir été le premier) se nommait Gordon Gould, un étudiant diplômé de l'Université de Columbia ; l'autre était Charles Townes, l'un des « pères » du maser qui s'étaient partagés le prix Nobel en 1964. La polémique visant à déterminer qui avait découvert quoi et quand a donné lieu à une bataille juridique relative aux droits d'exploitation industrielle, puisque les lasers, l'équivalent optique des masers (d'après « amplification de lumière... ») représentent un enjeu économique et financier, mais grâce à Dieu nous n'avons pas à nous immiscer dans ce type d'affaire.

Aujourd'hui, il existe plusieurs types de laser, le plus simple étant le laser à solides à pompage optique.

Pour obtenir un tel dispositif, on taille un barreau d'un matériau (tel que le rubis) de sorte que ses extrémités soient polies et planes, puis on l'expose à une source de lumière brillante, un tube au néon capable d'émettre rapidement des éclairs en produisant des impulsions lumineuses dotées d'une énergie suffisante pour exciter les atomes à l'intérieur du cristal. On veille au refroidissement du dispositif pour assurer une quantité minimum d'interférence due à l'excitation thermique des atomes dans le barreau, et on utilise les éclairs lumineux de la lampe pour stimuler (ou pomper) les atomes dans un état excité. Quand on déclenche le laser, une impulsion de lumière rubis pure, porteuse d'une énergie de plusieurs milliers de watts, jaillit de l'extrémité plane du barreau.

Inspirés du même principe, d'autres modèles de laser existent dont les lasers à liquides, les lasers à colorants fluorescents, les lasers à gaz, etc. Tous partagent les mêmes caractéristiques fondamentales — l'introduction d'une énergie incohérente nous permet d'obtenir une lumière cohérente sous forme d'impulsion pure, porteuse d'une énergie considérable. Certains, comme les lasers à gaz, produisent un faisceau de lumière continu et pur, qui représente le fin du fin en matière d'observation, et qui ont trouvé une utilisation étendue dans les concerts rock et la publicité. D'autres, produisant des impulsions d'énergie à durée de vie brève mais puissantes, sont susceptibles d'être utilisés pour percer des trous dans des objets durs (et pourraient avoir un jour des applications militaires). Les outils laser pour le découpage sont utilisés dans des situations aussi diverses que l'industrie vestimentaire et la micro-chirurgie. Il est possible d'utiliser des faisceaux laser pour transmettre des informations ; il s'agit d'un système plus performant que les ondes radio puisque la quantité d'informations transmises à chaque seconde augmente quand la fréquence du rayonnement utilisé croît. Les codes-barres sur les produits des supermarchés (et sur la couverture de ce livre) sont lus par un lecteur laser ; les vidéo-disques et les compact-disques qui apparurent sur le marché au début des années quatre-vingt sont lus par des lasers ; de véritables photographies tridimensionnelles, ou hologrammes, peuvent être réalisées grâce à des lasers — pour ne citer que quelques exemples.

La liste est vraiment infinie, même avant que nous n'y ajoutions les applications des masers pour l'amplification des signaux faibles (par exemple, ceux des satellites de communication), des radars et autres. Toutes ces applications ne trouvent pas leur origine dans la théorie quantique à proprement parler, mais dans la première version de la physique quantique. C'est donc à Albert Einstein et à Niels Bohr, qui posèrent les principes de l'émission stimulée il y a plus de soixante ans, que nous devons adresser nos remerciements pour la caisse enregistreuse à laser, les éclairages au laser colorés des concerts rock, la dernière chaîne-laser, ou la magie d'une reproduction holographique.

Le « micro » tout-puissant

L'influence prédominante de la mécanique quantique sur notre vie quotidienne s'exerce selon toute vraisemblance dans le domaine de la physique des solides. L'appellation en elle-même n'a rien de romantique ; et même si vous l'avez déjà entendue, il est probable que vous ne l'ayez pas associée à la théorie quantique. C'est pourtant la branche de la physique qui nous a offert le transistor, le baladeur Sony, les montres digitales, les calculatrices, les micro-ordinateurs, et les lave-linge programmables. Si on ignore la physique des solides, ce n'est pas parce qu'elle relève d'une branche ésotérique de la science, mais parce qu'elle est si omniprésente, qu'on cesse d'y penser. Et, là encore, nous ne disposerions d'aucun de ces appareils sans une compréhension satisfaisante de la cuisine quantique.

Tous les appareils mentionnés dans le paragraphe précédent dépendent des propriétés des semi-conducteurs, qui sont des solides et qui, en toute logique, possèdent des propriétés intermédiaires entre celles des conducteurs et des isolants. Sans entrer dans les détails, les isolants sont des substances qui ne conduisent pas l'électricité, et elles se comportent ainsi parce que les électrons de leurs atomes sont fermement liés aux noyaux, selon les règles de la mécanique quantique. Dans les conducteurs, tels les métaux, il se fait que chaque atome possède des électrons qui ne sont que faiblement liés au noyau, et se trouvent dans des états énergétiques très proches du sommet du puits potentiel atomique. Quand les atomes sont regroupés dans un solide, le sommet d'un puits énergétique se confond avec celui de l'atome suivant, et les électrons dans ces niveaux élevés sont libres de passer d'un noyau atomique au suivant, n'étant plus vraiment liés à l'un ou à l'autre des noyaux, et aptes à transporter un courant électrique à travers le métal.

En dernière analyse, la propriété de conduction dépend de la statistique de Fermi-Dirac, laquelle interdit à ces électrons faiblement liés de tomber au fond des puits potentiels atomiques, où les états d'énergie pour les électrons solidement liés sont tous saturés. Si vous essayez de presser un métal, il résiste à la pression ; les métaux sont résistants. Et la raison pour laquelle les métaux sont si résistants à la pression tient au fait qu'en raison du principe d'exclusion de Pauli pour les fermions, les électrons ne peuvent pas être plus rapprochés les uns des autres.

Les niveaux d'énergie pour les électrons dans un solide sont calculés en utilisant les équations ondulatoires de la mécanique quantique. On dit que les électrons qui sont étroitement liés aux noyaux se trouvent dans la bande de valence d'un solide, et des électrons qui sont libres de passer d'un noyau à un autre, on dit qu'ils se trouvent dans la bande de conduction. Dans un isolant, tous les électrons sont dans la bande de valence ; dans un conducteur, certains « mordent » sur la bande de conduction[*]. Dans un semi-conducteur, la bande de valence est

---

[*] Il existe un autre type de conducteur dans lequel la bande de valence n'est pas saturée, de sorte que les électrons peuvent se mouvoir dans la bande de valence.

saturée, et l'intervalle énergétique entre cette bande et la bande de conduction est étroit — égal à environ 1 eV. Il est donc facile pour un électron de sauter dans la bande de conduction et de transporter un courant électrique à travers le matériau. Contrairement à la situation d'un conducteur cependant, cet électron qui a gagné de l'énergie laisse un fossé derrière lui dans la bande de valence. À l'instar du raisonnement de Dirac quant à la production d'électrons et de positrons à partir de l'énergie, cette absence d'un électron chargé négativement dans la bande de valence se comporte, pour autant que les propriétés électriques soient concernées, comme une charge positive. Un semi-conducteur naturel possède donc de manière typique quelques électrons dans sa bande de conduction, et quelques trous chargés positivement dans sa bande de valence, lesquels peuvent transmettre un courant électrique. Il est possible d'imaginer des électrons qui, les uns après les autres, tombent dans le trou de la bande de valence et laissent un trou derrière eux, dans lequel l'électron suivant saute, et ainsi de suite. Ou encore vous pouvez concevoir que les trous sont des particules réelles, positives se déplaçant dans la direction inverse. L'effet est le même pour autant que les courants électriques soient concernés.

Les semi-conducteurs naturels pourraient être intéressants, notamment en raison de l'analogie précise qu'ils offrent pour la création d'une paire électron-positron. Mais il est très difficile de contrôler leurs propriétés électriques, et c'est précisément ce contrôle qui a conféré à ces matériaux l'importance qu'ils ont dans notre vie quotidienne. Nous sommes parvenus à le maîtriser en créant des semi-conducteurs artificiels, un type dominé par des électrons libres, l'autre par des « trous » libres.

Là encore, l'astuce est facile à comprendre, mais plus difficile à mettre en pratique. Dans un cristal de germanium, par exemple, chaque atome possède quatre électrons dans sa couche extérieure (il s'agit de cuisine quantique « rapide », et le modèle de Bohr est valable dans ce cas) qui sont « partagés » avec des atomes voisins pour créer les liens chimiques qui assurent la cohérence du cristal. Si le germanium est « dopé » à l'aide de quelques atomes d'arsenic, les atomes de germanium domineront encore la structure du réseau cristallin, et les atomes d'arsenic devront se presser les uns contre les autres du mieux qu'ils le pourront. Sur le plan chimique, la différence principale entre l'arsenic et le germanium tient au fait que l'arsenic possède un cinquième électron dans sa couche extérieure, et la meilleure façon pour un atome d'arsenic de se comprimer dans un réseau de germanium consiste à rejeter l'électron supplémentaire et à établir quatre liens chimiques, afin de pouvoir prétendre être un atome de germanium. Les électrons supplémentaires, fournis par les atomes d'arsenic, errent dans la bande de conduction du semi-conducteur ainsi créé, et il n'y a pas de trous correspondants. On appelle un tel cristal semi-conducteur de type-n.

Une autre possibilité consiste à doper le germanium (pour rester fidèle à notre exemple original) avec du gallium, qui ne possède que trois électrons disponibles pour la liaison chimique. L'effet est le même que si nous créons un trou dans la bande de valence pour chaque atome de gallium présent, et les électrons de valence sautent dans les trous, lesquels se comportent comme des charges positives. On nomme un tel cristal semi-conducteur de type-p. Et les choses deviennent intéressantes quand les deux types de semi-conducteur sont mis en contact. Un excès de charge positive d'un côté de l'obstacle, et de charge négative de l'autre côté, entraîne une différence électrique potentielle qui tente de pousser les électrons dans une direction et s'oppose à leur mouvement dans l'autre ; cette paire de cristaux semi-conducteurs, appelée diode, n'autorise en effet le passage d'un courant électrique que dans une direction. On peut également encourager des électrons à franchir le fossé séparant n et p ainsi qu'à sauter dans un trou, en émettant une étincelle de lumière. Les diodes conçues pour produire de la lumière de cette façon sont dites diodes émettrices de lumière et sont utilisées pour l'affichage électronique des calculatrices, des montres et autres dispositifs visuels. Une diode qui fonctionne dans le sens inverse, en absorbant de la lumière et en pompant un électron hors d'un trou pour le faire passer dans la bande de conduction voisine est une photodiode, utilisée pour assurer qu'un courant électrique ne circule que quand un faisceau de lumière est braqué sur le semi-conducteur. Tel est le principe des dispositifs d'ouverture des portes automatiques. Mais quand on a tout dit des diodes il reste encore beaucoup à dire des semi-conducteurs.

Quand trois parties de semi-conducteur sont assemblées pour faire un sandwich (pnp ou npn), on obtient un transistor (chaque pièce d'un transistor est en général reliée à un circuit électrique, disons donc que les transistors de votre radio peuvent être identifiés par les trois pattes qui sortent de la boîte en métal ou en plastique, laquelle abrite le semi-conducteur lui-même). Grâce à des matériaux convenablement dopés, il est possible d'élaborer un arrangement au sein duquel un faible courant d'électrons à travers une jonction np provoque un courant beaucoup plus important à travers l'autre jonction du sandwich — le transistor agit comme un amplificateur. Ainsi que tout passionné d'électronique le sait, ces deux composants — la diode et l'amplificateur — sont les clés de la conception d'un système sonore. Mais même les transistors sont aujourd'hui dépassés, et vous ne trouverez pas trace « des trois pattes » dans votre radio, sauf s'il s'agit d'un vieux « truc ».

Jusque dans les années cinquante, nos distractions dépendaient de l'encombrant poste « sans fil », un appareil, qui en dépit de son nom, était bourré de fils et de tubes à vide lumineux qui jouaient le même rôle que les semi-conducteurs aujourd'hui. Vers la fin des années cinquante, la révolution du transistor était en marche, et les grosses lampes rougeoyantes furent remplacées par des transistors tandis que les fils étaient remplacés par des planches sur lesquelles les circuits étaient imprimés et les transistors soudés. S'imposa alors le règne du circuit intégré, où tous les circuits et les amplificateurs semi-conducteurs, les diodes et autres composants étaient assemblés en une seule pièce pour former le cœur d'une radio, d'un lecteur de cassette ou de toute autre chose ; et à la même époque, on assista à une révolution dans le monde de l'informatique.

Comme les vieux postes « sans fil », les premiers ordinateurs étaient énormes et encombrants. Ils étaient truffés d'ampoules et contenaient des kilomètres de fils. Il y a une vingtaine d'années, au plus fort de la première révolution de la physique des solides, un ordinateur effectuait le même travail que notre actuel micro-ordinateur de la taille d'une machine à écrire mais pour loger son « cerveau » il aurait fallu disposer du rez-de-chaussée d'une maison et de plus d'espace encore pour son système d'alimentation à air conditionné. La révolution qui a permis de concentrer la puissance de l'ordinateur dans une machine de taille restreinte, coûtant quelques centaines de dollars, est la même que celle qui a permis l'avènement des radios de poche, et qui a favorisé le passage du transistor à la puce.

Les cerveaux biologiques comme les ordinateurs électroniques sont affaire de branchements. Votre cerveau compte environ dix milliards de commutateurs, les neurones, faits de cellules nerveuses ; les commutateurs d'un ordinateur sont les diodes et les transistors. En 1950 un ordinateur ayant le même nombre de commutateurs que votre cerveau aurait été aussi grand que l'île de Manhattan ; aujourd'hui en assemblant des puces, il se pourrait qu'il soit possible de faire entrer tous ces commutateurs dans un volume équivalent au cerveau humain, mais le câblage d'un tel ordinateur poserait problème et il n'a pas encore été réalisé. Cette comparaison met toutefois en évidence la petitesse de la puce, y compris par comparaison au transistor.

Le semi-conducteur utilisé aujourd'hui pour une puce standard est le silicone — qui fondamentalement n'est rien de plus que du sable. Si on l'y incite, l'électricité traversera le silicone ; si on ne l'y incite pas, elle ne le fera pas. De longs cristaux de silicone mesurant environ 10 cm de largeur sont débités en feuilles aussi fines qu'une lame de rasoir et découpées en centaines de minuscules puces rectangulaires, chacune plus petite que la tête d'une allumette, et sur chaque puce on presse couche après couche comme dans certaines pâtisseries grecques un complexe dense de circuit électronique de haute précision, l'équivalent des transistors, des diodes, des circuits intégrés, etc. Une puce est effectivement un ordinateur complet, et tout le reste de l'activité de l'informatique moderne concerne la circulation de l'information à l'intérieur et à l'extérieur de la puce. Et leur coût de production est si bon marché (une fois que vous avez couvert les sommes substantielles pour la conception du circuit et l'invention des machines destinées à les reproduire) que vous pouvez en fabriquer des centaines, les tester, et jeter tout simplement celles qui sont défectueuses. Faire *une* puce à partir de rien coûterait un million de dollars : mais vous pourriez en reproduire autant que vous le souhaitez pour quelques centimes.

Un certain nombre d'objets qui nous sont familiers sont en relation avec le monde quantique. Les recettes d'un seul chapitre de notre livre de cuisine quantique nous ont donné les montres digitales, les ordinateurs domestiques, les cerveaux électroniques qui guident la navette spatiale en orbite (et qui parfois décident de ne pas l'autoriser à voler en dépit de ce que peuvent dire les techniciens), les téléviseurs portables, les systèmes stéréo et les « hi-fi » puissantes qui peuvent vous rendre sourds, ainsi que des appareils performants destinés à compenser la perte de l'ouïe. Des ordinateurs véritablement portables (de poche) seront fabriqués un jour prochain ; et dans un avenir plus éloigné des machines véritablement dotées de l'intelligence constitueront une possibilité réaliste. Les ordinateurs qui contrôlent les atterrissages sur Mars et les sondes *Voyager* à l'extérieur du système solaire sont les cousins germains des puces qui contrôlent les jeux des galeries commerciales, et tous ont leurs racines dans l'étrange comportement des électrons qui se conforment aux règles quantiques fondamentales. Même le récit des merveilles de la micro n'épuise pas le potentiel de la physique des solides.

Les superconducteurs

Comme les semi-conducteurs, les superconducteurs portent un nom logique. Un superconducteur est un matériau qui conduit l'électricité sans présenter aucune résistance apparente. Nous ne nous approcherons jamais plus du mouvement perpétuel — ce n'est pas qu'on reçoive quelque chose pour rien, mais c'est un des rares exemples où en physique « on en reçoit pour son argent ». Il est possible de l'expliquer en disant qu'une modification force des paires d'électrons à s'associer et à évoluer de concert. Bien que chaque électron ait un spin demi-entier, et qu'il se conforme donc à la statistique de Fermi-Dirac et au principe d'exclusion, une paire d'électrons se comporte en certaines circonstances comme une particule isolée, dotée d'un spin entier. Une telle particule ne se conforme pas au principe d'exclusion mais respecte la statistique de Bose-Einstein qui décrit, en termes de mécanique quantique, le comportement des photons.

Le physicien néerlandais Kamerlingh Onnes découvrit la superconductivité en 1911, quand il constata que le mercure perdait toute sa résistance électrique quand on le refroidissait au-dessous de 4,2 degrés sur l'échelle absolue des températures (4,2 °K ou environ — 269 °C). Onnes reçut le prix Nobel pour son travail sur les températures basses en 1913, mais c'était pour un autre travail, la préparation de l'hélium liquide ; le phénomène de la superconductivité ne fut pas expliqué de manière satisfaisante avant 1957, quand John Bardeen, Leon Cooper et Robert Schrieffer présentèrent une théorie qui leur valut le prix Nobel en 1972[*].

L'explication dépend de la manière dont des électrons appariés interagissent avec des atomes dans un réseau cristallin. Un électron interagit avec le cristal, et l'interaction du cristal avec l'autre électron de la paire se trouve

---

[*] Bardeen s'était déjà fait un nom en 1948 grâce à un travail en collaboration avec William Shockley et Walter Bratain sur une invention qui leur valut le prix Nobel de 1956. Cette petite invention était le transistor, et Bardeen est la première personne à avoir reçu deux fois le prix Nobel de physique.

en conséquence modifiée. En dépit de leur tendance naturelle à la répulsion, la paire d'électrons forme une association faible, suffisante pour expliquer le passage de la statistique de Fermi-Dirac à celle de Bose-Einstein. Tous les matériaux ne sont pas aptes à devenir des supraconducteurs, et même avec ceux qui le peuvent toute perturbation minime due à la vibration thermique des atomes dans le cristal rompra l'appariement électronique, c'est la raison pour laquelle le phénomène ne se produit qu'à des températures très basses, de l'ordre de 1° à 10 °K. En deçà d'un certain seuil critique, qui varie en fonction du matériau mais qui est constant pour une même substance, certains matériaux deviennent supraconducteurs ; au-dessus de cette température, l'appariement électronique est brisé et ils ont des propriétés électriques normales.

Le fait que les matériaux qui sont de bons conducteurs à la température ambiante ne sont pas les meilleurs supraconducteurs plaide en faveur de la théorie. Un bon conducteur « normal » autorise les électrons à se mouvoir librement précisément parce qu'ils n'interagissent pas outre mesure avec les atomes du réseau cristallin — pourtant en l'absence d'interaction entre les électrons et

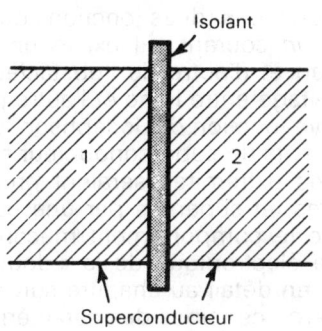

Schéma 7.2. Des choses étranges se produisent au niveau d'une jonction de Josephson, quand deux parties d'un supraconducteur sont séparées par une couche isolante. Dans de bonnes conditions, les électrons exercent un « effet tunnel » et franchissent l'obstacle.

les atomes, il est impossible au couplage électronique qui engendre la superconductivité d'être efficace à basse température.

Il est regrettable que les superconducteurs doivent être à ce point refroidis avant d'être performants, parce qu'il est facile d'imaginer des utilisations potentielles pour un superconducteur plus pratique — l'exemple le plus évident étant tout simplement la transmission de courant par câbles sans aucune perte d'énergie. Les superconducteurs accomplissent d'autres prouesses. Un métal moyennement conducteur peut être pénétré par un champ magnétique, mais un superconducteur présente des courants électriques à sa surface qui repoussent le champ magnétique — l'écran idéal contre l'interférence indésirable des champs magnétiques, mais irréalisable tant que l'écran devra être refroidi jusqu'à quelques degrés K. Quand deux superconducteurs sont séparés par un isolant vous pouvez vous attendre à ce qu'aucun courant ne circule ; mais souvenez-vous que l'électron se conforme aux règles quantiques qui autorisent les particules à produire « un effet tunnel » pour sortir du noyau. La probabilité que des paires d'électrons parviennent à franchir le fossé est significative si l'obstacle n'est pas trop épais, mais elle ne débouche pas sur des résultats logiques. Ces jonctions (dites jonctions de Josephson) ne produisent *aucun* courant s'il existe une différence de potentiel de part et d'autre de l'obstacle, mais il y *a* un courant si le voltage entre l'une et l'autre partie est égal à zéro. Une double jonction de Josephson, obtenue en prenant deux éléments de superconducteur en forme de diapasons dont les extrémités seraient pressées les unes contre les autres, et séparées par une couche d'isolant, peut reproduire le comportement mécanique quantique de l'expérience électronique de la « double fente », que nous décrirons en détail au chapitre suivant, et qui est la pierre angulaire de certaines des caractéristiques les plus étranges du monde quantique.

Il n'y a pas que les électrons qui s'allient pour donner des pseudo-bosons qui défient les lois ordinaires de la physique à des températures très basses. Les atomes

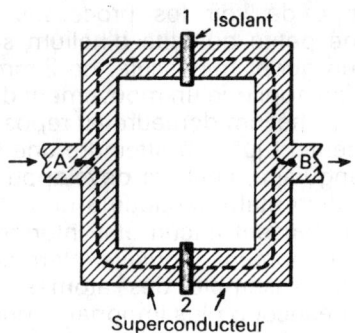

Schéma 7.3. Deux jonctions de Josephson peuvent être disposées de manière à former un système semblable à celui de l'expérience des deux fentes sur la lumière. Dans ces circonstances, l'interférence entre les électrons peut être observée, une des nombreuses indications de la nature ondulatoire de ces « particules ».

d'hélium peuvent se livrer à une semblable pirouette, et telle est la base d'une propriété de l'hélium liquide qu'on qualifie de superfluidité. Quand vous tournez votre café et qu'ensuite vous le laissez reposer, les tourbillons du liquide ralentissent puis s'arrêtent en raison de l'équivalence des forces de friction ou visqueuses. Tentez la même expérience avec de l'hélium refroidi au-dessous de 2,17 °K, et vous constaterez que le tourbillon ne s'arrêtera jamais ; même entièrement livré à lui-même, le liquide escaladera la paroi du bol et la dépassera, et au lieu d'éprouver des difficultés à traverser un tube étroit, l'hélium superfluide s'écoulera d'autant plus facilement que le tube dans lequel il se trouve est plus étroit. Cet étrange comportement peut être expliqué par la statistique de Bose-Einstein, et bien que là encore les basses températures requises fassent qu'il est difficile de trouver des applications pratiques au phénomène, le comportement des atomes à très basse température, comme celui des électrons en matière de superconductivité, nous offre une opportunité de voir les processus quantiques à l'œuvre. Si une petite quantité d'hélium superfluide est placée dans un godet minuscule, de 2 mm de diamètre environ, et qu'on applique un mouvement de rotation à ce godet, au début l'hélium demeure au repos. La vitesse de rotation augmentant jusqu'à atteindre une valeur critique du moment angulaire, l'hélium développe un flux angulaire, passant d'un état quantique à un autre. Les règles quantiques n'autorisent aucun état intermédiaire — correspondant à un moment angulaire intermédiaire — et on observera que l'ensemble des atomes d'hélium, une masse visible beaucoup plus importante que l'atome individuel ou les particules quantiques, se conformera aux règles quantiques. La superconductivité, comme nous le verrons plus tard, peut aussi être appliquée à des corps ayant une échelle humaine plutôt qu'atomique. Mais la théorie quantique ne se confine pas au monde de la physique, ni même aux sciences physiques. Que le lecteur se souvienne que la chimie est aujourd'hui comprise en fonction des principes quantiques fondamentaux. La chimie est la science des molécules, plutôt que celle des atomes isolés et des sous-unités atomiques, et ceci inclut les molécules les plus importantes pour chacun de nous — les molécules vivantes, y compris celle de la vie, l'ADN. Notre compréhension actuelle de la vie est fermement enracinée dans la théorie quantique.

La vie elle-même

En marge de l'importance scientifique de la théorie quantique pour la compréhension de la chimie de la vie, il existe des liens personnels entre certains des personnages éminents de l'histoire quantique et la découverte de la structure de la double hélice de l'ADN, la molécule de la vie. Les lois qui décrivent la diffraction des rayons X sur des cristaux furent découvertes par Lawrence Bragg et son père, William, qui travaillaient au Cavendish dans les années qui précédèrent la Première Guerre mondiale ; ils reçurent conjointement le Prix Nobel pour ce travail

Lawrence était alors si jeune (en 1915 alors qu'il servait comme officier en France) qu'il était encore en vie (en dépit du fait qu'il avait fait la guerre) lors de la célébration du jubilé d'or de cet événement cinquante ans plus tard. Son père s'était fait une réputation en physique en étudiant les rayonnements alpha, bêta et gamma, et dans les dernières années de la première décennie du vingtième siècle, il avait prouvé que les rayons gamma comme les rayons X se comportaient à certains égards comme des particules. La loi de Bragg sur la diffraction des rayons X, qui nous révéla les secrets des structures des cristaux, dépend toutefois des propriétés ondulatoires des rayons X qui frappent les atomes dans un cristal. Les schèmes d'interférence ainsi produits dépendent de l'espacement des atomes dans le cristal et de la longueur d'onde des rayons X, et cet outil a été mis au point par des mains talentueuses pour déterminer les positions des atomes isolés y compris dans des structures cristallines très complexes.

L'idée qui présida à la formulation de la loi de Bragg en 1912 est principalement due à Lawrence ; à la fin des années trente il était professeur de physique au Cavendish à Cambridge (ayant succédé à Rutherford) et encore étroitement impliqué dans la recherche sur les rayons X, entre autres choses. C'est durant cette décennie que la toute jeune biophysique commença à enregistrer quelques progrès. Le travail de pionnier réalisé par J. D. Bernal pour déterminer la structure et la composition des molécules biologiques grâce à la diffraction des rayons X déboucha sur des études détaillées des molécules protéiques complexes qui s'acquittent de maintes fonctions vitales. Max Perutz et John Kendrew se partagèrent le prix Nobel de chimie en 1962 pour avoir déterminé les structures de l'hémoglobine (la molécule qui véhicule l'oxygène dans le sang) et de la myoglobine (une protéine musculaire) ; ces résultats étaient issus d'une recherche entreprise à Cambridge avant la Deuxième Guerre mondiale.

Les noms qui dans la mythologie populaire sont à tout jamais liés aux origines de la biologie moléculaire sont cependant ceux de deux jeunes loups, Francis Crick et James Watson, qui élaborèrent le modèle de la double hélice de l'ADN au début des années cinquante, et reçurent le prix Nobel « de physiologie ou de médecine » (conjointement avec Maurice Wilkins) en 1962. L'art avec lequel le comité Nobel distribua la même année des prix en « chimie » et en « physiologie » à des pionniers de la biophysique est admirable, mais il est déplorable que le strict règlement à l'encontre des récompenses posthumes leur ait interdit d'associer à cette distinction la collègue de Wilkins, Rosalind Franklin, disparue prématurément à l'âge de trente-sept ans en 1958. C'est en effet elle qui avait accompli la majeure partie de la recherche cristallographique. La place de Franklin dans la mythologie populaire est semblable à la féministe cracheuse de feu du livre *la double hélice* de Watson, un récit haut en couleurs et personnel de cette époque à Cambridge qui est très divertissant mais qui n'a rien d'un portrait fidèle de ses collègues ou même de lui-même.

Le travail qui conduisit Watson et Crick à la structure de l'ADN fut réalisé au Cavendish, lequel était encore dirigé par Bragg. Watson, un jeune Américain qui séjournait en Europe pour procéder à des recherches post-doctorales, décrit dans cet ouvrage comment il rencontra Bragg alors qu'il sollicitait l'autorisation de travailler au Cavendish. Ce personnage à la moustache blanche, alors âgé d'une soixantaine d'années, donna l'impression à Watson d'être un vestige du passé, un de ces scientifiques qui passaient le plus clair de leur temps dans les fauteuils moelleux des clubs londoniens. Mais Watson obtint la permission qu'il sollicitait, et fut surpris de constater l'intérêt que Bragg portait à la recherche, dispensant des conseils précieux, souvent mal accueillis, quant à la résolution du problème de l'ADN. Francis Crick, bien que plus âgé que Watson, était encore du point de vue technique un étudiant, œuvrant pour décrocher son doctorat. Sa carrière scientifique, comme celles de nombreux autres de sa génération, avait été interrompue par la Deuxième Guerre mondiale, mais dans ce cas ce contretemps n'eut pas de répercussions catastrophiques. Sa formation initiale était celle d'un physicien, et ce ne fut qu'à la fin des années quarante qu'il s'orienta vers les sciences biologiques, une décision qui lui fut inspirée dans une large mesure par un petit livre écrit par Schrödinger et publié en 1944. Le livre intitulé *What is life?* est un classique — toujours disponible et bien documenté — qui expose l'idée selon laquelle les molécules fondamentales de la vie sont compréhensibles en fonction des lois de la physique. Les précieuses molécules se prêtant à cette interprétation sont les gènes qui transmettent l'information quant à la manière dont un corps vivant doit être construit et quant à la manière dont il fonctionne. Quand Schrödinger écrivit *What is life?* on pensait que les gènes, à l'instar de maintes autres molécules vivantes, étaient constitués de protéines; à la même époque, ou peu s'en faut toutefois, on découvrit que les traits héréditaires sont vraiment véhiculés par les molécules d'un acide dénommé désoxyribonucléique, présent dans le noyau central des cellules nerveuses*.

Il s'agit de l'ADN, et c'est la structure de l'ADN que Crick et Watson découvrirent, en utilisant les données sur les rayons X collectées par Wilkins et Franklin.

J'ai décrit la structure détaillée de l'ADN et son rôle dans le processus vital dans un autre ouvrage**. L'ADN est une molécule double, constituée de deux brins enroulés l'un autour de l'autre. L'ordre dans lequel les différents composants chimiques, appelés bases, sont répartis le long des brins d'ADN véhicule l'information que les cellules vivantes utilisent pour construire les molécules protéiques qui assument tout le travail, notamment le transport de l'oxygène dans le sang ou le contrôle du fonctionnement musculaire. Un brin d'ADN peut se détortiller partiellement, révélant un brin de bases qui agit comme un modèle pour la construction d'autres molécules, ou il peut se détordre tout à fait et se répliquer en unissant chaque base du brin à sa contrepartie, engen-

---

* L'usage initial du terme « noyau » pour la partie centrale d'un atome se posait en écho délibéré à la terminologie biologique précédemment existante.

** *The Monkey puzzle*, en collaboration avec Jeremy Cherfas.

drant une image miroir dudit brin pour former une nouvelle double hélice. Les deux processus utilisent comme matières premières la soupe chimique à l'intérieur de la cellule vivante ; tous deux sont essentiels à la vie. Et l'humanité est aujourd'hui capable de « réparer » le message codé le long de l'ADN, en modifiant les instructions codées dans l'empreinte de la vie — tout au moins dans le cas de certains organismes vivants relativement simples.

Telle est la base de l'ingénierie génétique. Des fragments de matériel génétique — l'ADN — peuvent être créés par une combinaison de techniques chimiques et biologiques, et des microorganismes, telles des bactéries, peuvent être encouragés à prélever cet ADN de la soupe chimique de leur environnement et à l'intégrer dans leur propre code génétique. Si une lignée de bactéries reçoit l'information codée relative au mode de fabrication de l'insuline humaine, son usine biologique s'en chargera et produira le produit dont les diabétiques ont besoin pour mener une vie normale. Le rêve de modifier le matériel génétique humain pour supprimer en premier lieu les anomalies qui provoquent des problèmes tels que les diabètes est encore loin d'être réalisé, mais il n'existe aucune raison théorique empêchant qu'il le soit un jour. Un progrès plus accessible consistera cependant à recourir à des techniques de l'ingénierie génétique sur des animaux et des végétaux pour produire des lignées supérieures aptes à satisfaire les besoins alimentaires et autres des humains.

Le lecteur intéressé trouvera dans d'autres ouvrages de plus amples informations*. Nous avons tous entendu parler d'ingénierie génétique et des perspectives miraculeuses — et des dangers — qu'elle comporte pour l'avenir. Rares cependant sont les personnes qui se rendent compte que la compréhension des molécules vivantes, qui permet à l'ingénierie génétique d'exister, dépend de notre présente compréhension de la mécanique quanti-

---

* Par exemple, dans *Man Made Life*, de Jeremy Cherfas.

que, dans laquelle nous serions incapables d'interpréter l'information sur la diffraction des rayons X. Pour comprendre comment construire ou reconstruire des gènes, nous devons savoir de quelle manière et pour quelles raisons les atomes ne s'associent entre eux que selon certains arrangements, à certaines distances et avec des liens chimiques de force donnée. Cette compréhension est un don de la physique quantique à la chimie et à la biologie moléculaire.

Je me suis attardé un peu plus que nécessaire sur cette question, à cause d'un membre de l'*University College of Wales*. En mars 1983, dans un article du *New Scientist*, j'ai mentionné incidemment que « sans la théorie quantique il n'y aurait ni ingénierie génétique, ni ordinateurs, ni centrales nucléaires (ou bombes) ». Cela suscita une plainte émanant d'un correspondant appartenant à cette vénérable institution disant qu'il était fatigué de voir le terme ingénierie génétique mis à toutes les sauces pour satisfaire à la mode, et que John Gribbin ne devrait pas être autorisé à formuler des idées aussi choquantes. Quel lien, aussi ténu soit-il, pouvait-il exister entre la théorie quantique et la génétique? J'espère que le point est aujourd'hui prouvé. D'une certaine manière, il est agréable d'être capable de souligner le fait que la conversion de Crick à la biophysique fût directement inspirée par Schrödinger, et que le travail qui conduisit à la découverte de la double hélice d'ADN fût réalisé sous la direction formelle, mais quelquefois mal accueillie de Lawrence Bragg ; et d'une autre manière, bien entendu, la raison de l'intérêt de pionniers tels que Bragg et Schrödinger et de la génération suivante de physiciens tels que Kendrew, Perutz, Wilkins et Franklin pour les problèmes biologiques tient au fait que ces problèmes, ainsi que le fit remarquer Schrödinger, sont tout simplement un autre type de physique, traitant de collections d'un grand nombre d'atomes dans des molécules complexes.

Loin de revenir sur le commentaire que j'ai fait dans le *New Scientist*, je le renforcerais. Si vous demandiez à une personne intelligente, éduquée mais non scientifique de résumer les contributions les plus importantes de la science pour notre vie, ou de suggérer les bénéfices ou les risques des progrès scientifiques dans un avenir proche, vous recueilleriez sans aucun doute une liste incluant la technologie informatique (automatisation, chômage, loisirs, robots), la puissance nucléaire (bombe, missiles de croisière, centrales, Three Mile Island), ingénierie génétique (remèdes nouveaux, clonage, menace des maladies créées par l'homme) et les lasers (holographie, rayons de la mort, microchirurgie, communications). Il est probable que la vaste majorité des personnes interrogées auront entendu parler de la théorie de la relativité, laquelle n'intervient pas dans leur vie quotidienne ; mais rares seront celles qui comprendront que chaque exemple cité est enraciné dans la mécanique quantique, un domaine scientifique dont elles n'ont sans doute jamais entendu parler et dont elles ne possèdent aucune compréhension.

Elles ne sont pas les seules. Tous ces progrès ont été réalisés grâce à la cuisine quantique, en utilisant les règles qui semblent fonctionner alors que personne ne s'explique vraiment pourquoi. En dépit des acquits des six décennies précédentes, il est permis de douter que *quelqu'un* comprenne les raisons sous-tendant l'à-propos des règles quantiques. La dernière partie de cet ouvrage sera consacrée à l'exploration de certaines des énigmes les plus profondes qui sont si souvent laissées pour compte et à l'étude de certaines possibilités et de certains paradoxes.

Troisième partie

... AU-DELÀ.

« Il est préférable de débattre d'un sujet sans arrêter de décision plutôt que d'entériner une décision sans en avoir débattu. »

Joseph Joubert
1754-1824

Chapitre premier

LE HASARD ET L'INCERTITUDE

On considère aujourd'hui que le principe d'incertitude d'Heisenberg est une caractéristique essentielle — voire *la* caractéristique essentielle — de la théorie quantique. Ses collègues ne le comprirent pas immédiatement, et il fallut presque dix ans pour que cette théorie accède à une telle reconnaissance. Il est toutefois possible que depuis les années trente sa position ait été quelque peu surestimée.

Le concept est issu du séjour de Schrödinger à Copenhague en septembre 1926, à l'occasion duquel il fit une remarque désormais célèbre à Bohr quant au « satané saut quantique ». Heisenberg comprit que l'une des principales raisons expliquant le désaccord qui semblait parfois opposer Bohr et Schrödinger reposait sur un conflit conceptuel. Des notions telles que la « position » et la « vitesse » (ou le « spin », un terme qui n'apparut qu'ultérieurement) n'ont tout simplement pas la même signification dans l'univers de la microphysique et dans le monde quotidien. Mais quelle signification ont-elles et de quelle manière peut-on établir un parallèle entre les deux mondes ? Heisenberg reprit l'équation fondamentale de la mécanique quantique,

$$pq - qp = \hbar i$$

et partant de là, démontra que le produit des incertitudes quant à la position (Δq) et à la quantité de mouvement (p) devait toujours être supérieur à $\hbar$. La même règle d'incertitude s'applique à n'importe quelle paire de ce qu'on nomme variables conjuguées, des variables qui, multipliées entre elles, donnent les unités d'action, telle que $\hbar$; les unités d'action sont l'énergie × par le temps, et l'autre paire la plus importante de telles variables implique en fait l'énergie (E) et le temps (t). Les concepts classiques du monde quotidien existent encore dans le monde microscopique, dit Heisenberg, mais ils ne peuvent être appliqués que dans le sens restreint proposé par les relations d'incertitude. Plus nous connaissons avec précision la position d'une particule, moins nous connaissons sa quantité de mouvement, et vice versa.

La signification de l'incertitude

Ces conclusions brillantes furent publiées dans le *Zeitschrift für Physik* en 1927, mais alors que des théoriciens tels que Dirac et Bohr, familiers des nouvelles équations de la mécanique quantique, apprécièrent immédiatement leur signification, de nombreux chercheurs accueillirent l'affirmation d'Heisenberg comme un défi à leur science. Ils imaginèrent qu'il prétendait que leurs expériences n'étaient pas suffisamment bonnes pour mesurer en même temps la position et la quantité de mouvement, et tentèrent de concevoir des expériences pour prouver qu'il avait tort. Or il s'agissait d'un objectif vain, puisqu'il n'avait jamais dit ça.

Cette erreur d'interprétation persiste aujourd'hui, en partie du fait de la manière dont le concept d'incertitude est enseigné. Heisenberg lui-même fonda sa démonstration sur l'observation d'un électron. Nous ne pouvons voir les phénomènes qu'en les regardant, ce qui implique de leur arracher les photons de lumière et de les projeter dans notre œil. Un photon ne perturbe guère un objet tel qu'une maison, aussi ne nous attendons-nous donc pas à ce que la maison soit affectée par notre regard. Il en va tout autrement avec un électron. Pour commencer, du fait de la petitesse de l'électron, nous devons utiliser une énergie électromagnétique ayant une longueur d'onde courte afin de le voir (par l'intermédiaire d'un appareil expérimental). Ce rayonnement gamma est très énergétique, et tout photon d'un rayonnement gamma qui arrache un électron et peut être détecté par notre instrument altérera de manière spectaculaire la position et le mouvement de l'électron — et si l'électron est dans un atome, le simple fait de l'observer avec un microscope à rayons gamma peut le précipiter hors de l'atome.

Ceci est prouvé et nous offre une idée générale de l'impossibilité qu'il y a à mesurer en même temps avec précision la position et la quantité de mouvement d'un électron. Mais le principe d'incertitude stipule que, selon l'équation fondamentale de la mécanique quantique, il n'existe pas d'électron possédant une quantité de mouvement et une position précises.

Cette idée comporte des implications majeures ainsi que l'écrit Heisenberg à la fin de son article dans le *Zeitschrift* : « Il est indéniable que nous *ne pouvons pas* connaître le présent dans tous ses détails. » C'est à ce stade que la théorie quantique s'affranchit du déterminisme des idées classiques. Selon Newton, il serait possible de prédire l'ensemble de l'évolution future si nous connaissions la position et la quantité de mouvement de chaque particule de l'univers ; selon le physicien moderne, l'idée d'une prévision aussi parfaite est dépourvue de signification puisque nous ne pouvons connaître avec précision la position ni la quantité de mouvement fût-ce d'*une* particule. La même conclusion résulte des différentes versions des équations, la mécanique ondulatoire, les matrices de Heisenberg-Born-Jordan, les nombres q de Dirac, bien que l'approche de ce dernier, qui évitait toute comparaison physique avec le monde quotidien, semble la plus appropriée. En réalité, Dirac s'approcha beaucoup de la relation d'incertitude avant Heisenberg. Dans un article destiné aux *Proceedings of the Royal Society* en décembre 1926, il souligna que dans la théorie quantique il est impossible de répondre à toute question se référant aux valeurs numériques de q *et* p, en dépit du fait qu'« on s'attendrait cependant à être capable de répondre à des questions dans lesquelles on attribuerait des valeurs numériques uniquement à q ou uniquement à p ».

Ce ne fut que dans les années trente que les philosophes s'intéressèrent aux implications de ces idées pour le concept de causalité — l'idée voulant que chaque événement résulte d'un autre événement spécifique — et à l'énigme consistant à prédire le futur. Pendant ce temps, bien que les relations d'incertitude aient été déduites des équations fondamentales de la mécanique quantique, des experts éminents commencèrent à enseigner la théorie quantique à partir des relations d'incertitude. Wolfgang Pauli exerça probablement une influence décisive sur cette tendance. Il rédigea un important article encyclopédique sur la théorie quantique qui commençait par les relations d'incertitude, et il encouragea un collègue, Herman Weyl, à concevoir dans la même optique son manuel intitulé *Theory of Groups and Quantum Mechanics*. Ce livre fut d'abord publié en allemand en 1928 et en anglais en 1931 (par Methuen). Cet ouvrage ainsi que l'article de Pauli décidèrent du style des manuels pendant une génération. Certains étudiants ainsi formés devinrent professeurs, et dispensèrent le même style d'enseignement aux générations montantes. En conséquence, on continue de nos jours à présenter la théorie quantique aux étudiants par l'intermédiaire des relations d'incertitude.

Il s'agit d'un incident de parcours original. Après tout, les équations fondamentales de la théorie quantique conduisent aux relations d'incertitude, mais si vous partez de l'incertitude il n'existe aucune manière d'élaborer les équations quantiques fondamentales. Pis encore. La seule manière d'introduire l'incertitude en l'absence des équations consiste à utiliser des exemples tels que le microscope à rayons gamma pour observer des électrons, et cela donne immédiatement à penser que l'incertitude porte sur des limitations expérimentales et ne constitue pas une vérité fondamentale quant à la nature de l'univers. Vous devez apprendre une chose, puis revenir en arrière pour en réapprendre une autre, et ensuite repartir de l'avant pour découvrir enfin à quoi correspondait ce que vous aviez appris en premier lieu. La science ne brille pas par sa logique, les professeurs non plus. Cette situation engendra des générations d'étudiants dubitatifs et des erreurs d'interprétation en ce qui concerne le principe d'incertitude — des conceptions erronées auxquelles vous échappez puisque vous avez découvert la théorie dans l'ordre approprié. Cependant, si nous ne nous soucions pas outre mesure des complexités scientifiques, et si nous souhaitons nous frotter à l'étrangeté du monde quantique, il paraît logique de commencer notre exploration par un exemple frappant de sa nature particulière. Au fil des pages, le principe d'incertitude sera le phénomène le *moins* particulier que vous rencontrerez.

L'interprétation de Copenhague

Un aspect important du principe d'incertitude, qui ne reçoit pas toujours l'attention qu'il mérite, est qu'il *ne* fonctionne *pas* de la même façon — en avançant et en reculant dans le temps. Rares sont les phénomènes en physique qui « s'intéressent » à la manière dont le temps s'écoule, et l'une des énigmes fondamentales de l'univers dans lequel nous vivons implique qu'il y ait une « direction du temps », une distinction entre le passé et le futur. Les relations d'incertitude nous apprennent que nous ne pouvons pas connaître en même temps la position et la quantité de mouvement et donc que nous ne pouvons pas prédire le futur — le futur est intrinsèquement imprévisible et incertain. Mais il entre dans les possibilités des règles de la mécanique quantique de concevoir une expérience à partir de laquelle il est possible de calculer *a posteriori* et de déterminer de manière exacte quels *étaient* la position et la quantité de mouvement d'un électron à un moment donné dans le passé. Le futur est incertain de manière inhérente — nous ne savons pas avec exactitude où nous allons ; mais le passé est nettement défini — nous savons avec exactitude d'où nous venons. Nous dirons pour paraphraser Heisenberg :

« Nous *pouvons,* en principe, connaître le passé dans tous ses détails. » Ceci correspond précisément à notre expérience quotidienne de la nature du temps : évoluer d'un passé connu vers un futur inconnu, et il s'agit d'une caractéristique du monde quantique à son niveau le plus fondamental. Cette notion est à rapprocher de la direction du temps telle que nous la percevons dans l'univers en général ; nous discuterons ultérieurement de ses plus étranges implications possibles.

Tandis que les philosophes commençaient à réfléchir aux implications suprenantes des relations d'incertitude, Bohr les accueillit comme un éclair de lumière illuminant le concept vers lequel il se dirigeait en aveugle depuis quelque temps déjà. La notion de complémentarité, voulant que les images de l'onde et de la particule soient nécessaires l'une comme l'autre à la compréhension du monde quantique (quoique en réalité un électron ne soit ni une onde ni une particule), trouva une formulation mathématique dans la relation d'incertitude qui stipulait que la position et la quantité de mouvement ne pouvaient être connues de manière précise, mais formaient des aspects complémentaires et dans un sens mutuellement exclusifs de la réalité. Entre juillet 1925 et septembre 1927, Bohr ne publia pratiquement rien sur la théorie quantique, puis il donna une conférence à Come, Italie, qui présentait l'idée de complémentarité et ce qu'on nomme l'« interprétation de Copenhague » à un vaste public. Il insista sur le fait qu'alors en physique classique nous imaginons qu'un système de particules en interaction fonctionne comme un mécanisme d'horlogerie qu'il fasse ou non l'objet d'une observation, en physique quantique l'observateur interagit avec le système dans une telle mesure qu'il est impossible de considérer que ce dernier dispose d'une existence indépendante. En choisissant de mesurer avec précision la position, nous contraignons une particule à développer l'incertitude relative à sa quantité de mouvement, et vice versa ; en décidant de mesurer des propriétés ondulatoires, nous écartons les caractéristiques corpusculaires ; aucune expérience ne met en évidence en même temps les aspects corpusculaires et ondulatoires, et ainsi de suite. En physique classique, nous pouvons décrire avec précision les positions des particules dans l'espace-temps, et prédire leur comportement de manière tout aussi précise ; en physique quantique, une telle démarche est exclue, et en ce sens la relativité elle-même est une théorie « classique ».

Il fallut longtemps pour que ces idées se développent et que leur signification s'impose. Aujourd'hui, les caractéristiques essentielles de l'interprétation de Copenhague peuvent être expliquées et comprises plus facilement, par rapport à ce qu'il advient quand un scientifique procède à une observation expérimentale. En premier lieu, nous devons accepter que le fait d'observer un phénomène le modifie et que nous faisons partie dans un sens très réel de l'expérience — il n'existe aucun mécanisme d'horlogerie qui fonctionne indépendamment de l'observation. En second lieu, les résultats des expériences sont nos seules connaissances. Nous pouvons regarder un atome et voir un électron dans un état énergétique A, puis regarder à nouveau et voir un électron dans un état énergétique B. Nous devinons que l'électron est passé de A à B, peut-être parce que nous le regardions. En réalité, nous ne pouvons même pas être certains qu'il s'agissait bien du même électron, et nous ne pouvons faire aucune déclaration quant à ce qu'il faisait quand nous ne le regardions pas. Ce que nous déduisons des expériences, ou des équations de la théorie quantique, c'est la probabilité voulant que si nous observons une fois un système et obtenons la réponse A, lors de notre prochaine observation nous obtiendrons la réponse B. Nous ne pouvons absolument rien dire de ce qu'il advient lorsque nous ne regardons pas, ni comment le système passe de A à B, si vraiment il le fait. Le « satané saut quantique » qui perturbait tant Schrödinger relève de notre interprétation des raisons pour lesquelles nous obtenons deux réponses différentes pour la même expérience, et c'est une interprétation fausse. On constate que les choses se trouvent parfois dans un état A, d'autres fois dans un état B, et la question de savoir ce qui se trouve entre eux, ou comment se produit le passage d'un état à un autre, est tout à fait dépourvue de signification.

Telle est la caractéristique véritablement essentielle du monde quantique. Il est intéressant de savoir qu'il existe des limites à notre connaissance du comportement d'un électron quand nous le regardons, mais il est époustouflant de découvrir que nous n'avons aucune idée de son comportement quand nous ne l'observons pas.

Dans les années trente, Eddington nous fournit ce qui constitue aujourd'hui encore les meilleurs exemples de ce que cela signifie, dans son livre *The Philosophy of Physical Science*. Il souligna que ce que nous percevons, ce que nous « apprenons » des expériences, est très influencé par nos attentes, et il prit un exemple, perturbateur de par sa simplicité, pour prendre en défaut ces perceptions. Supposez, dit-il, qu'un sculpteur vous dise que la forme d'un crâne humain est « cachée » dans un bloc de marbre. Absurde, répliquerez-vous. Mais ensuite l'artiste, taillant le marbre avec un marteau et un ciseau, révèle la forme cachée. Est-ce ainsi que Rutherford « découvrit » le noyau ? « La découverte ne dépasse pas les ondes qui représentent la connaissance que nous avons du noyau », dit Eddington, car personne n'a jamais vu un noyau atomique. Tout ce que nous voyons sont les résultats d'expériences, que nous interprétons par rapport au noyau. Personne n'a découvert de positron avant que Dirac n'ait suggéré leur existence éventuelle ; aujourd'hui, les physiciens prétendent connaître un plus grand nombre de particules dites fondamentales qu'il n'y a d'éléments dans le tableau périodique. Dans les années trente, les physiciens étaient intrigués par la prédiction voulant qu'une nouvelle particule, le neutrino, soit nécessaire pour expliquer les subtilités des interactions du spin dans certaines désintégrations radioactives. « Je ne suis pas impressionné par la théorie du neutrino, disait Eddington, je ne crois pas aux neutrinos. » Mais « oserai-je dire que l'ingéniosité des physiciens expérimentaux n'est pas suffisante pour *créer* des neutrinos ? »

Depuis lors, des neutrinos ont été « découverts » sous trois formes différentes (plus leurs trois anti-variétés correspondantes) et d'autres catégories sont postulées. Est-il possible de prendre les doutes d'Eddington pour argent comptant ? Est-il possible que le noyau, le positron et le neutrino n'aient pas existé jusqu'à ce que les chercheurs aient découvert le bon type de ciseau grâce auquel révéler leur forme ? De telles spéculations défient les fondements de la raison, et plus encore notre concept de la réalité. Mais ce sont des questions tout à fait sensées dans le monde quantique. Si nous suivons correctement le livre de recettes quantique, nous pouvons réaliser une expérience qui fournit un ensemble d'indices que nous interprétons comme attestant de l'existence d'un certain type de particule. A chaque fois ou peu s'en faut que nous suivons la même recette, nous obtenons le même ensemble d'indices. Mais l'interprétation en termes de particules ne relève que de l'esprit, et n'est rien de plus qu'une erreur cohérente. Les équations ne nous apprennent rien du comportement des particules quand nous ne les observons pas, et avant Rutherford personne n'avait jamais observé un noyau, avant Dirac personne n'avait jamais imaginé l'existence du positron. Si nous ne pouvons dire ce que fait une particule quand nous ne l'observons pas, nous ne pouvons pas non plus dire si elle existe quand nous ne la regardons pas, et il est raisonnable de prétendre que les noyaux et les positrons n'existaient pas avant le vingtième siècle, parce que personne avant 1900 n'en avait jamais vus. Dans le monde quantique, ce que vous voyez est ce que vous obtenez, et rien n'est réel ; le mieux que vous puissiez espérer est un ensemble d'illusions qui cadrent les unes les autres. Malheureusement, même ces espoirs sont déçus par certaines des expériences les plus simples. Souvenez-vous des expériences de la double fente qui « prouvèrent » la nature ondulatoire de la lumière ? Comment est-il possible de les expliquer par rapport aux photons ?

L'expérience des deux trous

Richard Feynman du *California Institute of Technology* fut l'un des meilleurs professeurs de mécanique quantique, et l'un des plus connus durant les vingt dernières années. Sa trilogie *Le cours de physique de Feynman*, publiée au début des années soixante, est un modèle auquel comparer les autres ouvrages destinés à l'enseignement supérieur ; il a également donné des conférences à l'intention du grand public, dont une série d'émissions pour la chaîne de télévision BBC en 1965, laquelle donna naissance à un livre, *La nature de la physique*. Né en 1918, Feynman atteignit le sommet de sa carrière en tant que physicien théoricien dans les années quarante, quand il participa à l'élaboration des équations de la version quantique de l'électro-magnétisme, dite électrodynamique quantique ; il reçut le prix Nobel pour ce travail en 1965. La place particulière qu'occupe cet homme dans l'histoire de la théorie quantique est celle d'un représentant de la première génération des physiciens qui grandirent alors que tous les fondements de la mécanique quantique étaient posés ainsi que toutes les règles fondamentales. Heisenberg et Dirac avaient dû travailler dans un environnement en évolution, où les idées nouvelles ne se présentaient pas toujours dans un ordre correct et où la relation logique entre les concepts (le cas du spin par exemple) ne sautait pas nécessairement aux yeux. Au contraire, pour la génération de Feynman, toutes les pièces du puzzle étaient pour la première fois présentes et la logique de leur ordonnancement était visible, peut-être pas au premier coup d'œil mais certainement après réflexion. Pauli et ses disciples pensèrent dans le feu de l'action que les relations d'incertitude étaient le point de départ de la discussion et de l'enseignement de la théorie quantique. Feynman et les professeurs les plus jeunes, qui revendiquaient la logique au lieu de reproduire les idées des générations précédentes, adoptèrent un point de départ différent. Et ces deux démarches ne relèvent pas du hasard. A la première page de son *Cours de physique* consacré à la mécanique quantique, Feynman écrit que l'expérience de la double fente constitue l'élément fondamental de la théorie quantique. Pourquoi ? Parce que c'est « un phénomène qu'il est impossible, *absolument* impossible, d'expliquer d'une manière classique et qui abrite le cœur de la mécanique quantique. En réalité, il renferme le *seul* mystère... les spécificités essentielles de l'ensemble de la mécanique quantique. »

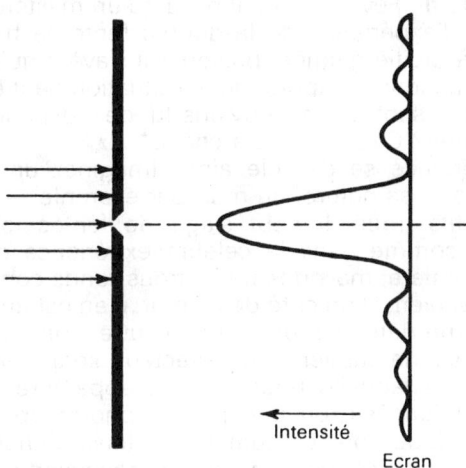

Schéma 8.1. Un faisceau électronique passant à travers une seule fente engendre une distribution au sein de laquelle la plupart des « particules » seront détectées dans l'alignement de la fente.

A l'instar des grands physiciens du premier tiers de ce siècle, je me suis efforcé jusqu'ici d'expliquer les idées quantiques par rapport au monde quotidien. Le moment est venu maintenant en partant du mystère central de faire abstraction des œillères de l'expérience quotidienne, et d'expliquer le monde réel en fonction de la mécanique quantique. Il n'existe aucune analogie que nous puissions emprunter à notre expérience quotidienne pour l'appliquer au monde des quanta, et le comportement du

197

monde quantique n'offre aucune similitude qui nous soit familière. Personne ne sait de quelle manière le monde quantique se comporte ainsi qu'il le fait, tout ce que nous savons est qu'il se comporte ainsi. Il n'y a que deux éléments auxquels vous puissiez vous raccrocher. Le premier stipule que les « particules » (électrons) et les « ondes » (photons) se comportent de la même manière — les règles du jeu sont cohérentes. Le second établit, comme le dit Feynman, qu'il n'y a qu'un mystère. Si vous maîtrisez l'expérience de la double fente, la bataille est plus qu'à moitié gagnée, puisqu' « il s'avère qu'en mécanique quantique n'importe quelle situation peut être expliquée en disant : " Te souviens-tu de l'expérience des deux fentes ? C'est la même chose*. " »

L'expérience se déroule ainsi. Imaginez un écran — peu importe sa nature, un mur, par exemple — percé de deux petits trous. Il peut s'agir de fentes longues et étroites, comme dans la célèbre expérience de Young avec la lumière, mais des petits trous ronds conviendront tout aussi bien. D'un côté de ce mur, il en est un autre qui accueille un détecteur de l'un ou l'autre type. Si nous travaillons sur la lumière, le détecteur sera une surface blanche sur laquelle nous verrons apparaître des raies claires et foncées, ou une plaque photographique que nous développerons et étudierons à loisir. Si nous travaillons avec des électrons, l'écran sera recouvert d'une série de détecteurs électroniques, ou encore le détecteur sera monté sur roues et sa mobilité nous permettra de déterminer combien d'électrons arrivent en tel ou tel point de l'écran. Les détails importent peu, pour autant que nous ayons un moyen d'enregistrer ce qu'il advient sur l'écran. De l'autre côté du mur percé des deux trous se trouve une source de photons, d'électrons ou de toute autre chose. Il peut s'agir d'une simple ampoule ou d'un pistolet à électrons, tel celui qui colore l'image sur l'écran de votre téléviseur ; là encore, les détails importent peu. Que se produit-il quand les photons, les électrons ou autres

---

* *La nature de la physique.*

traversent les deux fentes et apparaissent sur l'écran — quel modèle notre détecteur enregistre-t-il ?

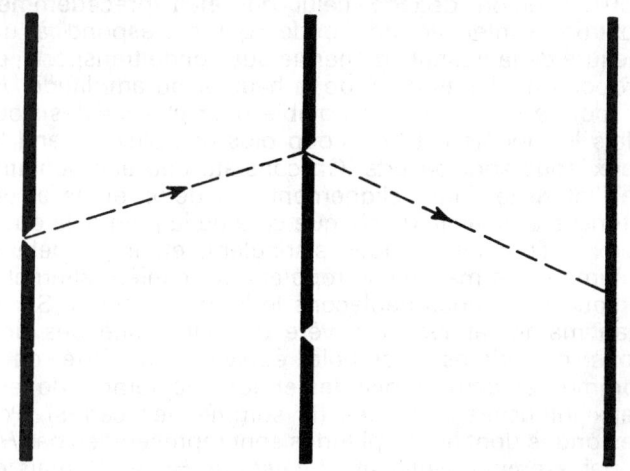

Schéma 8.2. Un électron ou un photon passant à travers l'une des fente d'une paire « doit », selon le bon sens, se comporter de la même manière que s'il passait une fente unique.

Tout d'abord, quittons le monde quantique des photons et des électrons et considérons les événements tels qu'ils adviennent dans le monde quotidien. Il est facile de voir comment les ondes diffractent à travers les trous en utilisant un réservoir d'eau dans lequel l'ensemble des instruments de l'expérience est immergé. La source est un dispositif quelconque qu'on agite de haut en bas pour provoquer de simples ondes. Celles-ci se propagent à travers les trous et forment un modèle ordinaire de minima et de maxima le long du détecteur en raison de l'interférence due aux ondes qui sortent de chaque trou. Si nous obturons l'un des trous, la hauteur des ondes sur l'écran varie d'une manière simple et normale. Les ondes les plus fortes sont celles qui sont les plus proches du trou, par rapport à la distance la plus courte des parois du réservoir, et de chaque côté l'amplitude des ondes est moindre. On retrouve le même modèle si on obture ce trou et qu'on dégage celui qui était précédemment obstrué. L'intensité de l'onde, qui correspond à une mesure de la quantité d'énergie que l'onde transporte, est proportionnelle au carré de la hauteur ou amplitude, H^2, et montre un modèle semblable pour chacun des trous. Mais le modèle est beaucoup plus complexe quand les deux trous sont ouverts. On constate une augmentation de l'intensité dans l'alignement des deux fentes et une intensité très faible de chaque côté de la pointe, là où les deux ensembles d'ondes s'annulent, et un modèle de minima et de maxima se répétant de manière alternative lorsque nous nous déplaçons le long de l'écran. Sur un plan mathématique, il s'avère que l'intensité des deux trous considérés ensemble équivaut au carré de la somme des deux amplitudes et non à la somme de leurs deux intensités distinctes (la somme des carrés). Pour des ondes dont les amplitudes sont représentées par H et J, par exemple, l'intensité I n'est pas $H^2 + J^2$, mais est donnée par l'expression

$$I = (H + J)^2$$

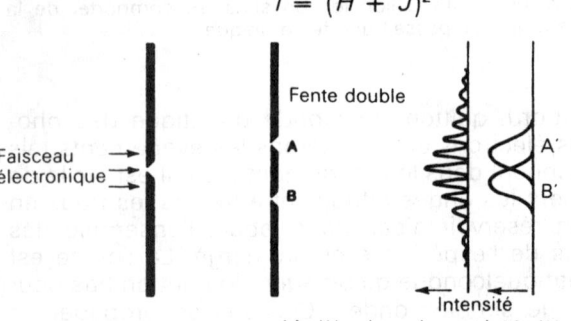

Schéma 8.3. Avec des électrons ou des photons, cependant, des expériences montrent que le modèle observé quand les deux fentes sont « ouvertes » n'est pas le même que celui obtenu en additionnant les résultats concernant chaque fente.

ce qui s'écrit également
$$I = H^2 + J^2 + 2HJ$$
Le terme supplémentaire est la contribution due à l'interférence des deux ondes, et, eu égard au fait que H et J peuvent être négatifs ou positifs, cela explique précisément la configuration du modèle d'interférence.

Si nous réalisons le même type d'expérience en utilisant les grandes particules du monde quotidien (Feynman imagina bizarrement une expérience impliquant un pistolet tirant des balles à travers les trous d'un mur, et des bassines de sable disposées le long du détecteur pour les recueillir), nous ne découvrirons aucun « terme d'interférence ». Nous *trouverions,* après avoir tiré un grand nombre de balles, des nombres différents de balles dans des bassines différentes. Si un seul trou était ouvert, le modèle des balles éparpillées autour de l'« écran » serait très semblable au modèle des variations de l'intensité des ondes dans le cas de l'ouverture d'un seul trou. Mais avec *deux* trous ouverts, le modèle des balles retrouvées dans les différentes bassines ne correspondrait qu'à la somme des deux effets dus aux deux trous distincts — de

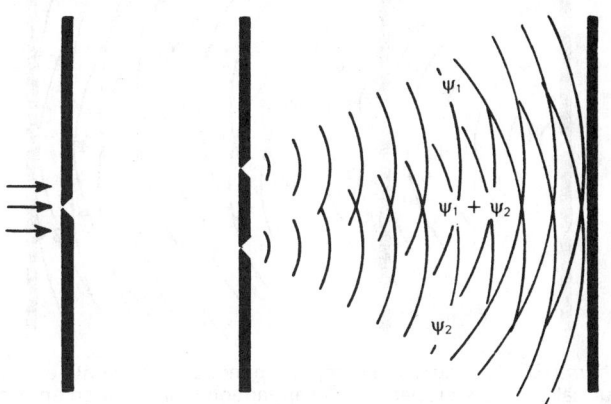

Schéma 8.4. Les « ondes de probabilité » semblent décider du parcours de chaque « particule » du faisceau, et les ondes de probabilité interfèrent de la même manière que les vagues (cf. schéma 1.3.).

nombreuses balles dans la région située juste derrière eux, et un léger allongement de chaque côté, sans maxima ni minima résultant d'une interférence. Dans ce cas, compte tenu du fait que chaque balle représente une unité d'énergie, la répartition de l'intensité est donnée par

$$I = I_1 + I_2$$

où I_1 correspond à H^2 et I_2 à J^2 dans l'exemple ondulatoire. Il n'y a pas de terme d'interférence.

Vous connaissez la suite. Imaginez maintenant les mêmes expériences réalisées sur la lumière et les électrons. L'expérience de la double fente a bien sûr vraiment été réalisée de cette manière maintes et maintes fois avec la lumière, et elle engendre des modèles de diffraction comme dans l'exemple ondulatoire. L'expérience avec l'électron n'a pas été faite tout à fait de cette manière — on rencontre des problèmes quand on travaille à une

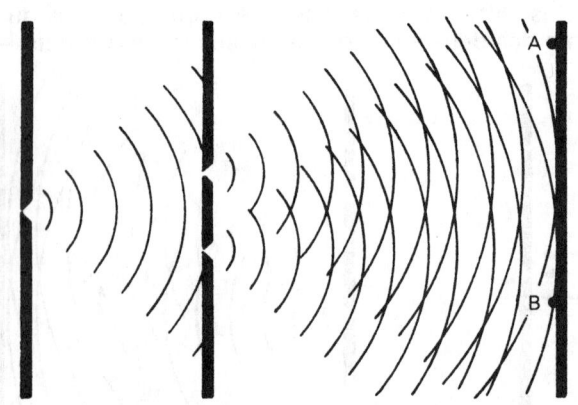

Schéma 8.5. Les règles du comportement de l'onde sont nécessaires pour calculer des probabilités à l'apparition d'un électron en A ou en B ; or quand nous observons les points A ou B nous voyons ou non un électron — une particule. Nous sommes incapables de dire ce que fait « réellement » l'électron lors de son transit à l'intérieur de l'appareil.

petite échelle — mais des expériences équivalentes ont été menées en diffusant des faisceaux d'électrons provenant d'atomes sur des cristaux. Dans un souci de simplicité, je reprendrai l'expérience imaginaire de la double fente, traduisant dans ce langage les résultats incontestables issus des expériences réelles sur les électrons. Tout comme la lumière, les électrons présentent un modèle de diffraction.

Et alors ? Ne s'agit-il pas simplement de la dualité onde/particule que nous avons appris à admettre ? Le problème tient au fait que nous avons appris à l'accepter pour les besoins du livre de cuisine quantique, mais que nous n'en avons pas étudié de manière exhaustive les implications. Il est temps de le faire. La fonction ψ de Schrödinger, la variable dans l'équation ondulatoire, a quelque chose à voir avec un électron (ou toute particule décrite par l'équation). Si ψ est une onde, il n'est pas surprenant de constater qu'elle diffracte et engendre un modèle d'interférence, et il est facile de montrer que ψ agit comme l'amplitude de l'onde et que ψ^2 agit comme l'intensité. Le schème de diffraction de l'expérience électronique des deux fentes est un schème de ψ^2. Si le faisceau compte de nombreux électrons, l'interprétation est simple — ψ^2 représente la *probabilité* de découvrir un électron à un endroit particulier. Des milliers d'électrons traversant les trous, on peut prédire l'endroit auquel ils aboutissent sur une base statistique en utilisant cette interprétation de l'onde ψ — la grande contribution de Born à la cuisine quantique. Mais qu'advient-il de chaque électron ?

Il est relativement facile de comprendre qu'une onde — une vague par exemple — puisse passer à travers deux trous sur un écran. Une onde se propage. Mais un électron apparaît encore comme une particule, même si on lui attribue des propriétés ondulatoires. Il est naturel de penser que chaque électron *doit,* sûrement, passer par l'un ou l'autre trou. Nous pouvons tenter expérimentalement l'équivalent de l'obturation de chaque trou à tour de rôle. Ce faisant, nous obtenons le modèle que les expériences à un seul trou font apparaître sur l'écran. En ouvrant les deux trous ensemble, nous n'observons cependant pas le modèle produit par l'addition de ces deux modèles, comme dans le cas des balles. Nous voyons au contraire le modèle de l'interférence ondulatoire et c'est *encore* lui que nous obtiendrons si nous ralentissons notre pistolet à électrons de façon à ce qu'un seul électron à la fois traverse le dispositif. Il est permis de supposer qu'un seul électron traversera un seul trou, et arrivera au détecteur ; puis un autre, et ainsi de suite. Nous constaterons que le modèle qui se profile sur l'écran du détecteur est celui de la diffraction des ondes, si nous attendons patiemment qu'un certain nombre d'électrons aient traversé. En fait, avec des électrons ou des photons, si nous réalisions un millier d'expériences identiques dans un millier de laboratoires différents, et que nous ne laissions passer qu'une seule particule à chaque expérience, nous pourrions additionner les milliers de résultats différents et obtenir encore un modèle global de distribution en accord avec la diffraction, comme si nous laissions passer un millier d'électrons au cours d'une de ces expériences. Un électron, ou un photon, isolé lorsqu'il traverse un trou dans le mur, respecte les lois statistiques qui ne sont appropriées que s'il « connaît » l'état de l'autre trou. Tel est le mystère primordial du monde quantique.

Inutile d'essayer de tricher — en ouvrant ou en fermant rapidement l'un des trous tandis que l'électron se trouve en transit dans l'appareil. Ça ne marche pas — le schème sur l'écran est toujours le « bon » par rapport à l'état des trous à l'instant où l'électron les traversait. Nous pouvons essayer de « voir » quel trou l'électron emprunte. Le résultat est encore plus étrange quand on procède à l'équivalent de cette expérience. Imaginons un dispositif qui enregistre par quel trou passe l'électron mais qui lui laisse la liberté de poursuivre sa route vers l'écran du détecteur. Dans ce cas les électrons se comportent comme des particules ordinaires. Nous voyons toujours un électron face à un trou ou à un autre, mais jamais face aux deux à la fois. Et le modèle qui s'inscrit alors sur l'écran correspond en tous points à celui des balles, sans aucune trace d'interférence. Les électrons ne savent pas seulement si les deux trous sont ouverts ou non, ils savent de plus si nous les observons ou non, et ils adaptent leur comportement en conséquence. Il n'y a pas d'exemple plus évident de l'interaction entre l'observateur et l'expérience. Quand nous tentons d'observer l'onde électronique qui se propage, elle se transforme en une particule précise, mais quand nous ne l'observons pas, elle conserve toutes ses options ouvertes. Selon les probabilités de Born, l'électron est contraint par notre mesure de choisir un plan d'action parmi diverses possibilités. Il existe une certaine probabilité qu'il passe à travers un trou, et une probabilité équivalente qu'il passe à travers l'autre ; l'interférence des probabilités provoque le modèle de diffraction sur le détecteur. Toutefois quand nous détectons l'électron, il ne peut que se trouver en un endroit, et ceci modifie le schème de probabilité relatif à son comportement futur — car cet électron sait maintenant avec certitude par quel trou il est passé. Mais la nature elle-même ignore quel trou l'électron a traversé en l'absence de l'observateur.

Les ondes d'effondrement

Les résultats sont fonction des observations. Une observation expérimentale n'est valable que dans le contexte de l'expérience et ne peut être utilisée pour décrire en détail des phénomènes qui ne sont pas observés. Vous pouvez avancer que l'expérience de la double fente nous indique que nous avons affaire à des ondes ; de la même manière, vous pouvez déduire de la seule observation du modèle sur l'écran que le dispositif comporte deux trous et non un. C'est l'ensemble du processus qui importe — l'appareil, les électrons et l'observateur sont tous partie de l'expérience. Nous ne pouvons pas dire si l'électron passe par un trou ou par un autre sans regarder les trous lors de son passage (et il s'agit d'une expérience différente). Un électron sort du pistolet et arrive au détecteur et il semble qu'il possède l'information relative à l'ensemble du dispositif expérimental, y compris à l'observateur. Ainsi que Feynman l'a expliqué lors de son émission télévisée pour la BBC en 1965, si l'appareil dont vous disposez est capable de vous dire par quel trou l'électron passe, alors vous pouvez dire qu'il passe soit par un trou soit par l'autre. Mais vous ne pouvez pas affirmer qu'il passe soit par un trou soit par l'autre, si vous ne disposez pas d'un appareil pour vous renseigner. « Le fait de conclure qu'il passe par un trou ou par un autre alors que vous ne l'observez pas engendre une erreur », déclare-t-il. Le terme « holistique » est devenu un mot si galvaudé que j'hésite à l'employer ici. Toutefois, il n'existe pas de mot plus apte à décrire le monde quantique. Il *est* holistique ; les parties sont en un certain sens en rapport avec le tout. Et cela n'inclut pas exclusivement l'ensemble du dispositif expérimental. Le monde semble conserver toutes ses options, toutes ses probabilités aussi longtemps que possible. La caractéristique la plus étrange de l'interprétation de Copenhague du monde quantique veut que ce soit l'acte d'observation d'un système qui le force à sélectionner l'une de ces options, laquelle devient alors réelle.

Dans la plus simple expérience avec les deux trous, l'interférence des probabilités peut être interprétée ainsi : l'électron qui quitte le pistolet s'évanouit dès qu'il se trouve hors de vue, et est remplacé par une série d'électrons fantômes qui suivent chacun un itinéraire différent jusqu'à l'écran du détecteur. Les fantômes interfèrent entre eux, et quand nous considérons la façon dont les électrons sont détectés par l'écran nous trouvons alors les traces de cette interférence, même si nous ne nous occupons que d'un électron « réel » à la fois. Cependant, cette série d'électrons fantômes ne décrit que ce qu'il advient quand nous ne regardons pas ; quand nous regardons, tous les fantômes excepté un s'évanouissent, et seul l'un d'entre eux se matérialise en un électron réel. Selon l'équation ondulatoire de Schrödinger, chacun des « fantômes » correspond à une onde ou plutôt à un paquet d'ondes, les ondes que Born interpréta comme une mesure de probabilité. L'observation qui concrétise un fantôme parmi la série d'électrons potentiels équivaut, d'après la mécanique ondulatoire, à la disparition de l'ensemble de la série d'ondes de probabilité à l'exception d'un paquet d'ondes décrivant un électron réel. On nomme ce processus l'« effondrement de la fonction ondulatoire », et aussi étrange que cela puisse paraître, il réside au cœur de l'interprétation de Copenhague, laquelle est elle-même le fondement de la cuisine quantique. Nous doutons cependant que nombre de physiciens, d'ingénieurs électroniciens et autres qui appliquent avec succès les recettes du livre de cuisine quantique apprécient que les règles qui s'avèrent si fiables pour la conception des lasers et des ordinateurs, ou les études sur le matériel génétique, dépendent de manière explicite de l'hypothèse voulant que des myriades de particules fantômes interfèrent tout le temps entre elles et ne s'unissent en une particule unique et réelle que lorsque la fonction ondulatoire s'effondre à la faveur d'une observation. Pis encore, dès que nous *cessons* de regarder l'électron, ou quoi que ce soit d'autre, il se divise immédiatement en une nouvelle série de particules fantômes, chacune poursuivant son propre itinéraire de probabilité dans le monde quantique. A moins d'être observé il n'est rien de réel, et tout ce qui n'est plus observé cesse d'être réel.

Il est possible que les personnes qui utilisent les recettes quantiques avec un tel bonheur soient rassurées par la familiarité des équations mathématiques. Feynman explique en termes simples la recette fondamentale. En mécanique quantique, un « événement » est un ensemble de conditions initiales et finales, ni plus ni moins. Un électron quitte le pistolet d'un côté de notre dispositif, et arrive à un détecteur quelconque après avoir franchi les trous. C'est un événement. La probabilité d'un événement est donnée par le carré d'un nombre qui est, essentiellement, la fonction ondulatoire, ψ, de Schrödinger. Si l'événement peut se produire de plusieurs manières (les deux trous sont ouverts dans le dispositif expérimental), la probabilité de chaque événement possible (la probabilité que l'électron arrive à chaque détecteur choisi) est alors donnée par le carré de la somme de ψ, et il y a interférence. Mais quand nous procédons à une observation pour déterminer quelle alternative intervient vraiment (quand nous regardons par quel trou passe l'électron) la distribution de probabilité correspond essentiellement à la somme des carrés de ψ, et le terme d'interférence disparaît — la fonction ondulatoire s'effondre.

La physique est spéculative, mais les maths sont précises et simples, et les équations familières à n'importe quel physicien. Tant que vous évitez de demander ce que cela signifie, il n'y a aucun problème. Toutefois, demandez pourquoi le monde est tel qu'il est, et Feynman lui-même vous répondra : « Nous l'ignorons. » Persistez en réclamant une représentation physique des événements, et vous constaterez que toutes les représentations physiques se perdent dans un monde fantomatique, où les particules ne semblent être réelles que lorsque nous les observons, et où même une propriété telle que la quantité de mouvement ou la position n'est qu'une résultante de l'observation. Il n'est donc pas surprenant que de nombreux physiciens de renom, y compris Einstein, aient consacré des décennies à essayer de contourner cette interprétation de la mécanique quantique. Leurs tentatives qui seront décrites brièvement dans le prochain chapitre, ont toutes échoué, et chaque nouvel échec des tentatives visant à désavouer l'interprétation de Copenhague a renforcé le fondement de cette représentation d'un monde fantomatique de probabilités, indiquant le chemin pour dépasser la mécanique quantique et pour développer une nouvelle image de l'univers holistique. Le fondement de cette nouvelle représentation est l'expression ultime du concept de complémentarité, mais il nous reste un dernier sujet à aborder avant d'en considérer les implications.

Les régles de la complémentarité

La relativité générale et la mécanique quantique sont en général présentées comme les triomphes gémellaires de la science théorique du vingtième siècle, et le Saint

Graal des physiciens contemporains est une véritable unification des deux théories en une seule. Ainsi que nous le verrons, leurs efforts débouchent sans aucun doute sur des idées perspicaces quant à la nature de l'univers. Mais il semble qu'ils ne tiennent pas compte du fait que dans un sens strict ces deux représentations du monde peuvent être irréconciliables.

Dans son tout premier exposé de ce qu'on nomme aujourd'hui l'interprétation de Copenhague, datant de 1927, Bohr mit en évidence le contraste entre des descriptions du monde par rapport à une coordination parfaite de l'espace-temps et d'une causalité absolue, et l'image quantique, où l'observateur interfère avec — et participe du — système observé. Les coordonnées dans l'espace-temps représentent la position ; la causalité dépend de la connaissance précise de la direction qu'adoptent les corps, essentiellement de la connaissance de leur mouvement. Les théories classiques prétendent que vous pouvez les connaître en même temps ; la mécanique quantique nous apprend que cette précision dans la coordination de l'espace-temps se paie immanquablement en termes d'incertitude du mouvement, et donc de causalité. La relativité générale est, en ce sens, une théorie classique, et ne peut être considérée comme l'égale de la mécanique quantique en tant que description fondamentale de l'univers. En présence d'un conflit entre elles, c'est vers la théorie quantique que nous devons nous tourner pour obtenir la meilleure description du monde dans lequel nous évoluons.

Mais qu'est-il en fait ? Bohr suggéra que l'idée d'un « monde » unique pouvait être erronée, et proposa une autre interprétation de l'expérience avec les deux trous. Même dans cette expérience simple, un électron ou un photon dispose grâce à *chacun* des trous d'un vaste choix quant à l'itinéraire qu'il retiendra. Mais dans un souci de simplicité, prétendons qu'il n'y a que deux possibilités, que la particule passe par le trou A ou par le trou B. Bohr avança que nous pouvions concevoir que chaque possibilité représente un monde différent. Dans un monde la particule passe par le trou A ; dans l'autre, elle passe par le trou B. Le monde réel, celui que nous connaissons, ne correspond toutefois à aucun de ces mondes simples. Notre monde est une combinaison hybride des deux mondes possibles correspondant aux deux itinéraires de la particule, et ils interfèrent entre eux. Quand nous regardons pour voir quel trou traverse la particule, il n'y a plus qu'un monde parce que nous avons éliminé l'autre possibilité, et par voie de conséquence, il n'y a plus d'interférence. Ce ne sont pas seulement des électrons fantômes que Bohr fit sortir des équations quantiques, mais des réalités fantômes, des *mondes* fantômes qui n'existent qu'en l'absence d'observateur. Imaginez que cet exemple simple ait été élaboré pour couvrir non pas deux mondes réunis par l'expérience des deux trous, mais une myriade de réalités fantômes correspondant à tous les itinéraires que chaque système quantique dans tout l'univers pouvait « choisir » d'adopter : toute fonction ondulatoire possible pour toute particule possible ; toute valeur reconnue aux nombres q de Dirac. Ajoutez à cela l'énigme voulant qu'un électron se trouvant face au trou A *sache* si le trou B est ouvert ou fermé, et qu'en principe il connaisse l'état quantique de l'univers entier, il est alors facile de comprendre pourquoi l'interprétation de Copenhague fut attaquée avec une telle vigueur par certains experts qui saisirent ses implications les plus profondes, alors même que d'autres experts, bien que perturbés par les implications, la jugeaient séduisante, et que des profanes, sans se soucier des implications profondes, entreprirent avec succès d'utiliser le livre de cuisine quantique, l'effondrement des fonctions ondulatoires et autres particularités, pour transformer le monde dans lequel nous vivons.

Chapitre 2

LES PARADOXES ET LES POSSIBILITÉS

Chaque contestation de l'interprétation de Copenhague a eu pour effet de conforter sa position. Des penseurs de l'envergure d'Einstein tentèrent de trouver des incohérences dans la théorie, mais ses défenseurs parvinrent à réfuter tous leurs arguments, et la théorie sortit grandie de cette épreuve. L'interprétation de Copenhague est « correcte » en ce qu'elle fonctionne ; toute meilleure interprétation des règles quantiques doit inclure l'interprétation de Copenhague en tant que vision permettant aux chercheurs de prédire l'issue de leurs expériences — tout au moins dans un sens statistique — et autorisant les ingénieurs à concevoir entre autres choses des systèmes laser et des ordinateurs fonctionnels. Il est inutile de passer en revue tous les travaux qui aboutirent à la réfutation de toutes les contre-propositions relatives à l'interprétation de Copenhague, un travail dont d'autres se sont déjà chargés. Il se peut toutefois que la réflexion la plus importante soit due à Heisenberg et qu'elle figure dans son livre *Physique Philosophie* paru en 1958. Heisenberg insiste sur le fait que l'ensemble des contre-propositions « tendent à sacrifier la symétrie essentielle de la théorie quantique (par exemple la symétrie entre les ondes et les particules ou entre la position et la vitesse). Nous pouvons donc supposer qu'il est impossible d'éviter l'interprétation de Copenhague si ces propriétés symétriques... sont considérées comme un trait authentique de la nature et toutes les expériences réalisées à ce jour confirment cette vision » (page 128).

Il existe une *amélioration* de l'interprétation de Copenhague (*ni* une réfutation *ni* une contre-proposition) qui inclut encore cette symétrie essentielle, et cette représentation la plus correcte de la réalité quantique sera décrite au chapitre 11. Cependant il n'est guère surprenant qu'Heisenberg ne l'ait pas mentionnée dans un livre publié en 1958, puisque cette nouvelle représentation, due à un étudiant américain, était en cours d'élaboration à l'époque. Avant d'aborder ce point, il convient toutefois de relater comment l'association de la théorie et de l'expérience a établi vers 1982 au-delà de tout doute possible la justesse de l'interprétation de Copenhague en tant que vision satisfaisante de la réalité quantique. L'histoire commence avec Einstein et se termine dans un laboratoire de physique à Paris plus de cinquante ans plus tard ; c'est l'une des histoires les plus excitantes de la physique.

La pendule dans la boîte

La polémique qui opposa Bohr et Einstein quant à l'interprétation de la théorie quantique commença en 1927 au cinquième Congrès Solvay, et se poursuivit jusqu'à la mort d'Einstein en 1955. Einstein entretint une correspondance avec Born sur le sujet, et *The Born-Einstein Letters* nous permettent de nous faire une idée du ton de la contradiction. Le débat tournait autour d'une série d'expériences imaginaires portant sur les prédictions de l'interprétation de Copenhague — non des expériences réelles réalisées en laboratoire, mais des expériences « pensées ». Einstein devait tenter de concevoir une expérience grâce à laquelle il serait théoriquement possible de mesurer deux paramètres complémentaires en même temps, la position et la masse d'une particule, ou son énergie précise à un moment donné, etc. Bohr et Born devaient alors essayer de montrer que l'expérience d'Einstein ne pouvait tout simplement pas être réalisée de la manière requise pour prendre en défaut la théorie. Un exemple, l'expérience de la « pendule dans la boîte », nous servira pour montrer comment se pratiquait le jeu.

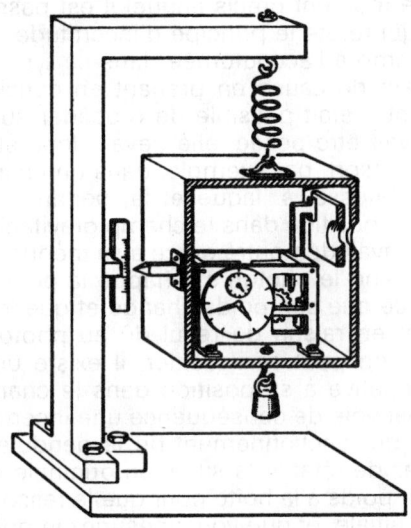

Schéma 9.1. L'expérience de la « pendule dans la boîte ». Tout l'appareillage nécessaire à la réalisation de l'expérience (les poids, les ressorts, etc.) fait qu'on ne parvient jamais à supprimer l'incertitude des mesures de l'énergie et du temps simultanées (cf. texte).

Imaginez une boîte, dit Einstein, présentant une ouverture sur l'une de ses parois, laquelle serait obturée par un volet dont l'ouverture et la fermeture seraient contrôlées par une pendule placée à l'intérieur de la boîte. Outre la pendule et le mécanisme d'obturation, la boîte est remplie par un rayonnement. Réglez le dispositif de sorte qu'à un moment précis et programmé sur la pendule, le volet s'ouvre et permette à un photon de s'échapper avant qu'il ne se referme. A présent, pesez la boîte, attendez que le photon s'échappe, et repesez-la. Attendu que la masse correspond à l'énergie, la différence entre les deux poids nous indiquera l'énergie du photon libéré. Nous connaissons donc en principe l'énergie exacte du photon et le moment précis auquel il est passé à travers le trou, ce qui réfute le principe d'incertitude.

Bohr, comme à l'accoutumée dans ce type de discussion, eut gain de cause en prenant en considération la manière dont il était possible de procéder aux mesures. La boîte devait être pesée, elle devait donc être suspendue par un ressort, par exemple, dans un champ gravitationnel. La vitesse à laquelle la pendule fonctionne dépend de sa position dans le champ gravitationnel, ainsi qu'Einstein l'avait démontré grâce à sa théorie de la relativité. Mais quand le photon s'échappe la pendule bouge, à la fois parce que son poids change et que le ressort se contracte, et en raison du recul dû au photon. Attendu que sa position peut se modifier, il existe une certaine incertitude relative à sa position dans le champ gravitationnel, et par voie de conséquence une incertitude quant à la vitesse de fonctionnement de la pendule. Même si vous essayez de rétablir la situation originale en suspendant un petit poids à la boîte pour que le ressort reprenne sa position initiale, et que vous mesuriez le poids supplémentaire pour déterminer l'énergie du photon échappé, vous ne parviendrez dans le meilleur des cas qu'à ramener l'incertitude dans les limites autorisées par la relation d'Heisenberg, dans le cas présent $\Delta E \Delta t > \hbar$. Aux dires de chacun, Bohr ne fut pas particulièrement ravi de réfuter l'argument d'Einstein grâce aux équations relativistes de ce dernier.

Les détails de cette expérience imaginée — et de maintes autres — concernant la polémique opposant Einstein et Bohr figurent dans l'ouvrage d'Abraham Pais *Subtle is the Lord*... Pais souligne qu'il n'y a rien de chimérique dans l'insistance de Bohr sur une description complète et détaillée des expériences mythiques — dans ce cas, les lourds boulons qui maintiennent en place le cadre de la balance, le ressort qui permet de mesurer la masse mais qui autorise également le mouvement de la boîte, le petit poids qui doit être ajouté, etc. Les résultats de toutes les expériences doivent être interprétés par rapport au langage classique, celui de la réalité quotidienne, et les instruments de mesure doivent être décrits de la même façon. Nous *pourrions* maintenir la boîte en place de manière rigide de façon à n'avoir aucune incertitude quant à sa position, mais il serait alors impossible de mesurer le changement de masse. Le dilemme de l'incertitude quantique se pose parce que nous essayons d'exprimer les idées quantiques dans le langage ordinaire, et c'est la raison pour laquelle Bohr insista sur les écrous et les boulons des expériences.

Le « paradoxe EPR »

Einstein accepta les critiques de Bohr portant sur ces expériences imaginées, et au début des années trente il adopta un nouveau type de test imaginaire des règles quantiques. L'idée sous-tendant cette nouvelle approche consistait à utiliser l'information expérimentale concernant une particule pour déduire les propriétés, telles que la position et la quantité de mouvement d'une deuxième particule. Cette version de la polémique ne fut pas résolue du vivant d'Einstein, mais elle l'est aujourd'hui grâce non pas à une expérience pensée plus raffinée mais à une véritable expérience en laboratoire. Là encore, Bohr gagne et Einstein perd.

Au début des années trente, la vie personnelle d'Einstein était perturbée. Il avait dû quitter l'Allemagne en raison de la menace que représentait le nazisme pour les Juifs. En 1935, il vivait à Princeton, et en décembre 1936 sa seconde femme, Elsa, succomba à la suite d'une longue maladie. Au milieu de tous ces bouleversements, il continua à réfléchir à l'interprétation de la théorie quantique ; les arguments de Bohr ne parvenaient pas à le convaincre du fait que l'interprétation de Copenhague, avec son incertitude inhérente et son manque de causalité stricte, puisse être en dernier ressort une description valable du monde réel. Max Jammer a décrit de manière exhaustive la disposition d'esprit d'Einstein sur le sujet à cette époque, dans *The Philosophy of Quantum Mechanics*. L'énigme se dénoua partiellement en 1934 et 1935, quand Einstein travailla à Princeton avec Boris Podolsky et Nathan Rosen sur un article présentant ce qu'on nomme désormais le « Paradoxe EPR », bien que la description n'ait trait à aucun paradoxe[*].

Selon Einstein et ses collaborateurs, l'argument essentiel reposait sur le fait que l'interprétation de Copenhague devait être considérée comme *incomplète* — qu'un mécanisme quelconque assurant le fonctionnement de l'univers existe vraiment, lequel ne revêt l'apparence de l'incertitude et de l'imprévisibilité qu'à un niveau quantique, par l'intermédiaire des variations statistiques. D'après cette vision, il existe une réalité objective, un monde de particules, dont la quantité de mouvement et la position sont définies avec précision, même quand vous ne les observez pas.

Imaginez deux particules, dirent Einstein, Podolsky et Rosen, qui interagissent entre elles, puis se séparent, sans interagir avec quoi que ce soit jusqu'à ce que l'expérimentateur décide d'en étudier une. Chaque particule a une quantité de mouvement, chacune se trouve en un certain point de l'espace. Même avec les règles de la théorie quantique, nous sommes autorisés à mesurer *avec précision* la quantité de mouvement totale des deux particules (par addition) et la distance qui les séparait, au moment où elles étaient proches l'une de l'autre. Quand, beaucoup plus tard, nous décidons de mesurer la quantité de mouvement de l'une des particules nous savons automatiquement quel doit être celle de l'autre, puisque le total doit demeurer inchangé. Ayant mesuré la quantité de mouvement d'une particule, nous pouvons ensuite mesurer sa position précise. Il est incontestable que ce calcul perturbe la quantité de mouvement de *cette* particule mais (probablement) pas celle de l'autre particule,

---

[*] A. Einstein, B. Podolsky, et N. Rosen, *« Can quantum-mechanical description of physical reality be considered complete ? »* Physical Review, vol. 47, p. 777-780, 1935. Cet article figure avec d'autres dans le livre *Physical Reality*, édité par S. Toulmin, Harper & Row, 1970.

très éloignée. De la mesure de la position, nous pouvons déduire la position actuelle de l'autre particule, connaissant sa quantité de mouvement et la distance originale les séparant. Nous avons donc déterminé *tant* la position *que* la quantité de mouvement de la particule éloignée, en violant le principe d'incertitude. Faute de quoi il faudrait admettre que les mesures prises sur la particule située *ici* affectèrent sa partenaire *là-bas* en violant le principe de causalité, une « communication » instantanée se propageant dans l'espace, un phénomène nommé « action à distance ».

Si vous admettez l'interprétation de Copenhague, concluait l'article EPR, « il s'ensuit que la réalité (de position et de mouvement dans le second système) dépend du processus de mesure réalisé sur le premier système, lequel ne perturbe absolument pas le second système. *On ne doit pas escompter qu'une définition raisonnable de la réalité autorise cela**. » C'est à ce stade qu'Einstein, Podolsky et Rosen avaient un avis divergent de celui de la plupart de leurs collègues et de l'école de Copenhague. Nul ne contestait la logique de l'argument, mais bien ce qui constitue une définition « raisonnable » de la réalité. Bohr et ses collègues pouvaient s'arranger d'une réalité dans laquelle la position et le mouvement de la seconde particule n'avaient aucune signification objective jusqu'à ce qu'ils soient mesurés, sans tenir compte de ce que vous faisiez à la première particule. Il convenait de choisir entre un monde de réalité objective et un monde quantique — cela ne faisait aucun doute. Einstein se rangea du côté de la minorité en décidant que des deux options possibles il choisissait la réalité objective et rejetait l'interprétation de Copenhague.

Mais Einstein était un homme honnête, toujours prompt à accepter les preuves expérimentales. S'il avait vécu pour le voir, il aurait certainement été convaincu de son erreur par les récentes expériences menées sur ce qui constitue effectivement une sorte d'effet EPR. La réa-

---

* Cité par Pais, p. 456.

lité objective *n'*a aucune place dans notre description fondamentale de l'univers, mais l'action à distance, ou acausalité, en a une. La vérification expérimentale de ce phénomène revêt une telle importance qu'un chapitre entier lui est consacré. Mais d'abord, dans un souci de complétude, nous étudierons certaines des autres possibilités paradoxales inhérentes aux règles quantiques — les particules qui voyagent en remontant le temps, et enfin, le célèbre chat à moitié mort de Schrödinger.

Le voyage dans le temps

Les physiciens utilisent souvent un moyen simple pour représenter le mouvement des particules dans l'espace et le temps sur une feuille de papier ou sur un tableau noir. L'idée consiste simplement à indiquer l'écoulement du temps par la verticale de la page, de bas en haut, et la direction dans l'espace par l'horizontale. Cette démarche a pour conséquence d'exprimer trois dimensions spatiales en une seule, mais communique une information directement compréhensible pour quiconque est familier des graphiques, un modèle dans lequel le temps correspond à l'axe « Y » et l'espace à l'axe « X ». Ces diagrammes spatio-temporels apparurent d'abord comme outil de prix de la physique moderne dans la théorie de la relativité, où ils pouvaient être utilisés pour représenter nombre des particularités des équations d'Einstein en termes géométriques qui sont parfois plus faciles à manipuler et souvent plus faciles à comprendre. Ils furent introduits dans la physique des particules par Richard Feynman dans les années quarante, et dans ce contexte on les appelle « graphes de Feynman » ; dans le monde quantique des particules, la représentation de l'espace et du temps peut également être remplacée par une description en termes de quantité de mouvement et d'énergie, laquelle convient mieux quand on traite de collisions entre particules, mais nous nous contenterons ici d'une description simple de l'espace-temps.

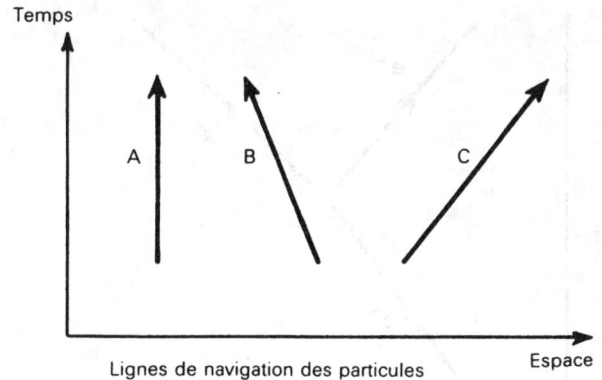

Schéma 9.2. Le mouvement d'une particule dans le temps et l'espace peut être représenté comme une « ligne de navigation ».

La trajectoire d'un électron est représentée par une ligne sur un graphe de Feynman. Un électron qui demeure en un endroit et qui ne bouge jamais est décrit par une ligne droite et verticale sur la page, correspondant au seul mouvement dans la direction du temps ; un électron qui change lentement de position et qui suit le cours du temps est représenté par une ligne légèrement inclinée par rapport à la verticale, et un électron rapide dessine un angle plus grand par rapport à la « ligne de navigation » d'une particule stationnaire. Le mouvement dans l'espace peut adopter l'une ou l'autre direction, gauche ou droite, et la ligne peut zigzaguer si l'électron est dévié par des collisions avec d'autres particules. Mais dans le monde ordinaire, ou dans le monde des diagrammes simples de l'espace-temps dans la théorie de la relativité, nous ne devons pas nous attendre à ce que la ligne de navigation s'inverse et se dirige vers le bas de la page, parce que cela correspondrait à un mouvement en arrière dans le temps.

Conservons les électrons pour illustrer notre propos et relevons un diagramme de Feynman simple montrant comment un électron se déplace dans l'espace et le

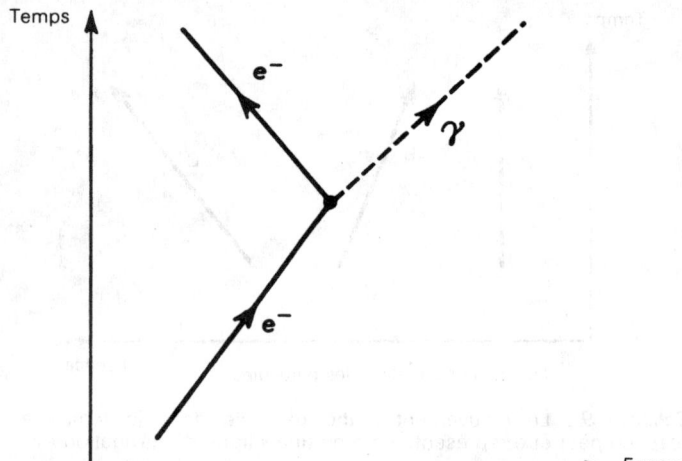

Schéma 9.3. Un électron se déplace dans l'espace et le temps, émet un photon (rayon γ) et recule en formant un angle.

temps, entre en collision avec un photon et modifie sa trajectoire, puis émet un photon et en rebondissant adopte une autre direction. Les photons ont une importance cruciale dans cette description du comportement des particules, parce qu'ils agissent en tant que porteurs de la force électrique. Quand deux électrons s'approchent l'un de l'autre, ils se repoussent et s'éloignent en raison de la similitude de leurs charges électriques. Le diagramme de Feynman pour une telle rencontre montre deux lignes de navigation électroniques convergentes, puis un photon qui s'échappe d'un électron (lequel rebondit et s'éloigne) et qui est absorbé par l'autre électron (qui est propulsé dans la direction inverse*). Les

---

* Il s'agit bien entendu d'une simplification. Il conviendrait d'imaginer une paire d'électrons échangeant de nombreux photons au cours de l'interaction. De la même manière, dans les pages suivantes, je me réfère à « un photon » créant une paire position/électron alors qu'en réalité nous aurions affaire à plus d'un photon, peut-être à une paire de rayons gamma en collision voire à une situation plus complexe.

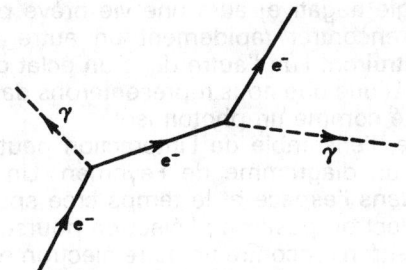

Schéma 9.4. Partie de l'historique existentiel d'un électron impliquant l'interaction de deux photons.

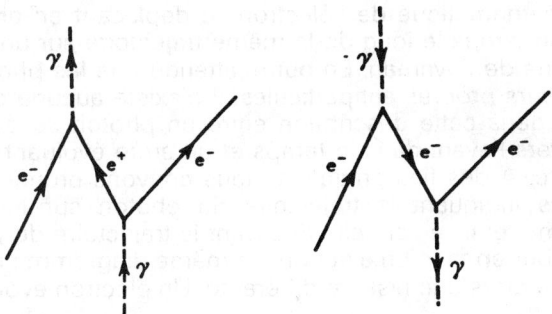

Schéma 9.5. A gauche, un rayon gamma produit une paire électron/positron, et le positron rencontre ultérieurement un autre électron auquel il s'unit pour former un autre photon. A droite, un électron isolé se déplace en zigzag dans l'espace-temps et interagit avec deux photons, exactement comme sur le schéma 9.4. Mais pendant une partie de sa vie, cet électron se déplace en arrière dans le temps. Les deux représentations sont équivalentes d'un point de vue mathématique.

photons sont les porteurs du champ électrique. Mais là ne s'arrête pas leur seul rôle. Dirac montra qu'un proton disposant d'une énergie suffisante pouvait produire un électron et un positron à partir du vide, convertissant son énergie dans leur masse. Le positron (le « trou » électronique d'énergie négative) aura une vie brève puisqu'il est destiné à rencontrer rapidement un autre électron et qu'ils se détruiront l'un l'autre dans un éclat de rayonnement énergétique que nous représenterons dans un souci de simplicité comme un photon isolé.

Là encore, l'ensemble de l'interaction peut être schématisé sur un diagramme de Feynman. Un photon se déplaçant dans l'espace et le temps crée spontanément une paire électron/positron ; l'électron poursuit sa trajectoire ; le positron rencontre un autre électron et disparaît ; un autre photon quitte la scène. Mais la découverte spectaculaire que fit Feynman en 1949 tient au fait que la description spatio-temporelle d'un positron se déplaçant vers l'avant dans le temps équivaut *exactement* à la description mathématique de l'électron se déplaçant en arrière dans le temps le long de la même trajectoire sur un diagramme de Feynman. En outre, attendu que les photons sont leurs propres antiparticules, il n'existe aucune différence dans cette description entre un photon se déplaçant vers l'avant dans le temps et un autre évoluant vers l'arrière. A des fins pratiques, nous pouvons prendre les flèches indiquant la trajectoire du photon sur le diagramme, et inverser celle décrivant la trajectoire du positron pour en faire un électron. Le même diagramme nous contera alors une histoire différente. Un électron évoluant

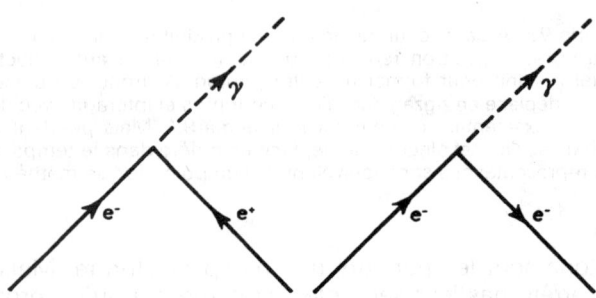

Schéma 9.6. En général, l'annihilation d'une paire particule/antiparticule peut également être décrite comme un événement de déviation si violent qu'il force la particule à remonter le temps.

dans l'espace et le temps rencontre un photon énergétique, l'absorbe, et est dévié *en arrière dans le temps* jusqu'à ce qu'il émette un photon énergétique et rebondisse de telle sorte qu'il se déplace à nouveau vers l'avant. Au lieu de trois particules, deux électrons, et un positron engagés dans une danse complexe, nous avons une particule, un électron qui zigzague à travers l'espace *et* le temps, entrant en collision avec des photons ici et là le long de sa trajectoire.

D'après la géométrie des diagrammes, il existe une similitude évidente entre l'exemple d'un électron qui absorbe un photon à énergie faible et modifie sensiblement sa trajectoire, puis émet le photon et change à nouveau de direction, et l'électron qui est si violement dévié par l'interaction du photon qu'il voyage en remontant le temps pendant une partie de sa vie. Dans les deux cas, on remarque une ligne brisée avec trois segments droits et deux angles. La seule différence est que dans le second cas les angles sont beaucoup plus aigus que dans le premier. C'est John Wheeler qui eut le premier l'intuition que les deux modèles brisés représentaient le même type d'événements, mais c'est Feynman qui démontra l'identité mathématique exacte entre les deux cas.

Maints éléments doivent être compris à ce stade, plus qu'il n'y paraît de prime abord. Abordons donc le sujet lentement, pas à pas.

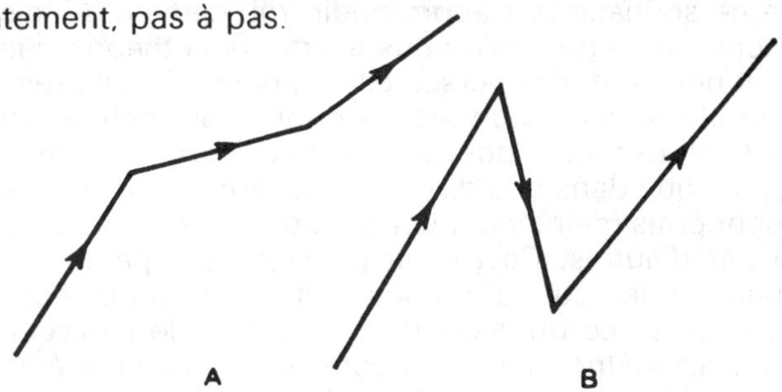

Schéma 9.7. Richard Feynman démontra l'équivalence mathématique de tous les diagrammes de l'espace-temps à l'aide de la double déviation.

Premièrement, j'ai fait remarquer que le photon était sa propre antiparticule, pour que nous puissions supprimer les flèches des trajectoires des photons. Un photon qui se déplace vers l'avant dans le temps est semblable à un antiphoton évoluant en arrière dans le temps, mais un antiphoton est un photon, donc un photon se déplaçant vers l'avant dans le temps est semblable à un photon évoluant vers l'arrière dans le temps. Cela ne vous étonne-t-il pas ? Il le faudrait pourtant. Entre autres choses, cela signifie que quand nous voyons un atome dans un état excité émettre de l'énergie et retomber à l'état fondamental nous pourrions tout aussi bien dire que l'énergie électromagnétique se déplaçant vers l'arrière dans le temps a heurté l'atome et provoqué la transition. Voilà qui est quelque peu difficile à imaginer, parce que nous ne parlons plus d'un photon unique qui se déplace en ligne droite dans l'espace, mais d'une couche sphérique en expansion d'énergie électromagnétique, un front d'onde se propageant dans toutes les directions à partir de l'atome et subissant ce faisant une déviation et une dispersion. Le fait d'inverser cette image produit un univers dans lequel un front d'onde parfaitement sphérique, centré sur l'atome que nous avons choisi, doit être créé par l'univers, parmi une série de processus de dispersion œuvrant ensemble et concentrés pour converger sur cet atome particulier.

Je ne souhaite pas approfondir trop ce type de raisonnement, parce que cela nous écarte de la théorie quantique et nous entraîne vers la cosmologie. Mais il présente des implications profondes pour notre compréhension du temps et explique pourquoi à nos yeux le temps ne s'écoule que dans une direction. Schématisons. Le rayonnement émis maintenant par un atome sera absorbé plus tard par d'autres. Ceci n'est possible que parce que la plupart de ces autres atomes se trouvent dans leur état fondamental, ce qui signifie que l'avenir de l'univers est froid. L'asymétrie, que nous considérons comme étant la direction du temps, est l'asymétrie entre les ères plus froides et plus chaudes de l'univers. Il est plus facile d'obtenir qu'un futur froid procède à l'absorption nécessaire si l'univers est en expansion, parce que l'expansion elle-même engendre un effet de refroidissement, or nous vivons dans un univers en expansion. La nature du temps, telle que nous l'appréhendons, peut donc être en relation étroite avec la nature de l'univers en expansion*.

Le temps selon Einstein

Mais que « considère » le photon lui-même comme étant la direction du temps ? La théorie de la relativité nous apprend que des horloges qui se déplacent ralentissent, et qu'elles ralentissent d'autant plus qu'elles approchent de la vitesse de la lumière. En réalité, à la vitesse de la lumière, le temps s'immobilise, et l'horloge s'arrête. Il va de soi qu'un photon se déplace à la vitesse de la lumière, et cela signifie que pour lui le temps est dépourvu de signification. Un photon qui quitte une étoile lointaine et atteint la terre peut voyager pendant des milliers d'années, par rapport aux horloges se trouvant sur terre, mais par rapport au photon lui-même le transfert a pu être instantané. Un photon du rayonnement cosmique fondamental a, selon notre point de vue, voyagé dans l'espace pendant quinze milliards d'années depuis qu'est intervenu le Big Bang, mais pour le photon le Big Bang et notre présent sont confondus. La trajectoire du photon sur un diagramme de Feynman n'a pas de direction, non seulement parce que le photon est sa propre antiparticule, mais encore parce que le mouvement dans le temps n'a pas de signification pour lui — et c'est pourquoi il est sa propre antiparticule.

Les mystiques et les vulgarisateurs qui cherchent à établir un parallèle entre la philosophie orientale et la physi-

---

* Ces idées sont discutées plus en détail, mais dans un langage clair, et non mathématique, au chapitre 6 du livre de Jayant Narlikar *The Structure of the Univers*, Oxford University Press, 1977. *Space and Time in the Modern Universe* de Paul Davies fournit encore plus de détails (Cambridge University Press, 1977). Le lecteur trouvera une orientation plus mathématique dans *The Ultimate Fate of the Universe* de N. J. Islam (Cambridge University Press, 1983).

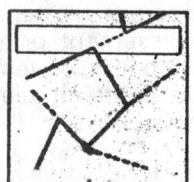 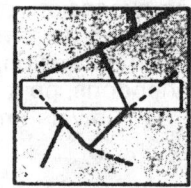 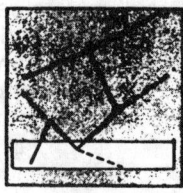

Schéma 9.8. Si l'ensemble des trajectoires des particules étaient fixes dans l'espace-temps, nous pourrions avoir une illusion de mouvement et d'interactions si notre perception passait du moment présent (illustration droite) en avançant dans le temps et vers le haut de la page. La danse des particules n'est-elle qu'une illusion due à notre perception de l'écoulement du temps?

que moderne semblent être passés à côté de cette information, qui nous apprend que tout l'univers, le passé, le présent et le futur, est lié à tout par un réseau de rayonnement électromagnétique, lequel « voit » tout d'un seul coup d'œil. Il est évident que les photons peuvent être créés et détruits, et le réseau est alors incomplet. Mais disons qu'en réalité la trajectoire d'un photon dans l'espace-temps relie peut-être mon œil à l'étoile polaire. Il n'existe pas de mouvement réel du temps qui matérialise une trajectoire allant de l'étoile à mon œil ; ce n'est qu'une affaire de perception par rapport à mon point de vue. Un autre, tout aussi valable, considère la trajectoire comme une caractéristique éternelle autour de laquelle l'univers change, et il se fait qu'à la faveur d'un de ces changements dans l'univers mon œil et l'étoile polaire se trouvent être à des extrémités opposées de la trajectoire.

Qu'en est-il des autres trajectoires des particules dans les diagrammes de Feynman ? Dans quelle mesure sont-elles « réelles » ? Nous pouvons dire à peu près la même chose à leur propos. Imaginez un diagramme de Feynman qui englobe l'ensemble de l'espace et du temps, et sur lequel la trajectoire de chaque particule serait représentée. Imaginez maintenant que vous regardiez ce diagramme à travers une « fenêtre » étroite qui ne permet d'observer qu'un segment limité du temps, et que vous déplaciez régulièrement la « fenêtre » vers le haut de la page. Nous voyons alors une danse complexe de particules en interaction, de production de paires, d'annihilation et d'événements beaucoup plus complexes, un panorama en changement perpétuel. Toutefois, ce que nous faisons consiste à observer quelque chose de fixe dans l'espace et le temps. C'est notre perception qui est responsable de l'altération, non la réalité sous-jacente. Etant tributaires d'un objectif de vision se déplaçant régulièrement, nous voyons un positron évoluer vers l'avant dans le temps plutôt qu'un électron se déplaçant vers l'arrière, mais les deux interprétations sont toutes aussi réelles l'une que l'autre. John Wheeler a été plus loin, en soulignant que nous pourrions imaginer *l'ensemble* des électrons de l'univers liés par des interactions pour former un itinéraire brisé des plus complexes à travers l'espace-temps, en avant et en arrière. Cette idée inspirée joua un rôle décisif dans le travail de Feynman — la représentation d'« un électron isolé animé d'un mouvement alternatif d'arrière en avant, d'avant en arrière, etc., sur le métier à tisser du temps pour réaliser une merveilleuse tapisserie contenant peut-être tous les électrons et tous les positrons du monde*». Dans une telle image, chaque électron où qu'il se trouve dans l'univers ne serait qu'un segment différent d'une seule et même ligne de navigation, la ligne de navigation du seul électron « réel ».

Cette idée n'est pas valable dans notre univers. Pour qu'elle le soit, nous devrions nous attendre à trouver autant de segments inversés de la ligne de navigation, autant de positrons qu'il y a d'électrons, c'est-à-dire de segments dans le « bon sens ». L'idée d'une réalité fixe face à notre vision qui constituerait l'unique élément se modifiant elle non plus ne donne probablement pas satisfaction à un niveau simple — comment serait-elle conciliable avec le principe d'incertitude**? Mais ces

---

* Citation extraite de *L'étrange histoire des quanta* de Banesh Hoffman, Pelican edition, 1963, p. 217, et fondée sur l'explication que donna Wheeler de sa vision.

** Feynman est en fait allé beaucoup plus loin que je ne l'ai indiqué dans cette présentation simple et il a élaboré un traitement des lignes de navigation incluant les probabilités, offrant donc une nouvelle version de la mécani-

idées, considérées ensemble, fournissent un meilleur entendement de la nature du temps que ne le fait notre expérience quotidienne. L'écoulement du temps dans notre monde est en effet statistique, dû en grande partie à l'expansion de l'univers passant d'un état plus chaud à un état plus froid. Pourtant les équations de la relativité admettent le voyage dans le temps, y compris à ce niveau, et le concept est beaucoup plus facile à comprendre en se référant aux diagrammes de l'espace-temps*.

Le mouvement dans l'espace peut adopter l'une ou l'autre direction et faire marche arrière. Le mouvement dans le temps ne peut adopter qu'une direction dans le monde ordinaire, quels que soient les événements apparus au niveau corpusculaire. Il est difficile de visualiser les quatre dimensions de l'espace-temps, formant des angles droits entre elles, mais nous pouvons faire abstraction d'une dimension et imaginer ce que signifierait cette règle stricte si elle était appliquée à l'une des trois dimensions qui sont familières. C'est comme si nous étions autorisés à nous déplacer soit vers le haut soit vers le bas, soit en avant soit en arrière, mais que le mouvement latéral alternatif ne soit que vers la gauche. Le mouvement vers la droite étant interdit. Si nous concevions un jeu destiné aux enfants, articulé autour de cette règle, et que nous disions à l'un d'eux de trouver un moyen d'atteindre une récompense située sur le côté droit (« en arrière dans le temps »), il ne faudrait pas attendre trop longtemps avant que l'enfant trouve une façon de résoudre l'énigme. Retournez-vous pour faire face à l'autre côté, troquez la gauche pour la droite, puis allez chercher la récompense en vous déplaçant vers la gauche. Ou encore, étendez-vous sur le sol de sorte que la récom-

---

que quantique. Freeman Dyson démontra bientôt que du point de vue des résultats elle avait exactement la même valeur que les versions originales de la théorie, mais il s'avéra ultérieurement qu'elle était un outil mathématique beaucoup plus puissant. Nous reviendrons sur cette question.

* Les implications de la théorie de la relativité pour notre compréhension de l'univers et celles du voyage dans le temps ont été traitées de manière plus détaillée dans mon livre *Spacewarps* (Delacorte, New York ; Pelican, Londres, 1983).

pense soit « au-dessus » de vous par rapport à votre tête. Maintenant vous pouvez bouger à la fois vers le « haut » pour saisir la récompense et vers le « bas » pour revenir à votre position initiale avant de vous relever et de reprendre votre orientation spatiale personnelle par rapport à celle des observateurs*. La théorie de la relativité autorise une technique de voyage dans le temps très semblable. Elle implique de déformer la structure de l'espace-temps de sorte que dans une région déterminée de l'espace-temps l'axe du temps s'oriente dans une direction équivalente à l'une des trois directions spatiales dans la région non perturbée de l'espace-temps. L'une des autres directions spatiales assume le rôle du temps, et en échangeant l'espace contre le temps un tel système rendrait véritablement possible le voyage dans le temps, aller et retour.

Le mathématicien américain Frank Tipler a effectué les calculs qui prouvent qu'un tel tour est théoriquement possible. L'espace-temps peut être déformé par de puissants champs gravitationnels, et la machine imaginaire à voyager dans le temps de Tipler est un cylindre très massif, contenant autant de matière que notre soleil dans un volume de 100 km de longueur et 10 km de rayon, aussi dense que le noyau d'un atome, tournant deux fois sur lui-même à chaque milliseconde et entraînant dans son sillage la structure de l'espace-temps. La surface du cylindre se déplacerait à la moitié de la vitesse de la lumière. Ce n'est pas le type d'engin que même le plus fou des inventeurs illuminés est susceptible de construire dans sa cour, mais le fait est que toutes les lois de la physique dont nous avons connaissance le permettent. Il existe même un corps dans l'univers qui a la masse de notre soleil, la densité d'un noyau atomique, et qui tourne sur lui-même une fois toutes les 1,5 millisecondes, seulement trois fois moins vite que la machine à remonter le

---

* J'ai tenté cette expérience sur des enfants d'une part et sur des adultes d'autre part. Environ la moitié des enfants trouvent l'astuce, mais très peu d'adultes. Ceux qui *n'y* parviennent *pas* parlent de tricherie ; et le fait est, selon les équations d'Einstein, que la nature elle-même ne se situe pas au-dessus de ce genre de rouerie.

temps de Tipler. Il s'agit du « pulsar à millisecondes » découvert en 1982. Il est tout à fait improbable que ce corps soit cylindrique — une rotation aussi vertigineuse l'a sûrement aplati, lui conférant la forme d'une crêpe. Il est néanmoins probable que certaines distorsions très particulières de l'espace-temps existent à sa périphérie. Le « véritable » voyage dans le temps n'est peut-être pas impossible, mais très improbable et d'une difficulté extrême. Cette réalité théorique rend déjà plus acceptable l'idée que le voyage quantique s'inscrit dans la normalité de l'univers quantique. La théorie quantique *et* la théorie de la relativité permettent le voyage dans le temps, de l'un ou l'autre type. Et tout ce qui est acceptable pour ces deux théories, quel que puisse être le caractère paradoxal du phénomène, doit être considéré avec sérieux. Le voyage dans le temps est en fait partie intégrante de certaines des caractéristiques plus étranges du monde corpusculaire, où la gratuité récompense parfois celui qui est vigilant.

De la gratuité

En 1935 Hideki Yukawa, qui était alors âgé de vingt-huit ans et maître de conférences en physique à l'Université d'Osaka, suggéra une explication quant à la manière dont les neutrons et les protons dans un noyau atomique pourraient être maintenus solidaires en dépit de la charge positive qui tendrait à faire exploser le noyau sous l'impact de la force électrique. Il était évident qu'il devait exister une force plus forte qui triomphait de la force électrique en de bonnes circonstances. Attendu que la force électrique est véhiculée par le photon, cette force nucléaire forte devait aussi, selon le raisonnement de Yukawa, être transportée par une particule. Il nomma cette particule « méson » et calcula sa masse (laquelle devait se situer entre celles de l'électron et du proton, d'où son nom) en appliquant les règles quantiques au noyau. Comme le photon, les mésons sont des bosons, mais avec une unité de spin, non égale à zéro ; contrairement aux photons ils ont des durées de vie très courtes, ce qui explique qu'on ne peut les voir à l'extérieur du noyau que dans des conditions spéciales. On découvrit en définitive une famille de mésons, ne correspondant pas exactement à ce qu'Yukawa avait prédit mais suffisamment proche pour démontrer le bien-fondé de l'analogie entre l'idée de particules nucléaires échangeant des mésons porteurs de la force nucléaire forte et celle de photons porteurs de la force électrique ; Yukawa reçut le prix Nobel de physique en 1949.

La vision du monde des physiciens contemporains repose en partie sur la confirmation du fait qu'il est possible de concevoir des forces nucléaires, ainsi que des forces électriques en termes d'interactions. Toutes les forces sont dorénavant considérées comme des interac-

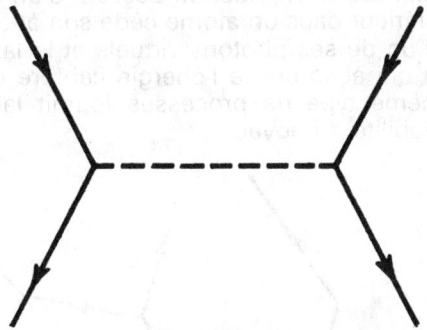

Schéma 9.9. Dans un diagramme de Feynman, deux particules interagissent en échangeant une troisième particule. Dans ce cas particulier, il peut s'agir de deux électrons qui échangent un photon et se repoussent l'un l'autre.

tions. Mais d'où viennent les particules impliquées dans les interactions ? Conformément au principe d'incertitude, elles viennent de nulle part, elles sont « gratuites ».

Le principe d'incertitude s'applique aux propriétés de complémentarité du temps et de l'énergie, ainsi qu'à la position et la quantité de mouvement. Moins il y a d'incertitude quant à l'énergie impliquée dans un événement au niveau corpusculaire, plus il y a d'incertitude quant au moment de l'événement, et vice versa. Un électron n'apprécie pas la solitude ; il puise en effet de l'énergie dans la relation d'incertitude pendant une période de temps suffisamment courte et l'utilise pour créer un photon. Il y a problème parce que dès que le photon est créé, ou peu s'en faut, l'électron doit le réabsorber, et ce avant que le monde ne « remarque » que la conservation de l'énergie a été violée. Les photons n'existent que pendant une infime fraction de seconde, moins de 10^{-15} s, mais ils apparaissent et disparaissent constamment autour des électrons. C'est comme si chaque électron était entouré d'un nuage de photons « virtuels », qui n'auraient besoin que d'un petit apport énergétique extérieur pour s'échapper et devenir réels. Un électron passant d'un état excité à un état inférieur dans un atome cède son énergie excédentaire à l'un de ses photons virtuels et le laisse libre ; un électron qui absorbe de l'énergie capture un photon libre. Le même type de processus fournit la colle qui assure la stabilité du noyau.

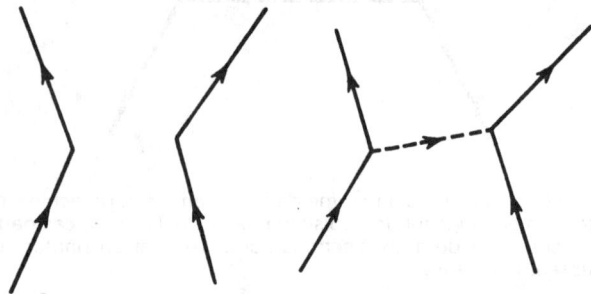

Schéma 9.10. La vieille idée de l' « action à distance » (à gauche) est remplacée par celle voulant que des particules soient porteuses de la force.

Nous dirons en termes approximatifs que la masse et l'énergie étant interchangeables, le « rayon d'action » d'une force est inversement proportionnel à la masse de la particule qui fournit la colle, ou si plusieurs particules sont impliquées, à la masse de la plus légère. Attendu que les photons n'ont pas de masse, le rayon d'action de la force électromagnétique est théoriquement infini, bien qu'il devienne infiniment petit à une distance infinie d'une particule chargée. Les hypothétiques mésons de Yukawa avaient un rayon d'action si minuscule, indiqué par le rayon d'action de la force nucléaire forte, que leur masse devait être égale à 200 ou 300 fois celle de l'électron. En tant que particules, les mésons sont lourds. Les mésons impliqués dans l'interaction nucléaire forte furent découverts dans le rayonnement cosmique en 1946 ; on les appelle mésons pi, ou pions. Le pion non chargé ou neutre a une masse 264 fois supérieure à celle de l'électron, et les pions négatif et positif pèsent 273 masses électroniques. En termes grossiers, leur masse correspond à un septième de celle du proton. Pourtant, la solidarité de deux protons dans le noyau est due à un échange répété de pions dont le poids correspond à une fraction non négligeable de celui des protons, et ceci intervient sans que la masse des protons diminue. Ce phénomène n'est possible que parce que les protons sont capables de tirer

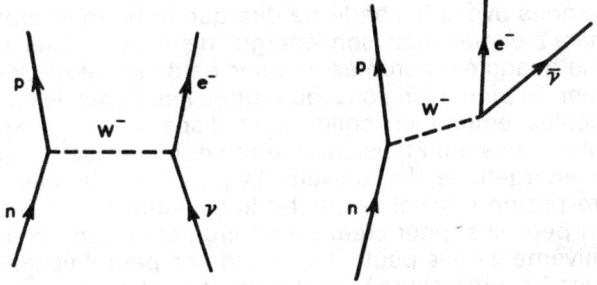

Schéma 9.11. Deux manières différentes de considérer la même interaction entre des particules — remplacez un neutrino entrant par un antineutrino sortant. Il s'agit du processus de désintégration bêta au cours duquel un neutron se transforme successivement en un proton, un électron et un neutrino.

233

avantage du principe d'incertitude. Un pion est créé qui s'allie à un autre proton, et disparaît dans l'éclair d'incertitude autorisé pendant que l'univers « ne regarde pas ». Les protons et les neutrons — des nucléons — ne peuvent échanger de mésons que lorsqu'ils sont très proches l'un de l'autre, essentiellement quand ils sont « en contact », pour utiliser une expression inappropriée du monde ordinaire. Autrement, les pions virtuels ne peuvent franchir le fossé dans le temps imparti par le principe d'incertitude. Le modèle explique donc sans ambiguïté pourquoi l'interaction nucléaire forte est une force qui n'exerce aucun effet sur les nucléons à l'extérieur du noyau, mais un effet très puissant sur les nucléons à l'intérieur du noyau*.

Un proton est donc plus encore le centre de son propre nuage d'activité que l'électron. Au cours de son déplacement dans l'espace (et le temps) un proton libre émet et réabsorbe constamment tant des photons que des mésons virtuels. Il existe une autre manière de considérer ce phénomène. Imaginez qu'un seul proton n'émette qu'un seul pion et le réabsorbe. Simple. Mais adoptons un regard différent. Au départ, il n'y a que le proton ; ensuite un proton et un pion ; et pour finir à nouveau un proton. Attendu que les protons sont des particules indiscernables, nous avons la liberté de dire que le premier proton *disparaît* et transmet son énergie de masse, plus une infime quantité empruntée au principe d'incertitude, pour donner un pion et un nouveau proton. Peu après, les deux particules entrent en collision et disparaissent, engendrant ce faisant un troisième proton et rétablissant l'équilibre énergétique de l'univers. Et pourquoi s'arrêter là ? Notre proton original ne peut-il transmettre son énergie, et un peu plus, pour créer un *neutron* et un pion chargé positivement ? Il le peut. Et un proton ne peut-il échanger ensuite ce pion chargé positivement contre un neutron,

---

* En fait, Yukawa effectua ses calculs en sens inverse. Il connaissait le rayon d'action de la force nucléaire forte, et cela lui permit d'établir les limites de l'incertitude du temps impliquées dans les interactions nucléoniques. Il se fit ainsi une idée de l'énergie, ou masse, des particules porteuses (ou médiatrices) de l'interaction.

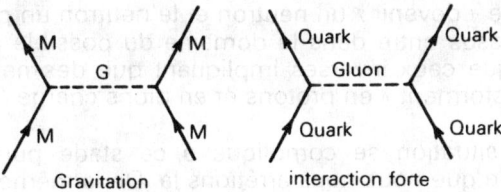

Schéma 9.12. Toutes les forces fondamentales peuvent être interprétées en termes d'échange de particules. Dans ces exemples, deux particules lourdes (M) interagissent en échangeant un graviton (G), et deux quarks interagissent en échangeant un gluon.

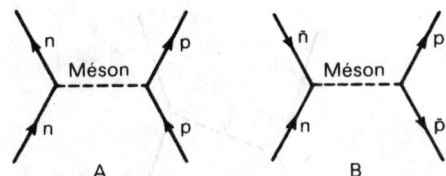

Schéma 9.13. Comme toujours, la direction du temps dans ces diagrammes relève d'un choix arbitraire. Dans le cas A, un neutrino et un proton se déplaçant vers le haut de la page interagissent en échangeant un méson. Dans le cas B, un neutron et un antineutrino se déplaçant de gauche à droite se rencontrent et s'annihilent pour produire un méson, qui, à son tour, se désintègre pour produire une paire proton/antiproton. Ces « réactions croisées » montrent comment les concepts de force et de particule deviennent indiscernables.

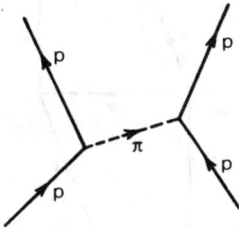

Schéma 9.14. Deux protons se repoussent l'un l'autre par l'échange d'un pion.

afin de « devenir » un neutron et le neutron un proton. Ce processus entre dans le domaine du possible au même titre que ceux inverses impliquant que des neutrons se « transforment » en protons et en pions chargés négativement.

La situation se complique à ce stade puisque rien n'exige que nous nous arrêtions là. De la même manière, un pion peut se transformer de lui-même en un neutron et un antiproton pour un court laps de temps, avant de retourner à l'état normal, et cela peut même advenir à un pion virtuel, lequel fait lui-même partie du modèle de Feynman relatif au proton ou au neutron. Un proton pour-

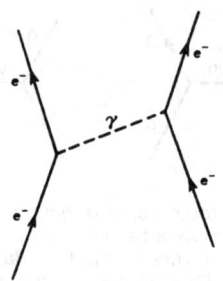

Schéma 9.15. Deux électrons interagissent par l'échange d'un photon.

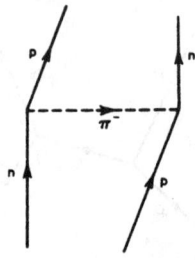

Schéma 9.16. Grâce à un pion chargé, un neutron se transforme en un proton en interagissant avec un proton qui devient un neutron.

suivant sa course peut exploser en un réseau bourdonnant de particules virtuelles interagisant toutes les unes avec les autres, puis reprendre son état original. Toutes les particules peuvent être considérées comme des combinaisons d'autres particules impliquées dans ce que Fritjof Capra nomme « la danse cosmique ». L'histoire n'est toujours pas terminée. Jusqu'ici nous n'avons rien obtenu gratuitement, bien que nous ayons eu beaucoup à peu de frais. Poussons donc les choses à l'extrême.

Il est possible de dire qu'il existe une incertitude inhérente quant à l'existence ou à l'inexistence d'une particule pendant un laps de temps suffisamment court si on admet qu'il existe une certitude inhérente relative à l'énergie disponible pour une particule pendant un laps de temps suffisamment bref. Rien ne peut empêcher un échantillon de particules d'apparaître à partir de rien puis de se recombiner entre elles et de disparaître avant que l'univers ne remarque le phénomène, pour autant que certaines règles soient respectées telles que la conservation de la charge électrique et l'équilibre entre particules et antiparticules. Un électron et un positron peuvent apparaître à partir de rien, à condition qu'ils disparaissent assez rapidement ; un proton et un antiproton peuvent agir de même. A proprement parler les électrons ne peuvent réaliser cette pirouette qu'avec l'aide d'un photon, et les protons avec le concours d'un méson, pour parvenir à la « dispersion » requise. Un photon qui n'existe pas crée une paire positron/électron, qui ensuite s'annihile pour donner naissance au photon se trouvant à l'origine de leur création — souvenez-vous que le photon ne connaît pas de différence entre le futur et le passé. On peut également se représenter l'électron courant après sa propre queue dans un tourbillon temporel. Il apparaît d'abord, sortant du vide comme un lapin du chapeau d'un magicien, puis il voyage vers l'avant dans le temps sur une courte distance avant de s'apercevoir de son erreur, prenant conscience de sa propre irréalité, et faisant demi-tour pour retourner d'où il vient, vers l'arrière dans le temps à son point de départ. Là, il change de direction, et le processus se poursuit grâce à l'interaction d'un photon

— un événement de dispersion à haute énergie — à chaque « extrémité » de la boucle.

Selon nos meilleures théories sur le comportement des particules, le vide est en lui-même une masse bouillonnante de particules virtuelles, même en l'absence de particules « réelles ». Nous ne sommes pas en train de jongler bêtement avec les équations, car si nous n'acceptons

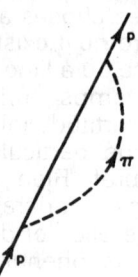

Schéma 9.17. Un proton peut aussi créer un pion « virtuel », pour autant qu'il soit rapidement réabsorbé.

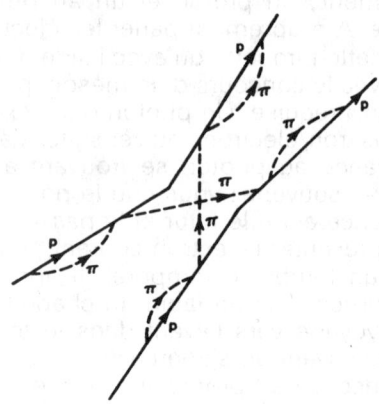

Schéma 9.18. La répulsion de deux protons par l'échange de pions est plus complexe que ne le montrait le schéma 9.14.

pas l'effet de ces fluctuations du vide nous n'obtenons pas les bonnes réponses aux problèmes relatifs à la dispersion des particules par elles-mêmes. Voici une preuve attestant que la théorie — qui se fonde directement sur les relations d'incertitude — est correcte. Les particules virtuelles et les fluctuations du vide sont tout aussi réelles que le reste de la théorie quantique — aussi réelle que la dualité onde/particule, que le principe d'incertitude, et que l'action à distance. Dans un tel monde, il paraît difficilement possible de qualifier de paradoxe l'énigme du chat de Schrödinger.

Le chat de Schrödinger

Le célèbre paradoxe du chat fut publié pour la première fois (*in Naturwissenschaften,* vol 23, page 812) en 1935, la même année que l'article EPR. Einstein considéra la proposition de Schrödinger comme la « plus jolie manière » de prouver que la représentation ondulatoire de la matière est une représentation incomplète de la réalité[*] et aujourd'hui le paradoxe du chat comme l'argument EPR font encore l'objet de discussion en théorie quantique. Cependant, contrairement à l'argument EPR, il n'a pas été résolu à la satisfaction générale.

Pourtant le concept sous-tendant cette expérience imaginée est très simple. Schrödinger suggéra que nous pensions à une boîte qui contient une source radioactive, un détecteur qui enregistre la présence de particules radioactives (un compteur Geiger, par exemple), une fiole contenant un poison tel que du cyanure, et un chat vivant. L'appareil dans la boîte est réglé de sorte que le détecteur fonctionne pendant un temps suffisant pour qu'il y ait cinquante pour cent de chance que l'un des atomes du matériau radioactif se désintègre et que le détecteur enregistre une particule. Si le détecteur enregistre un tel événement, la fiole se brise et le chat meurt, dans le cas

---

[*] Cf. par exemple, les lettres 16-18 in *Letters on Wawe Mechanics* de Schrödinger.

Schéma 9.19. Un neutron peut se transformer brièvement en un proton plus un pion chargé, pourvu que ces derniers se réassemblent rapidement.

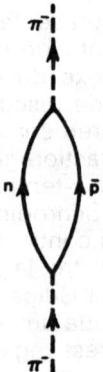

Schéma 9.20. Un pion peut créer une paire virtuelle neutron/antiproton pendant un laps de temps aussi bref.

contraire le chat vit. Nous n'avons aucun moyen de connaître l'issue de cette expérience jusqu'à ce que nous ouvrions la porte pour regarder à l'intérieur ; la désintégration radioactive se produit tout à fait au hasard et est imprévisible sauf dans un sens statistique. Selon l'interprétation de Copenhague stricte, comme dans l'expérience avec les deux trous, il existe une probabilité égale que l'électron passe à travers l'un ou l'autre trou, et les deux possibilités se chevauchant entraînent une superposition des états, donc dans ce cas des probabilités égales pour la désintégration radioactive ou son absence devraient engendrer une superposition des états. L'ensemble de l'expérience se conforme à la règle selon laquelle la superposition est « réelle » jusqu'à ce que nous observions l'expérience, et que c'est seulement à cet instant de l'observation que la fonction ondulatoire s'effondre dans l'un des deux états. Jusqu'à ce que nous regardions à l'intérieur, il y a un échantillon radioactif qui à la fois se désintègre et ne se désintègre pas, une fiole de poison qui n'est ni brisée ni intacte, et un chat qui est à la fois mort et vivant, ni vivant ni mort.

C'est une chose d'imaginer une particule élémentaire telle qu'un électron comme étant ni ici ni là-bas mais dans une superposition d'états, il est beaucoup plus difficile d'imaginer un chat dans cette forme de vie suspendue. Schrödinger choisit son exemple pour prouver qu'il y avait une faille dans l'interprétation de Copenhague stricte, puisqu'il était évident que le chat ne pouvait être en même temps mort et vivant. Mais cela est-il plus « évident » que le « fait » qu'un électron ne peut pas être en même temps une particule et une onde ? On a déjà constaté que le bon sens en tant que référence à la réalité quantique faisait défaut. Notre connaissance du monde quantique nous apprend qu'il convient de ne pas se fier au bon sens mais essentiellement aux phénomènes que nous observons directement ou détectons sans ambiguïté avec nos instruments. Nous *ignorons* ce qu'il advient à l'intérieur de la boîte tant que nous ne procédons pas à son observation.

Les polémiques relatives à ce chat se poursuivent

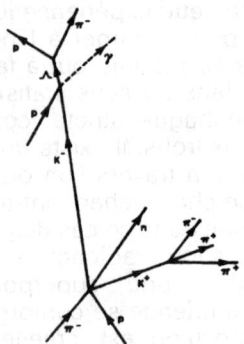

Schéma 9.21 Diagramme (espace-temps) de Feynman relatif à une interaction authentique de plusieurs particules révélée par une photographie de la chambre à bulles et décrite dans le *Tao de la Physique* de Fritjof Capra.

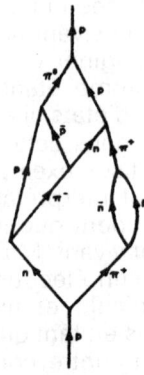

Schéma 9.22 Un seul proton peut être impliqué dans un réseau d'interactions virtuelles tel que celui-ci, extrait de *The World of Elementary Particles* par K. Ford, Blaisdell, New York, 1963. De telles interactions se produisent constamment. Aucune particule n'est aussi isolée qu'il y paraît à première vue.

depuis cinquante ans. Une école de pensée affirme qu'il n'y a aucun problème, parce que le chat est tout à fait capable de décider seul s'il est vivant ou mort, et que la conscience de l'animal est suffisante pour provoquer l'effondrement de la fonction ondulatoire. Dans ce cas, où placez-vous la limite ? Une fourmi, ou une bactérie, seraient-elles suffisamment conscientes des événements. Et si nous considérions un animal non pas moins mais plus évolué que le chat. Attendu qu'il ne s'agit pas d'une expérience réelle, nous pouvons imaginer qu'un volontaire humain prenne la place du chat dans la boîte (on nomme parfois ce volontaire l'« ami de Wigner », d'après Eugène Wigner, un physicien qui réfléchit beaucoup aux variantes de l'expérience du chat dans la boîte, et qui précisons-le incidemment était le beau-frère de Dirac). Il ne fait aucun doute que l'occupant humain de la boîte est un observateur compétent, doté de la faculté mécanique-quantique de déclencher l'effondrement de la fonction ondulatoire. Quand nous ouvrirons la boîte et en supposant que nous ayons la chance de constater qu'il est encore en vie, nous pouvons être tout à fait certains qu'il ne reportera aucune expérience mystique mais annoncera simplement que la source radioactive n'est pas parvenue à produire des particules pendant le laps de temps qui lui était imparti. Et pourtant, pour nous qui sommes à l'extérieur de la boîte la seule manière correcte de décrire les conditions à l'intérieur de la boîte implique une superposition d'états, jusqu'à ce que nous regardions.

La chaîne est infinie. Imaginez que nous ayons annoncé l'expérience au public intrigué, mais que pour éviter l'interférence de la presse, elle ait été réalisée à huis clos. Même après que nous ayons ouvert la boîte et que nous ayons félicité notre ami ou que nous en ayons extrait son corps, les journalistes à l'extérieur ignorent ce qui se produit. Pour eux, l'immeuble dans lequel se tient notre laboratoire se trouve dans une superposition d'états. Et ainsi de suite, en une régression infinie.

Mais supposons que nous remplacions l'ami de Wigner par un ordinateur. L'ordinateur peut enregistrer l'information relative à la désintégration radioactive, ou à

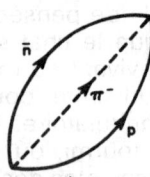
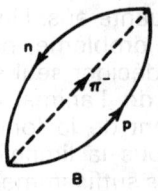

Schéma 9.23. Un proton, un antineutrino et un pion peuvent se matérialiser à partir de rien, comme une fluctuation du vide, pendant un bref laps de temps avant d'être annihilés (A). Il est possible de représenter la même interaction comme une boucle dans le temps, avec un proton et un neutron qui se poursuivent l'un l'autre autour d'un tourbillon temporel reliés entre eux par un pion (B). Les deux visions sont tout aussi valables l'une que l'autre.

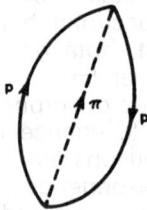

Schéma 9.24. De la même manière, un proton peut courir après sa queue dans le temps.

son absence. Un ordinateur peut-il provoquer l'effondrement de la fonction ondulatoire (tout au moins à l'intérieur de la boîte) ? Pourquoi pas ? Selon un autre point de vue, ce qui importe n'est pas la conscience humaine de l'issue de l'expérience, ni même la conscience d'une créature vivante, mais le fait que l'issue d'un événement au niveau quantique a été enregistré ou a exercé un impact sur le macromonde. L'atome radioactif peut être dans une superposition d'états, mais dès que le compteur Geiger a « recherché » les produits de la désintégration, l'atome est contraint d'adopter l'un ou l'autre état, de choisir entre la désintégration et la non-désintégration.

Donc, contrairement à l'expérience EPR, l'expérience

du chat-dans-la-boîte présente vraiment une coloration paradoxale. Il est impossible de la réconcilier avec l'interprétation stricte de Copenhague sans accepter la « réalité » du chat mort-vivant, et cela a amené Wigner et John Wheeler à considérer la possibilité que, en raison de la régression infinie de la cause et de l'effet, l'ensemble de l'univers pourrait ne devoir son existence « réelle » qu'au fait qu'il est observé par des êtres intelligents. La plus paradoxale de toutes les possibilités inhérentes à la théorie quantique résulte directement de l'expérience du chat de Schrödinger et est issue de ce que Wheeler nomme une expérience de choix différé.

L'univers participant

Wheeler a écrit plusieurs milliers de mots sur la signification de la théorie quantique, dans maintes publications, en l'espace de quarante ans*. La présentation la plus claire de son concept de « l'univers participant » se trouve peut-être dans sa contribution à *Some Strangeness in the Proportion*, les comptes rendus (édités par Harry Woolf) d'un symposium tenu pour célébrer le centenaire de la naissance d'Einstein. Dans cet ouvrage (chap. 22) il raconte une anecdote intervenue au cours d'un dîner alors qu'en compagnie d'un groupe de personnes ii jouait au vieux jeu des devinettes. Quand son tour arriva de sortir de la pièce pour que les autres invités puissent décider quel était l'objet à découvrir, il en fut exclu pendant un temps « incroyablement long », une situation qui attestait que ses compères choisissaient un mot singulièrement

---

* Il est né en 1911, à la meilleure époque pour bénéficier des retombées des découvertes des années vingt. Les générations ultérieures n'ont eu qu'à accepter la théorie quantique à la manière d'un héritage et à utiliser le livre de cuisine quantique en tant que règles du jeu acceptées. Pour les générations précédentes, le soulagement dû au fait qu'une théorie cohérente avait été trouvée alliée aux effets naturels du « vieillissement », minimisèrent l'orientation pionnière. La génération de Wheeler et de Feynman fut inévitablement celle qui souffrit le plus pour rechercher la signification de ces informations, sans oublier Einstein qui, comme à l'accoutumée, constituait une exception.

difficile ou s'apprêtaient à lui jouer un tour. De retour dans la pièce, il constata que les réponses de chacun à des questions telles que « est-ce un animal ? » et « est-ce vert ? » étaient tout d'abord très rapides, mais au fur et à mesure que le jeu avançait elles tardaient de plus en plus, une démarche étrange puisque tous étaient supposés s'être mis d'accord sur l'objet et qu'il convenait de répondre par « oui » ou par « non ». Pour quelle raison la personne interrogée devait-elle réfléchir si longtemps avant de donner une réponse simple ? En définitive, alors qu'il ne restait plus qu'une question, Wheeler demanda — « Est-ce un nuage ? » Le « oui » fusa accompagné d'un éclat de rire de l'assistance, et on lui révéla le secret.

Ses compères s'étaient mis d'accord non sur l'objet qu'il convenait de deviner, mais sur le fait que chaque personne interrogée devait donner une réponse sincère concernant un objet réel auquel elle pensait et qui devait correspondre à toutes les réponses précédentes. Au fur et à mesure le jeu devint aussi difficile pour la personne interrogée que pour l'interrogateur.

Quel est le point commun entre cette anecdote et la physique quantique ? A l'instar de notre concept du monde réel qui existe même lorsque nous ne le regardons pas, Wheeler imagina qu'il y avait une réponse réelle pour l'objet qu'il essayait d'identifier. Mais tel n'était pas le cas. Seules les réponses à ses questions étaient réelles, de la même manière que nos seules connaissances sur le monde quantique sont les résultats des expériences. Le nuage fut, en un certain sens, créé par le processus des questions, et dans le même sens, l'électron est créé par notre processus de vérification expérimentale. L'anecdote met en évidence l'axiome fondamental de la théorie quantique, selon lequel aucun phénomène élémentaire n'est un phénomène jusqu'à ce qu'il soit un phénomène enregistré. Le processus de l'enregistrement peut jouer des tours étranges à notre concept ordinaire de la réalité.

Pour prouver son point, Wheeler conçut une autre expérience imaginée, une variante de l'expérience des deux fentes. Dans cette version du jeu, les deux fentes sont associées à un objectif pour concentrer la lumière traversant le système, et l'écran standard est remplacé par un autre objectif pouvant faire diverger des photons sortant de chacune des deux fentes. Un photon qui passe par une fente traverse le second écran et est dévié par le second objectif vers un détecteur sur la gauche ; un photon passant à travers l'autre fente se dirige vers un détecteur sur la droite. Avec ce dispositif expérimental, nous savons par quelle fente passe chaque photon, avec la même certitude que dans la version où nous observons chaque fente pour voir si le photon passe. De la même manière, si nous autorisons à un moment un photon à traverser l'appareil nous identifions sans ambiguïté l'itinéraire qu'il suit et il n'y a pas d'interférence puisqu'il n'y a pas superposition des états.

Modifions à nouveau le dispositif. Plaçons sur le second objectif un film photographique plié en accordéon comme un store vénitien. Les lamelles peuvent être fermées pour former un écran total, empêchant les photons de passer à travers l'objectif et d'être déviés. Ou elles peuvent être ouvertes, permettant le passage des photons comme précédemment. Maintenant quand les lamelles sont fermées les photons arrivent sur l'écran de la même manière que dans l'expérience classique des deux fentes. Nous n'avons aucun moyen de dire par quel trou chacun d'eux passe, et nous avons un modèle d'interférence comme si chaque photon passait par les deux fentes en même temps. C'est à ce stade que se situe l'astuce. Avec ce dispositif, nous ne devons pas décider si les lamelles sont ouvertes ou fermées tant que le photon n'est pas déjà passé par les deux trous. Nous pouvons attendre que le photon ait franchi les fentes, et décider *ensuite* de créer une expérience dans laquelle il est passé par un seul trou ou par les « deux » à la fois ». Dans cette expérience de choix différé, un acte que nous posons *maintenant* exerce une influence indéniable sur ce que nous sommes en mesure de dire du passé. L'histoire, pour un photon au moins, dépend de la manière dont nous choisissons d'effectuer une mesure.

Les philosophes ont longtemps réfléchi au fait que l'histoire n'a pas de signification — le passé n'existe pas — sauf en fonction de la manière dont elle est enregistrée dans le présent. L'expérience du choix différé de Wheeler matérialise ce concept abstrait en termes pratiques. « Nous n'avons pas plus le droit de dire « ce que fait le photon » — jusqu'à ce que nous l'ayons constaté — que de dire « quel mot est dans la pièce » — tant que le jeu des questions et des réponses n'est pas terminé. » (*Some Strangeness*, page 358).

Jusqu'où peut-on pousser ce concept? Les bons chefs quantiques, qui construisent leurs ordinateurs et manipulent le matériel génétique, vous diront que tout cela n'est que spéculation philosophique, et ne signifie rien dans le monde quotidien, macroscopique. Mais tout dans le monde macroscopique est constitué de particules qui obéissent aux règles quantiques. Tout ce que nous qualifions de réel est fait d'objets qui ne peuvent pas être considérés comme tels ; « quel autre choix avons-nous si ce n'est de dire que d'une certaine manière, qui reste à découvrir, ils doivent tous être construits sur les statistiques de milliards de milliards de ces actes de participation de l'observateur? »

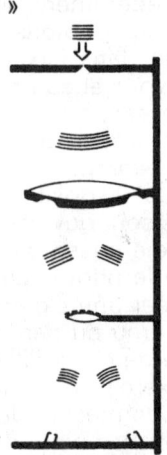

Schéma 9.25. L'expérience de la double fente du choix différé de Wheeler (cf. texte).

N'hésitant jamais devant une vision intuitive (souvenez-vous de l'électron isolé tissant son itinéraire dans l'espace et le temps), Wheeler s'attacha à étudier l'univers dans son ensemble comme un circuit participant, auto-excité. Partant du Big Bang, l'univers s'étend et se refroidit ; après plusieurs milliards d'années il engendre des êtres capables d'observer l'univers, et des « actes de participation de l'observateur — par l'intermédiaire du mécanisme de l'expérience du choix différé — confèrent à leur tour une « réalité » tangible à l'univers non seulement présent mais encore passé. » Il se peut qu'en observant les photons du rayonnement cosmique fondamental — l'écho du Big Bang —, nous créions le Big Bang et l'univers. Si l'hypothèse de Wheeler est correcte, Feynman était encore plus proche de la vérité qu'il ne le pensait quand il affirma que .« le seul mystère » résidait dans l'expérience des deux fentes.

En suivant Wheeler, nous nous sommes promenés dans les royaumes de la métaphysique, et j'imagine sans problème que de nombreux lecteurs penseront que puisque tout cela dépend d'expériences hypothétiques, nous pouvons faire ce que bon nous semble et que l'interpréta-

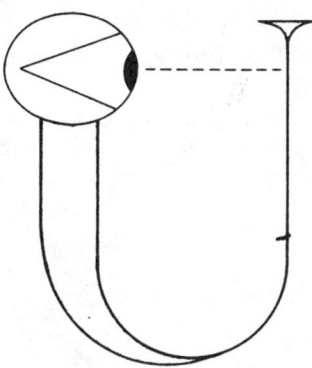

Schéma 9.26. L'ensemble de l'univers peut être considéré comme une expérience de choix différé dans laquelle l'existence des observateurs qui constatent ce qu'il advient correspond à ce qui confère une réalité tangible à l'origine de tout.

tion de la réalité à laquelle nous souscrivons n'a aucune importance. Ce dont nous avons besoin est une preuve patente émanant d'expériences réelles sur lesquelles fonder un jugement du meilleur choix d'interprétation entre toutes les options métaphysiques qui s'offrent à nous. Et c'est précisément de cette preuve que nous a gratifié l'expérience d'Aspect au début des années quatre-vingt — la preuve attestant que l'étrangeté quantique n'est pas seulement réelle mais encore observable et mesurable.

Chapitre 3

LA QUALITÉ SE RÉVÈLE À L'USAGE

La preuve expérimentale, directe de la réalité paradoxale du monde quantique est issue des versions modernes de l'expérience EPR. Les expériences modernes n'impliquent pas des mesures de la position et de la quantité de mouvement des particules mais du spin et de la position — une propriété de la lumière qui est à certains égards analogue au spin d'une particule matérielle. David Bohm, du *Birkbeck College* à Londres, introduisit l'idée des mesures du spin dans une nouvelle version de l'expérience EPR en 1952, mais ce n'est que dans les années soixante qu'on considéra sérieusement des expériences performantes pour vérifier les prédictions de la théorie quantique en de telles situations. Le progrès conceptuel apparut en 1964 dans un article de John Bell, un physicien du CERN, le Centre européen de recherches près de Genève [*]. Mais pour comprendre les expériences, il convient de revenir un peu en arrière par rapport à la date de publication de cet article et de nous assurer que nous savons ce que recouvrent les notions de « spin » et de « polarisation ».

---

[*] J.S. Bell, *Physics*, vol. 1, p. 195, 1964.

Le paradoxe du spin

Il est heureux que nombre des particularités du spin d'une particule telle qu'un électron puissent être ignorées dans ces expériences. Peu importe que la particule doive « tourner » deux fois sur elle-même avant de nous remontrer le même visage. Il convient de savoir que le spin d'une particule définit une direction dans l'espace, de haut en bas, semblable à la façon dont le spin de la terre détermine la direction de l'axe nord-sud. Comparé à un champ magnétique uniforme, un électron ne peut se trouver que dans un des deux états possibles, parallèle ou antiparallèle au champ, « en haut » ou « en bas » selon une convention arbitraire. La variante de Bohm sur la discussion EPR a pour point de départ une paire de protons associée à une autre dans une configuration dite en singlet. Le moment angulaire total d'une telle paire de protons est toujours égal à zéro, et nous pouvons alors imaginer la molécule se divisant en ses deux particules composantes qui adoptent des directions opposées. Chacun de ces protons peut avoir un moment angulaire, ou spin, mais ils doivent avoir des quantités de spin égales et opposées afin que le total soit toujours égal à zéro, comme lorsqu'ils étaient ensemble*.

Il s'agit d'une prédiction sur laquelle s'accordent la théorie quantique et la mécanique classique. Si vous connaissez le spin d'une particule de la paire, vous connaissez celui de l'autre puisque le total est égal à zéro. Comment mesure-t-on le spin d'une particule ? Dans le monde classique, la mesure est simple. Attendu que nous traitons des particules dans le monde tridimensionnel, nous devons mesurer trois directions du spin. L'addition des trois composantes (en utilisant les règles arithmétiques du vecteur, que je n'exposerai pas ici) donnent le spin total. Mais dans le monde quantique, la situation

---

* Dans cet exemple, je suis la description claire et détaillée de l'expérience de Bell selon Bernard d'Espagnat dans « The quantum theory and reality », *Scientific american offprint*, numéro 3066. Ma version est cependant très simpliste et l'article de d'Espagnat est beaucoup plus détaillé.

est très différente. Premièrement, en mesurant une composante du spin vous modifiez les autres ; les vecteurs du spin sont des propriétés complémentaires et ne peuvent être mesurés simultanément pas plus que la position et la quantité du mouvement. Deuxièmement, le spin d'une particule telle qu'un électron ou un proton est lui-même quantifié. Si vous mesurez le spin dans une direction, vous obtenez pour réponse en haut ou en bas, parfois exprimée par + 1 ou - 1. Mesurez le spin dans une direction, que nous nommerons l'axe z, et il se peut que vous obteniez la réponse + 1 (il y a 50 % de chances que telle soit l'issue de l'expérience). Mesurez ensuite le spin dans une direction différente, disons sur l'axe y. Quelle que soit la réponse obtenue, revenez en arrière et remesurez le spin dans la première direction étudiée, celle que vous « connaissez » déjà. Répétez l'expérience plusieurs fois et étudiez les réponses obtenues. Il s'avère que bien qu'ayant constaté que le spin de la particule dans la direction z était ascendante avant la mesure du spin dans la direction y, après avoir procédé à la mesure y vous n'obtenez une réponse « ascendante » pour les mesures répétées de z qu'une fois sur deux. Le fait de mesurer le vecteur de spin complémentaire a restauré l'incertitude quantique de l'état que vous avez mesuré précédemment[*].

Qu'advient-il donc quand nous tentons de mesurer le spin de l'une de nos particules séparées ? Considérée seule, on peut penser que chaque particule expérimente des fluctuations au hasard dans les composantes de son spin qui compliqueront toute tentative visant à mesurer le spin total de l'une ou l'autre particule. Mais considérées ensemble, les deux particules doivent avoir des spins exactement égaux ou opposés. Ainsi les fluctuations au hasard du spin d'une particule doivent-elles être annulées

---

[*] Peut-être pensez-vous que l'incertitude doit être $\hbar$? Vous avez raison. L'unité fondamentale de spin est $1/2\ \hbar$ ainsi que Dirac l'a établi, et c'est ce que nous entendons par la formule abrégée « + 1 unité de spin ». La différence entre + 1 unité et − 1 unité est la différence entre $1/2\ \hbar$ positif et négatif, laquelle bien sûr est $\hbar$. Mais dans les expériences dont nous discutons la seule chose qui importe est la *direction* du spin.

par des fluctuations au hasard équilibrantes, égales et opposées des composantes du spin de l'autre particule, très éloignée. Comme dans la polémique relative au paradoxe EPR, les particules sont liées par l'action à distance. Einstein considérait que cette non-localisation « fantôme » était absurde, qu'elle impliquait une faille dans la théorie quantique. John Bell montra comment organiser des expériences pour mesurer cette non-localisation fantôme et prouva l'exactitude de la théorie quantique.

L'énigme de la polarisation

La plupart des expériences conçues à ce jour pour procéder à cette vérification ont impliqué la polarisation des photons plutôt que le spin des particules matérielles, mais le principe est le même. La polarisation est une propriété qui définit une direction spatiale associée à un photon, ou à un faisceau de photons, de la même manière que le spin définit une direction spatiale associée à une particule matérielle. Le principe des verres solaires Polaroïd consiste à bloquer tous les photons qui n'ont pas une certaine polarisation, ce qui rend plus foncée la scène qu'observe leur porteur. Imaginez que les lunettes de soleil soient constituées d'une série de lamelles, comme un store vénitien, et que les photons portent de longues lances. Tous les photons qui portent leurs lances pointées vers l'avant peuvent se glisser entre les lamelles et sont donc visibles à vos yeux ; tous les photons tenant leurs lances vers le haut ne peuvent franchir les lamelles étroites et sont donc bloqués à l'extérieur. La lumière ordinaire contient toutes sortes de polarisations — des photons qui portent leurs lances selon des angles différents. Il existe aussi une sorte de polarisation dite polarisation circulaire, où la direction de la polarisation se modifie au fur et à mesure de la progression des photons, comme si, pour diversifier mes analogies, elle était représentée par l'orientation de la canne de tambour-major qu'une majorette fait virevolter dans les airs. Elle se présente selon deux variétés, dextrogyre et lévogyre, et peut

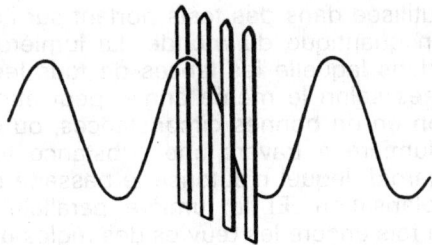

Schéma 10.1. Des ondes polarisées verticalement franchissent une « clôture ajourée ».

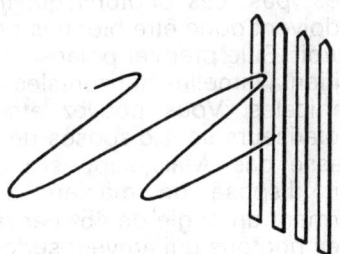

Schéma 10.2. Des ondes polarisées horizontalement sont bloquées.

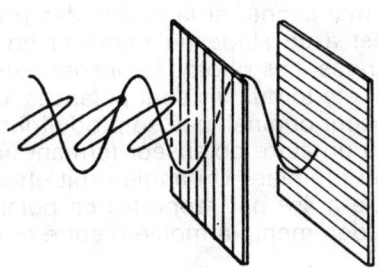

Schéma 10.3. Des polariseurs croisés arrêtent toutes les ondes.

aussi être utilisée dans des tests portant sur l'exactitude de la vision quantique du monde. La lumière parallèle polarisée, dans laquelle les lances de tous les photons sont inclinées selon le même angle, peut être produite par réflexion en de bonnes circonstances, ou en faisant passer la lumière à travers une substance telle qu'un objectif Polaroïd, lequel n'autorise le passage que d'une certaine polarisation. Et la lumière parallèle polarisée montre une fois encore les œuvres des règles de l'incertitude quantique.

Comme le spin d'une particule au niveau quantique, la polarisation d'un photon dans une direction ou dans une autre est une propriété « oui/non ». Soit elle est polarisée dans une certaine direction — verticalement peut-être — soit elle ne l'est pas. Les photons qui franchissent un store vénitien doivent donc être bloqués par un autre disposé à angle droit. Si le premier polariseur est semblable à un store vénitien à lamelles horizontales, le second sera à lamelles verticales. Vous pouvez être assurés que quand deux polariseurs sont disposés de cette façon, la lumière ne passe pas. Mais supposez que le second polariseur soit disposé de manière à ce que ses « lamelles » forment un angle de 45° par rapport à celles du premier ? Les photons qui arrivent sur ce second polariseur dévient tous de 45° par rapport à la réalité, et d'après la conception classique, ils ne devraient pas passer. La représentation quantique est différente. Selon ce point de vue, chaque photon a 50 % de chance de franchir le polariseur mal aligné, et la moitié des photons y parviennent. C'est à ce stade qu'intervient un phénomène des plus étranges. Les photons qui sont parvenus à passer ont en fait été tordus. Ils sont polarisés à 45° par rapport au polariseur original, que se produit-il si par la suite ils rencontrent un autre polariseur formant un angle droit par rapport au premier ? Un angle droit étant égal à 90°, ils doivent être à 45° par rapport à ce polariseur. Donc, comme précédemment, la moitié d'entre eux le franchissent.

En présence de deux polariseurs croisés, aucune lumière ne filtre. Mais si vous intercalez, entre eux, un troisième polariseur, à 45° par rapport à eux, un quart de la lumière qui traverse le premier polariseur traverse aussi les deux autres. C'est comme si nous avions deux clôtures qui ensemble présentaient une efficacité à 100 % pour empêcher vos animaux de s'échapper de votre propriété. Par prudence, nous décidons d'en construire une troisième entre les deux. A notre grand étonnement, nous constatons alors que certains des animaux que la double clôture retenait prisonniers n'éprouvent aucune difficulté à franchir la triple clôture comme si elle n'existait pas. En modifiant l'expérience nous modifions la nature de la réalité quantique. En effet, en utilisant des polariseurs à des angles différents, nous mesurons des composants vecto-

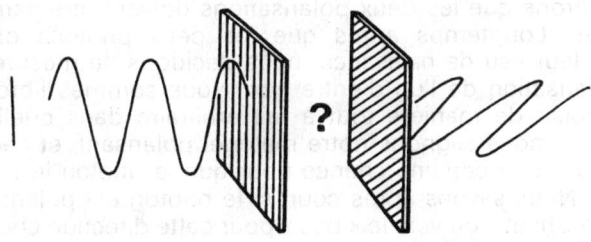

Schéma 10.4. Deux polariseurs orientés à 45° laissent passer la moitié des ondes qui ont traversé le premier !

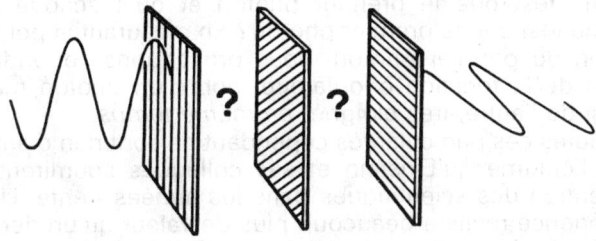

Schéma 10.5. Trois polariseurs de ce type laissent passer un quart des ondes qui ont traversé le premier — alors qu'*aucune* ne passe si on supprime le polariseur central.

riels différents de la polarisation, et chaque nouvelle mesure ruine la validité de l'information que nous avions obtenue de toutes les mesures précédentes.

Voilà qui introduit une nouvelle variation sur le thème EPR. Nous n'avons plus affaire à des particules matérielles mais à des photons, l'expérience fondamentale est cependant la même. Imaginons maintenant l'un ou l'autre processus atomique qui engendre deux photons se déplaçant dans des directions opposées. Il existe de nombreux processus réels qui le font, et dans de tels processus, il y a toujours une corrélation entre les polarisations des deux photons. Ils doivent être soit polarisés dans le même sens, ou de l'une ou l'autre manière, dans des sens opposés. Dans un souci de simplicité, nous admettrons que les deux polarisations doivent être semblables. Longtemps après que les deux photons ont quitté leur lieu de naissance, nous décidons de mesurer la polarisation de l'un d'entre eux. Nous sommes libres de choisir de manière tout à fait arbitraire dans quelle direction nous alignons notre matériel polarisant, et ceci fait il y a une certaine chance pour que le photon le traverse. Nous savons après coup si le photon est polarisé vers le « haut » ou vers le « bas » pour cette direction choisie dans l'espace, et nous savons que, très loin dans l'espace, l'autre photon est polarisé de la même manière. Mais de quelle manière l'autre photon le sait-il? Comment peut-il veiller à s'orienter de sorte qu'il triomphe du même test que le premier photon et qu'il échoue au même test que le premier photon? En mesurant la polarisation du premier photon, nous provoquons l'effondrement de la fonction ondulatoire, non d'un photon mais aussi de l'autre, très éloigné, *en même temps*.

Toutes ces particularités cependant ne sont rien d'autre que l'énigme qu'Einstein et ses collègues soumirent à l'attention des scientifiques dans les années trente. Une expérience réelle a beaucoup plus de valeur qu'un demi-siècle de discussion quant à la signification d'une expérience imaginée, et Bell offrit aux chercheurs un moyen de mesurer les effets de cette action à distance fantomatique.

Le test de Bell

Bernard d'Espagnat, de l'université de Paris-Sud, est un théoricien qui, comme David Bohm, a consacré beaucoup de temps à réfléchir aux implications des expériences apparentées à l'EPR. Dans l'article paru dans le *Scientific American* mentionné précédemment et dans sa contribution au livre *The Physicist's Conception of Nature*, édité par Mehra, il expose les fondements sous-tendant l'approche que Bell avait de l'énigme. D'Espagnat dit que notre vision de la réalité ordinaire se fonde sur trois hypothèses fondamentales. Premièrement, que des phénomènes réels existent que nous les observions ou pas ; deuxièmement, qu'il est légitime de tirer des conclusions générales à partir d'observations ou d'expériences cohérentes ; et troisièmement, qu'aucune influence ne peut se propager plus vite que la vitesse de la lumière, qu'il nomme « localité ». Ces trois hypothèses fondamentales sont les règles des visions du monde « réalistes locales ».

L'expérience de Bell se fonde sur une vision du monde réaliste locale. Selon l'expérience portant sur le spin du proton, le chercheur peut mesurer comme il l'entend l'une ou l'autre des trois composantes du spin pour la même particule, bien qu'il ne puisse jamais les connaître toutes. Si les trois composantes sont dites X, Y et Z, il constate qu'à chaque fois qu'il enregistre une valeur + 1 pour le spin X d'un proton, il trouve une valeur − 1 pour le spin X de sa contrepartie, et ainsi de suite. Mais il est apte à mesurer le spin X d'un proton et le spin Y (ou Z, mais pas les deux) de sa contrepartie, et de cette manière il devrait être possible de retirer une information relative *à la fois* aux spins X et Y de chaque paire.

Même d'un point de vue théorique, voilà qui est délicat, et implique de mesurer les spins d'un grand nombre de paires de protons au hasard et d'écarter ceux qui s'avèrent avoir le même vecteur spin pour les deux membres de la paire. Mais c'est réalisable, et en principe cela donne au chercheur des ensembles de résultats dans lesquels des paires de spins ont été identifiées pour des paires de protons dans des ensembles qu'on peut traduire par XY, XZ et YZ. Bell expli-

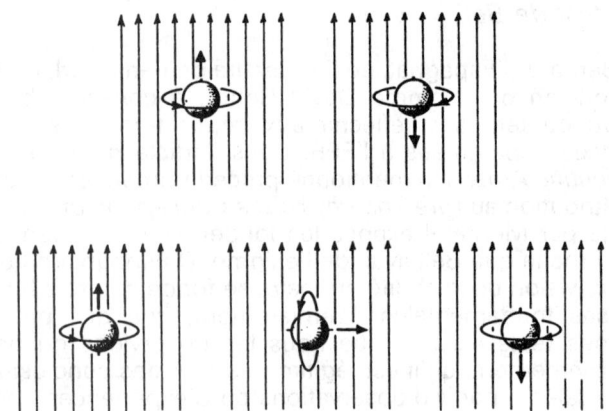

Schéma 10.6. Des particules de spin demi-entier ne peuvent s'orienter que parallèlement ou antiparallèlement par rapport à un champ magnétique. Des particules de spin entier sont également capables de s'aligner perpendiculairement au champ.

qua dans son article classique de 1964 que si une telle expérience était réalisée, selon les visions du monde réalistes locales, le nombre de paires pour lesquelles les composantes X et Y ont toutes deux un spin positif ($X^+ Y^+$) doit toujours être inférieur au total combiné des paires dans lesquelles les mesures XZ et YZ ont toutes une valeur positive de spin ($X^+ Z^+ Y^+ Z^+$). Le calcul résulte directement d'un fait évident, à savoir que si une mesure montre qu'un proton a un spin X^+ et Y^-, par exemple, alors son état de spin total doit être soit $X^+ Y^- Z^+$ soit $X^+ Y^- Z^-$. Le reste découle d'un argument mathématiquement simple, fondé sur la théorie des ensembles. Mais en mécanique quantique les règles mathématiques sont différentes, et en les appliquant correctement on obtient la prédiction inverse, selon laquelle le nombre de paires $X^+ Y^+$ est *supérieur* et non inférieur au nombre de paires $X^+ Z^+$ et $Y^+ Z^+$ associées.

Attendu que ces calculs furent à l'origine exprimés en partant de la vision du monde réaliste locale, la formulation conventionnelle veut que la *première* inégalité soit nommée « inégalité de Bell », et il est démontré que si celle-ci est *violée* la vision du monde réaliste locale s'avère erronée, mais la théorie quantique est sortie victorieuse d'une nouvelle épreuve.

La preuve

La vérification doit s'appliquer tout aussi bien aux mesures du spin des particules matérielles, qui sont très difficiles à effectuer, qu'aux mesures de la polarisation des photons, qui sont plus faciles à réaliser quoique délicates. Attendu que les photons ont une masse au repos égale à zéro, qu'ils se déplacent à la vitesse de la lumière, et qu'ils ne disposent d'aucun moyen d'estimer le temps, certains physiciens sont toutefois mal à l'aise quant aux expériences les impliquant. La signification du concept de localité pour un photon n'est pas des plus évidente. Le fait que la seule vérification réalisée à ce jour en recourant à des mesures des spins de proton ait donné des résultats qui violent l'inégalité de Bell et donc confortent la vision du monde quantique est d'une importance capitale bien que la plupart des expériences relatives à l'inégalité de Bell effectuées auparavant aient impliqué de mesurer la polarisation des photons.

Il ne s'agissait pas de la première expérience ayant trait à l'inégalité de Bell, mais elle fut rapportée en 1976 par une équipe du Centre de Recherches Nucléaires de Saclay en France. L'expérience colle à l'expérience pensée originale et implique de propulser des protons à énergie faible sur une cible qui renferme un grand nombre d'atomes d'hydrogène. Quand un proton frappe le noyau d'un atome d'hydrogène — qui est un autre proton — les deux particules interagissent via l'état singlet et il est possible de mesurer les composantes du spin. On rencontre des difficultés certaines pour procéder aux mesures. Seuls certains des protons sont enregistrés par les détecteurs, et, contrairement au monde idéal de l'expérience pensée, il n'est pas toujours évident de déterminer sans ambiguïté les composantes du spin, même après que les mesures ont été effectuées. Les résultats de cette expérience démontrent cependant que les visions du monde réalistes locales sont fausses.

Les premières vérifications de l'inégalité de Bell ont été réalisées à Berkeley, à l'université de Californie, en utilisant des photons, et furent rapportées en 1972. En 1975, six expériences semblables avaient été réalisées, et quatre d'entre elles donnèrent des résultats qui violaient l'inégalité de Bell. Quels que soient les doutes concernant la signification de la localité pour les photons, il s'agit d'une nouvelle preuve plaidant en faveur de la mécanique quantique, en particulier parce que les expériences firent appel à des techniques fondamentalement différentes. Dans la première version photonique de l'expérience, les photons venaient soit d'atomes de calcium soit d'atomes de mercure, lesquels peuvent être excités par la lumière laser dans un état énergétique choisi*. Le passage de cet état excité à l'état fondamental implique que l'électron subisse deux transitions ; une première transition vers un état excité, inférieur, puis une autre vers l'état fondamental ; chacune d'elles créant un photon. Pour les transitions

---

* Même ici nous nous faisons une idée du type de problèmes auxquels Bohr fut confronté pendant si longtemps. Les seules choses réelles sont les résultats de nos expériences, et la manière dont nous procédons aux mesures influence ce que nous mesurons. Aujourd'hui, dans les années quatre-vingt, il est des physiciens qui utilisent en tant qu'outil de travail un rayon laser dont la tâche consiste simplement à pomper des atomes dans un état excité. Nous pouvons utiliser cet outil uniquement parce que nous connaissons les états excités et que nous disposons du livre de recettes quantiques, mais l'objectif de l'expérience vise à vérifier l'exactitude de la mécanique quantique, la théorie que nous utilisons pour écrire le livre de recettes quantiques ! Je ne suggère pas que les expériences soient en conséquence fausses. Nous pouvons imaginer d'autres moyens d'enrichir des atomes avant de procéder aux mesures, et d'autres versions de l'expérience donnent le même résultat. Mais de la même manière que les conceptions courantes de générations précédentes de physiciens étaient influencées, disons, par leurs balances à ressorts et leurs mètres, la génération présente est affectée, beaucoup plus qu'on ne le réalise parfois, par les outils quantiques de leur art.

Les philosophes peuvent s'attacher à soulever la question concernant la signification réelle des résultats de l'expérience de Bell quand on utilise des processus quantiques pour concevoir l'expérience. Je suis heureux de reconnaître avec Bohr — ce que nous voyons est ce que nous obtenons ; rien d'autre n'est réel.

choisies dans ces expériences, les deux photons ainsi obtenus ont des polarisations coordonnées. Les photons de la cascade peuvent être alors analysés, en utilisant des compteurs de photons qui sont placés derrière les filtres polarisants.

Au milieu des années soixante-dix, des chercheurs réalisèrent les premières mesures en utilisant une autre variation sur le même thème. Dans ces expériences, les photons sont des rayons gamma obtenus lors de l'annihilation d'un électron et d'un positron. Là encore, les polarisations des deux photons doivent être coordonnées, et les résultats que vous recueillez en tentant de mesurer ces polarisations indiquent que l'inégalité de Bell est violée.

Donc sur les sept premières vérifications de l'inégalité de Bell cinq plaidèrent en faveur de la mécanique quantique. Dans son article paru dans le *Scientific American*, d'Espagnat souligne que c'est une preuve en faveur de la théorie quantique plus patente qu'il y paraît à première vue. En raison de la nature des expériences et des difficultés qui leur sont inhérentes, « une grande diversité de failles systématiques dans la conception d'une expérience pouvait compromettre la preuve d'une corrélation réelle... d'un autre côté, il est difficile d'imaginer une erreur expérimentale qui créerait une corrélation fausse dans cinq expériences distinctes. En outre, les résultats de ces expériences violent non seulement l'inégalité de Bell mais encore la violent précisément comme la mécanique quantique le prédit. »

Depuis le milieu des années soixante-dix, maints autres tests ont été réalisés, conçus de manière à supprimer toute faille dans la conception expérimentale. Les différentes parties de l'appareil doivent être suffisamment éloignées l'une de l'autre de sorte que tout « signal » entre les détecteurs susceptible de produire une corrélation contrefaite devrait se déplacer plus vite que la lumière. Ceci fut fait, et l'inégalité de Bell fut à nouveau violée. Il se peut encore que la corrélation advienne parce que les photons « savent », même au moment de leur création, quel type d'appareil expérimental a été monté pour les capturer. Il est possible que cela se produise, sans l'intervention de signaux plus rapides que la lumière, si l'appareil a été installé à l'avance, et a établi une fonction ondulatoire qui influence le photon dès sa création. La vérification ultime de l'inégalité de Bell consiste donc à modifier la structure de l'expérience alors que les photons évoluent, de la même manière que l'expérience de la double fente peut être modifiée alors que le photon se déplace dans l'expérience pensée de John Wheeler. Telle est l'expérience qui permit à l'équipe d'Alain Aspect de l'université de Paris-Sud d'en finir avec le dernier point faible des théories réalistes locales en 1982.

Aspect et ses collègues avaient déjà réalisé des vérifications de l'inégalité en utilisant des photons d'un processus de cascade, et constaté qu'elle était violée. Leur amélioration impliquait d'employer un commutateur qui modifiait la direction d'un faisceau lumineux le traversant. Le faisceau peut être dirigé vers l'un ou l'autre des deux filtres polarisants, chacun mesurant une direction différente de la polarisation, et chacun ayant son propre détecteur de photons derrière lui. La direction du faisceau lumineux traversant ce commutateur peut être modifiée très vite, toutes les 10 nanosecondes (10 milliardièmes de seconde, 10×10^{-9} s), par un dispositif automatique qui engendre un signal dit au hasard. Attendu qu'il faut 20 nanosecondes à un photon pour passer de l'atome dans lequel il est né au cœur de l'expérience au détecteur lui-même, il est exclu qu'une information relative au dispositif expérimental passe d'une partie de l'appareil à l'autre et influence le résultat de la mesure — sauf si cette influence se déplace plus vite que la lumière.

Qu'est-ce que cela signifie ?

L'expérience est presque parfaite ; bien que la commutation du faisceau lumineux n'intervienne pas tout à fait au hasard, elle change indépendamment pour chacun des deux rayons photoniques. Le seul défaut réel qui subsiste est lié au fait que la plupart des photons produits ne sont pas détectés, parce que les détecteurs sont des plus inefficaces. Il serait toujours possible d'affirmer que seuls les photons qui violent l'inégalité de Bell sont détectés, et que les autres respecteraient l'inégalité, si seulement nous pouvions les détecter. Aucune expérience conçue pour vérifier cette possibilité improbable n'est encore envisagée, et il semble que cette question relève du casse-tête chinois. Depuis la publication des résultats de l'équipe d'Aspect à la veille de Noël 1982[*], il ne fait plus aucun doute que la vérification de Bell confirme les prédictions de la théorie quantique. En fait, les résultats de cette expérience, les meilleurs qu'on puisse obtenir avec les techniques actuelles, violent les inégalités dans une plus grande mesure que ceux des tests précédents et cadrent avec les prédictions de la mécanique quantique. Comme d'Espagnat l'a dit : « Des expériences ont été réalisées récemment qui auraient contraint Einstein à modifier *sa* conception de la nature sur un point qu'il a toujours considéré comme essentiel... nous pouvons affirmer sans risque que la non-séparabilité est aujourd'hui l'un des concepts généraux les plus sûrs en physique[**]. »

Ceci ne signifie pas qu'il est improbable que nous parvenions jamais à envoyer des messages à une vitesse supérieure à celle de la lumière. Nul n'envisage de transmettre une information utile de cette manière, parce qu'il n'existe aucun moyen de relier un événement qui *provoque* un autre événement à l'événement qu'il provoque par l'entremise de ce processus. Une caractéristique essentielle de l'effet est qu'il ne s'applique qu'aux événements ayant une cause *commune* — l'annihilation d'une paire positron/électron ; le retour d'un électron à l'état fondamental ; la séparation d'une paire de protons à partir de l'état singlet. Vous pouvez imaginer deux détecteurs très éloignés l'un de l'autre dans l'espace et des photons émanant d'une telle source centrale se déplaçant vers eux, ainsi que l'une ou l'autre technique subtile visant à modifier la polarisation d'un des faisceaux photoniques

---

[*] *Physical Review Letters*, vol. 49, p. 1804.
[**] *The Physicist's Conception of Nature*, éd. J. Mehra, p. 734.

de sorte qu'un observateur très éloigné du second détecteur constate des changements dans la polarisation de l'autre faisceau. Mais quel est le type de signal qui subit ce changement? Les polarisations originales, ou spins, des particules dans le faisceau résultent des processus quantiques au hasard, et ne transmettent *per se* aucune information. L'observateur ne verra qu'un modèle au hasard différent de celui qu'il aurait observé en l'absence des manipulations astucieuses du premier polariseur! Un modèle au hasard ne renfermant aucune information serait totalement inutile. L'information se trouve dans la différence entre les deux modèles au hasard, mais le premier n'ayant jamais existé dans le monde réel, il n'y a donc aucun moyen d'en retirer de l'information.

Mais ne soyez pas trop déçu, car l'expérience d'Aspect et les précédentes présentent vraiment une vision du monde très différente de celle que notre bon sens nous propose. Elles nous apprennent que les particules qui participaient ensemble à une interaction demeurent dans un certain sens parties d'un système unique, lequel réagit à des interactions ultérieures. Sur un plan virtuel, tout ce que nous voyons, touchons et sentons est constitué d'une collection de particules qui ont été impliquées dans des interactions avec d'autres particules de tout temps, depuis le big bang dans lequel l'univers tel que nous le connaissons vit le jour. Les atomes de mon corps sont faits de particules qui jadis se pressaient « au coude à coude » dans la boule de feu cosmique avec d'autres particules qui constituent aujourd'hui une étoile éloignée et avec des particules qui forment le corps de l'une ou l'autre créature vivant sur une planète distante et encore inconnue. En fait, les particules de mon corps jouaient au coude à coude et interagissaient avec celles dont est constitué aujourd'hui votre corps. Nous sommes tous autant parties d'un système unique que les deux photons qui s'échappent au milieu de l'expérience d'Aspect.

Des théoriciens tels que d'Espagnat et David Bohm affirment que nous devons accepter le fait que, d'un point de vue, littéral, tout est connecté à tout, et que seule une approche holistique de l'univers est susceptible d'expliquer des phénomènes tels que la conscience humaine.

Il est encore trop tôt pour que les physiciens et les philosophes qui s'acheminent vers cette nouvelle représentation de la conscience et de l'univers aient formulé un exposé satisfaisant de sa forme probable, et toute discussion spéculative quant aux maintes possibilités escomptées serait déplacée dans le cadre de notre propos. Mais je suis en mesure de fournir un exemple inspiré de ma formation personnelle, enraciné dans les traditions de la physique et de l'astronomie. L'une des grandes énigmes de la physique est la propriété de l'inertie, la résistance d'un corps, non au mouvement mais aux *changements* dans son mouvement. En chute libre, un corps continue à se déplacer en ligne droite et à une vitesse constante jusqu'à ce qu'il soit poussé par une force extérieure — ce fut l'une des grandes découvertes de Newton. La quantité de poussée nécessaire pour déplacer le corps dépend de la quantité de matière qu'il contient. Mais comment l'objet « sait »-il qu'il se déplace à une vitesse constante en ligne droite — par rapport à quoi évalue-t-il sa vitesse ? Depuis l'époque de Newton, les philosophes ont conscience que le critère par rapport auquel l'inertie semble être mesurée est le cadre de référence de ce qu'il est convenu d'appeler les « étoiles fixes », bien qu'aujourd'hui nous parlerions de galaxies éloignées. La terre qui tourne dans l'espace, un pendule de Foucault semblable à ceux qu'on voit dans tant de musées, un astronaute, ou un atome, « savent » tous que la distribution moyenne de matière dans l'univers est une réalité.

Nul ne sait pourquoi ni comment l'effet intervient, et voilà qui a débouché sur des spéculations étonnantes mais vaines. S'il n'y avait qu'une particule dans un univers vide, il n'y aurait pas d'inertie, parce que rien ne permettrait de mesurer son mouvement ou sa résistance au mouvement. Mais s'il n'y avait que deux particules, dans un univers par ailleurs vide, auraient-elles chacune la même inertie que si elles se trouvaient dans notre univers ? Si nous pouvions ôter de manière magique la moitié de la matière de notre univers, ce qui resterait aurait-il la même inertie, ou moitié plus ? (ou deux fois plus ?).

L'énigme est aussi obscure aujourd'hui qu'elle l'était il y a trois siècles, mais il se pourrait que la caducité des visions du monde réalistes locales nous fournisse un indice. Rien n'interdit de dire que chaque particule de chaque étoile ou galaxie que nous voyons « connaît » l'existence de toute autre particule s'il est vrai que tout ce qui a jamais existé dans le big bang maintienne sa connexion avec tout ce qui interagit avec lui. L'inertie n'est désormais plus une énigme que doivent résoudre les cosmologues et les relativistes, mais une énigme enracinée dans le domaine de la mécanique quantique.

Est-ce paradoxal ? Richard Feynman résuma succinctement la situation dans son *cours* : « Le " paradoxe " n'est qu'un conflit entre la réalité et l'idée que vous vous faites de ce qu' " elle devrait être ". » Est-ce sans importance, comme le débat relatif au sexe des anges ? Déjà, au début de 1983, quelques semaines après la publication des résultats de l'équipe d'Aspect, des scientifiques de l'université du Sussex en Angleterre rendaient compte de résultats d'expériences qui non seulement apportaient une confirmation indépendante de la relation entre les choses à un niveau quantique mais encore proposaient un domaine d'applications pratiques incluant une nouvelle génération d'ordinateurs — aussi améliorée par rapport à l'actuelle technologie des solides que le transistor l'est par rapport au sémaphore dans le domaine de la signalisation.

La confirmation et les applications

L'étude du Sussex, dirigée par Terry Clark, s'est attaquée au problème de la prise de mesures de la réalité quantique dans le sens inverse. Au lieu de tenter de construire des expériences qui fonctionnent à l'échelle des particules quantiques normales — l'échelle des atomes ou plus petite — ils ont tenté de fabriquer des « particules quantiques » qui sont plus proches de la taille des appareils conventionnels de mesure. Leur technique repose sur la propriété de la superconductibilité, et utilise un anneau de matériel superconducteur, d'environ un demi-centimètre de diamètre, dans lequel il existe un point de constriction, un rétrécissement de l'anneau jusqu'à un dix millionièmes de centimètre carré en coupe. Cette « liaison faible » inventée par Brian Josephson, qui se trouve à l'origine de la jonction de Josephson, fait que l'anneau de matériel superconducteur agit comme un cylindre aux extrémités ouvertes tel qu'un tuyau d'orgue ou une boîte de conserves ouverte des deux côtés. Les ondes de Schrödinger décrivant le comportement des électrons superconducteurs dans l'anneau agissent comme les ondes sonores dans le tuyau d'un orgue, et elles peuvent être « accordées » en appliquant un champ électromagnétique variable à des fréquences radio. En effet, l'onde électronique autour de l'ensemble de l'anneau reproduit une particule quantique isolée, et en utilisant un détecteur de fréquence radio sensible l'équipe est capable d'observer les effets d'une transition quantique de l'onde électronique dans l'anneau. En ce qui concerne les applications pratiques, c'est comme s'ils disposaient d'une particule quantique isolée d'un demi-centimètre de diamètre — un exemple semblable mais encore plus spectaculaire que la coupelle d'hélium super-fluide mentionnée précédemment.

L'expérience donne des mesures directes des transitions quantiques isolées, et elle apporte également des preuves de la non-localité. Les électrons dans le super-conducteur se comportant comme un boson, l'onde de Schrödinger qui engendre une transition quantique se propage tout autour de l'anneau. Ce pseudo-boson effectue la transition en même temps. On n'observe pas qu'un côté de l'anneau fasse la transition en premier, et que l'autre côté ne passe à l'acte que quand un signal se déplaçant à la vitesse de la lumière a eu le temps de se déplacer autour de l'anneau et d'influencer le reste de la « particule ». A certains égards, cette expérience est encore plus forte que la vérification d'Aspect de l'inégalité de Bell. Elle s'appuie sur des arguments qui, bien que mathématiquement précis, ne sont pas faciles à comprendre pour le profane. Il est beaucoup plus facile d'appréhender le concept d'une « particule » isolée ayant un diamètre d'un demi-centimètre mais qui se conduit comme une particule quantique isolée, et qui réagit, dans l'ensemble, de manière instantanée à toute stimulation émanant de l'extérieur.

Clark et ses collègues travaillent déjà sur le prochain développement logique. Ils espèrent fabriquer un « macroatome » plus grand, ayant peut-être la forme d'un cylindre droit de six mètres de longueur. Il se pourrait que cette « percée » conduise à une communication plus rapide que la lumière si cet appareil réagit à la stimulation extérieure de la manière escomptée. Un détecteur placé à une extrémité du cylindre, mesurant son état quantique, répondra instantanément à une modification de l'état quantique induite par un stimulus à l'autre extrémité du cylindre. Ce ne serait pas d'une grande utilité pour la signalisation traditionnelle — nous ne pourrions pas fabriquer un « macroatome » allant de la terre à la lune, disons, et l'utiliser pour éliminer le décalage ennuyeux dans les communications entre les explorateurs lunaires et le contrôle au sol. Mais il existerait des applications directes, pratiques.

Avec les ordinateurs modernes les plus avancés, l'un des problèmes limitant les facteurs de performance est la vitesse à laquelle les électrons parcourent les circuits entre deux composants. Ces retards sont minines, d'un ordre inférieur à une nanoseconde, mais très significatifs. La perspective d'une communication instantanée sur de grandes distances n'est absolument pas rendue plus probable par les expériences du Sussex, mais l'éventualité de construire des ordinateurs dans lesquels tous les composants réagiraient instantanément à une modification de l'état de l'un d'entre eux *entre* à présent dans le royaume des possibilités. C'est cette perspective qui a encouragé Terry Clark à affirmer que « quand ses règles seront traduites dans un circuit hardware l'électronique déjà stupéfiante du vingtième siècle ressemblera par comparaison au sémaphore* ».

---

* Extrait du *Guardian*, 6 janvier 1983. Alors que je relisais ce chapitre pour l'imprimeur, des informations relatives à un développement semblable dans

Les expériences attestent de l'exactitude de l'interprétation de Copenhague en ce qui concerne les applications pratiques, laquelle nous réserve, semble-t-il, des développements se situant bien au-delà de ceux dont nous a déjà gratifiés la mécanique quantique telles les améliorations qui supplantent les dispositifs classiques. Il n'en demeure pas moins que l'interprétation de Copenhague soit toujours insatisfaisante d'un point de vue intellectuel. Qu'advient-il de tous ces mondes quantiques fantômes quand la fonction ondulatoire s'effondre quand nous prenons une mesure sur un système subatomique ? Comment une réalité imbriquée, ni plus ni moins réelle que celle que nous mesurons, peut-elle disparaître lors de la mesure ? La meilleure réponse consiste à dire que les réalités alternatives ne disparaissent pas, et que le chat de Schrödinger est dans le même temps à la fois vivant et mort, mais dans un ou plusieurs mondes différents. L'interprétation de Copenhague et ses implications pratiques sont tout à fait englobées dans une vision de la réalité plus complète, l'interprétation des mondes multiples.

---

ce domaine vinrent des laboratoires Bell, où des chercheurs utilisent une application de la jonction de Josephson pour mettre au point des « commutateurs » nouveaux, rapides pour les circuits informatiques. Ces « commutateurs » n'utilisent que des jonctions de Josephson « conventionnelles » et peuvent d'ores et déjà fonctionner dix fois plus vite que les circuits informatiques standard. Ce développement est susceptible de se poursuivre et de déboucher sur des applications pratiques dans un futur proche. Mais ne vous faites pas d'illusions — les développements dont parle Clark sont beaucoup plus éloignés, et il se pourrait qu'ils ne soient pas exploités avant la fin de ce siècle, mais ils n'en constituent pas moins à un niveau potentiel un grand pas en avant.

Chapitre 4

LES MONDES MULTIPLES

Jusqu'à présent j'ai essayé de ne pas prendre parti dans ce livre mais de présenter l'histoire de la physique quantique sous tous ses aspects, et de laisser les faits s'exprimer. Le moment est venu maintenant d'adopter une autre démarche. Dans ce dernier chapitre, j'abandonne toute prétention d'impartialité et je présente l'interprétation de la mécanique quantique qui, selon moi, est la plus satisfaisante. Cette vision n'est pas celle de la majorité ; la plupart des physiciens ne s'embarrassent pas à réfléchir à de tels phénomènes et se satisfont de l'effondrement des fonctions ondulatoires de l'interprétation de Copenhague. C'est néanmoins une conception respectable, et elle présente le mérite d'inclure l'interprétation de Copenhague. La caractéristique inconfortable qui a empêché cette interprétation améliorée d'être adoptée derechef par le monde de la physique tient au fait qu'elle implique l'existence de nombreux autres mondes — peut-être un nombre infini — existant en quelque sorte parallèlement au temps de notre réalité et à notre univers mais à jamais coupé de lui.

Qui observe les observateurs ?

Cette interprétation des mondes multiples de la mécanique quantique trouve ses origines dans le travail de

Hugh Everett, un étudiant diplômé de l'université de Princeton dans les années cinquante. Réfléchissant sur la manière particulière selon laquelle l'interprétation de Copenhague requiert l'effondrement magique des fonctions ondulatoires quand on les observe, il discuta du problème avec de nombreuses personnes, dont John Wheeler qui lui conseilla de développer cette approche alternative en tant que sujet de thèse. Cette vision part d'une question très simple qui représente un aboutissement logique quand on considère les effondrements successifs de la fonction ondulatoire quand je réalise une expérience à huis clos, puis que je sors ensuite pour vous en annoncer les résultats que vous transmettez à un ami à New York, qui les rapporte à quelqu'un d'autre, et ainsi de suite. A chaque étape, la fonction ondulatoire devient plus complexe, et embrasse une plus grande partie du « monde réel ». Mais à chaque stade les alternatives demeurent des réalités tout aussi valides et imbriquées, jusqu'à ce que les informations relatives à l'issue de l'expérience soient communiquées. Nous pouvons imaginer que les informations soient diffusées de cette façon dans l'univers entier, jusqu'à ce que ce dernier se trouve dans un état de fonctions ondulatoires imbriquées, des réalités alternatives qui ne s'effondrent en un monde que lorsqu'on les observe. Mais qui observe l'univers ?

Par définition, l'univers se contient lui-même. Il inclut tout, il n'y a donc pas d'observateur extérieur qui remarque l'existence de l'univers et qui en conséquence provoque l'effondrement de son réseau complexe de réalités alternatives en interaction, en une seule fonction ondulatoire. L'idée de la conscience selon Wheeler — nous-mêmes — en tant qu'observateur critique opérant par le biais de la causalité inverse en remontant vers le Big Bang représente une manière de résoudre ce dilemme, mais elle implique un argument circulaire aussi étonnant que l'énigme qu'il est supposé éliminer. Je préférerais même le solipsisme voulant qu'il n'y ait qu'un observateur dans l'univers, moi-même, et que mes observations constituent le seul facteur important qui cristallise la réalité à partir du réseau des possibilités quantiques — mais un solipsisme extrême est une philosophie profondément insatisfaisante pour quelqu'un dont la contribution au monde est d'écrire des livres qui seront lus par d'autres. L'interprétation des mondes multiples d'Everett est une autre possibilité, plus satisfaisante et plus complète.

L'interprétation d'Everett veut que les fonctions ondulatoires imbriquées de l'univers entier, les réalités alternatives qui interagissent pour produire une interférence mesurable à un niveau quantique, ne s'effondrent pas. Elles ont toutes la même réalité, et existent dans les parties qui leur sont propres du « supraespace » et (du supratemps). Nous sommes contraints de par le processus d'observation de choisir l'une de ces alternatives qui devient alors partie de ce que nous considérons comme le monde « réel » quand nous effectuons une mesure à un niveau quantique ; l'acte d'observation coupe les liens qui amalgament les réalités alternatives, et leur permet de poursuivre leurs propres parcours indépendants dans le supraespace, chaque réalité alternative contenant son propre observateur qui a effectué la même observation mais obtenu une réponse quantique différente et qui pense qu'il est à l'origine de « l'effondrement de la fonction ondulatoire » au sein d'une alternative quantique isolée.

Les chats de Schrödinger

Il est difficile de comprendre ce que cela signifie quand nous parlons de l'effondrement de la fonction ondulatoire de l'ensemble de l'univers, mais beaucoup plus facile de voir pourquoi l'approche d'Everett représente un progrès si nous prenons un exemple plus familier. Notre recherche du chat réel caché à l'intérieur de la boîte paradoxale de Schrödinger est enfin arrivée à son terme, car cette boîte m'offre précisément l'exemple dont j'ai besoin pour démontrer le pouvoir de l'interprétation des mondes multiples de la mécanique quantique. La surprise tient au fait que la piste ne débouche pas sur un chat réel mais sur deux.

Les équations de la mécanique quantique nous apprennent qu'à l'intérieur de la boîte de la fameuse expérience pensée de Schrödinger on trouve une fonction ondulatoire impliquant un « chat vivant » et une autre impliquant un « chat mort », qui sont aussi réelles l'une que l'autre. L'interprétation de Copenhague conventionnelle appréhende ces possibilités selon une perspective différente, et dit, en effet, que les deux fonctions ondulatoires sont également *irréelles,* et que seule l'une d'entre elles se concrétise quand nous regardons à l'intérieur de la boîte. L'interprétation d'Everett accepte sans restriction les équations quantiques et affirme que les deux chats sont réels. Il y a un chat vivant et il y a un chat mort, qui se trouvent dans des mondes différents. Ce n'est pas que l'atome radioactif à l'intérieur de la boîte s'est ou ne s'est pas désintégré, mais qu'il s'est et ne s'est pas désintégré. Confronté à une décision, l'ensemble du monde — l'univers — se divise en deux versions de lui-même, identiques à tous les égards excepté que dans une version l'atome se désintègre et le chat meurt, alors que dans l'autre l'atome ne se désintègre pas et le chat vit. Voilà qui évoque la science-fiction, mais cela va en fait bien au-delà, et se fonde sur des équations mathématiques impeccables, une conséquence cohérente et logique de l'appréhension littérale de la mécanique quantique.

Au-delà de la science-fiction

L'importance du travail d'Everett, publié en 1957, est liée au fait qu'il retint cette idée apparemment choquante et qu'il la formula sur une base mathématique solide en utilisant les règles établies de la théorie quantique. C'est une chose de spéculer quant à la nature de l'univers, mais c'en est une autre que d'agencer ces spéculations en une théorie de la réalité complète et cohérente. En fait, Everett n'était pas le premier à spéculer de cette façon, bien qu'il semble qu'il ait élaboré ses idées de manière tout à fait indépendante de toute supposition antérieure quant aux réalités multiples et aux mondes parallèles. La plupart de ces spéculations antérieures — et maintes autres depuis 1957 — ont vraiment figuré dans les récits de science-fiction. La version la plus ancienne que j'ai été capable de retrouver figure dans *The Legion of Time* de Jack Williamson, qui fut publiée pour la première fois dans un magazine en 1938*.

De nombreux récits de science-fiction se déroulent dans des « réalités parallèles », où le Sud gagne la Guerre civile américaine et où l'Invincible Armada parvient à conquérir l'Angleterre. Certains décrivent les aventures d'un héros qui voyage parallèlement dans le temps passant d'une réalité alternative à une autre ; quelques-uns décrivent, dans un langage imaginaire, de quelle manière un tel monde se sépare du nôtre. Le récit original de Williamson parle de deux mondes alternatifs, aucun d'eux n'a de réalité concrète tant qu'une action essentielle n'est pas posée à un moment crucial dans le passé où les destins des deux mondes divergent (cette histoire traite également du voyage dans le temps « traditionnel », et l'action est aussi circulaire que l'argument). L'idée fait écho à l'effondrement de la fonction ondulatoire tel que le décrit l'interprétation de Copenhague, et la familiarité de Williamson avec les idées nouvelles des années trente apparaît dans le passage dans lequel un personnage explique ce qu'il advient :

> A la suite du remplacement des ondes de probabilité par des particules concrètes, les lignes de navigation des corps cessent d'être les parcours fixes et simples qu'ils étaient. La géodésie propose une prolifération infinie de branches possibles, au gré de l'indéterminisme subatomique.

Le monde de Williamson est un monde de réalités fantômes où l'intrigue se déroule, l'un d'entre eux s'effondrant et disparaissant quand la décision cruciale est prise et qu'un autre fantôme est sélectionné pour devenir la réalité concrète. Le monde d'Everett est l'une des nombreuses réalités *concrètes,* où tous les mondes sont tout

---

* *Timewarps*, un de mes précédents livres, traite des mondes parallèles, mais ne comporte qu'une discussion minimum de la théorie quantique.

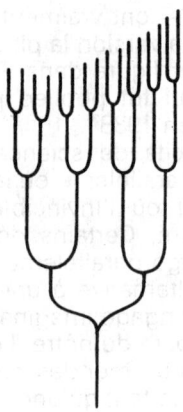

Schéma 11.1. L'expression « mondes parallèles » suggère des réalités alternatives disposées côte à côte dans le « supra-espace-temps ». Il s'agit d'une représentation erronée.

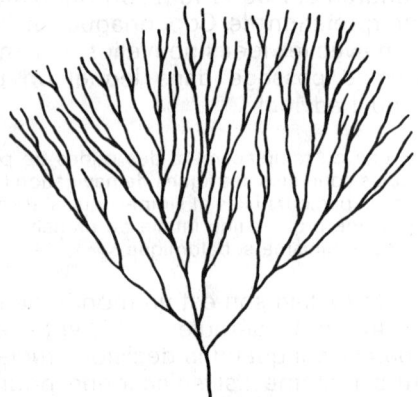

Schéma 11.2. Une meilleure image représente l'univers se divisant constamment, comme une branche d'arbre. Mais il s'agit encore d'une représentation erronée.

aussi réels, et où hélas le héros lui-même ne peut pas passer d'une réalité à la suivante. Mais la version d'Everett relève de la science et non de la science-fiction.

Retournons à l'expérience fondamentale en physique quantique, à l'expérience des deux trous. Même dans le cadre de référence de l'interprétation de Copenhague — et cela peu de livres de cuisine quantique le comprennent — le modèle d'interférence, qui s'inscrit sur l'écran lorsqu'une seule particule se déplace dans l'appareil, est expliqué comme une interférence due à deux réalités alternatives ; dans l'une d'elles la particule passe par le trou A, dans l'autre il passe par le trou B. Quand nous observons les trous, nous constatons que la particule ne traverse que l'un d'entre eux, et qu'il n'y a pas interférence. Mais comment la particule choisit-elle par quel trou passer ? D'après l'interprétation de Copenhague, elle choisit au hasard en accord avec les probabilités quantiques — Dieu *joue* aux dés avec l'univers. D'après l'interprétation des mondes multiples, elle ne choisit pas. Confrontée à un choix au niveau quantique, non seulement la particule elle-même mais encore l'ensemble de l'univers se scindent en deux versions. Dans un univers, la particule passe par le trou A, dans l'autre elle passe par le trou B. Dans chaque univers, il y a un observateur qui voit la particule passer par un seul trou. Après quoi, les deux mondes sont séparés à jamais, n'entretiennent plus aucune interaction — c'est pourquoi il n'y a pas interférence sur l'écran de l'expérience.

Multipliez cette représentation par le nombre d'événements quantiques qui adviennent sans cesse dans toutes les régions de l'univers et vous vous ferez une idée des raisons pour lesquelles le concept déplaît aux physiciens traditionnalistes. Et pourtant, ainsi qu'Everett l'a prouvé il y a vingt-cinq ans, c'est une description logique, cohérente de la réalité quantique que ne réfute aucune preuve expérimentale ni aucune observation.

En dépit de son exactitude mathématique, la nouvelle interprétation de la mécanique quantique d'Everett ne fit pas de remous quand elle tomba dans la mare de la connaissance scientifique en 1957. Une version de ce travail fut publiée dans *Reviews of Modern Physics**, ainsi qu'un article rédigé par Wheeler, lequel attirait l'attention sur l'importance du travail d'Everett**. Mais ces idées furent ignorées jusqu'à ce qu'elles soient reprises par Brice DeWitt, de l'université de Caroline du Nord, plus de dix ans après.

Nul ne sait vraiment pourquoi il fallut attendre si longtemps que l'idée soit reconnue, de manière timide d'ailleurs dans les années soixante-dix. Hormis les mathématiques « lourdes », Everett expliqua en détail dans son article que l'argument voulant que la division de l'univers en des mondes multiples ne puisse pas être réelle parce que nous n'en avons aucune expérience ne tenait pas. Tous les éléments épars d'une superposition d'états se conforment à l'équation ondulatoire avec une indifférence totale quant à la réalité des autres éléments, et l'absence totale de tout effet d'une branche sur une autre implique que nul observateur ne peut être conscient du processus de division. Toute autre hypothèse reviendrait à dire qu'il est impossible que la terre soit en orbite autour du soleil, parce que s'il en était ainsi nous percevrions le mouvement. « Dans les deux cas, dit Everett, la théorie elle-même prédit que notre expérience sera ce qu'en fait elle est. »

Au-delà d'Einstein ?

Dans le cas de l'interprétation des mondes multiples, la théorie est d'un point de vue conceptuel simple, causale, et donne des prédictions en accord avec l'expérience. Wheeler fit de son mieux pour que l'idée frappe les esprits :

> Il est difficile de faire apparaître de quelle manière décisive la formulation de l'« état relatif » néglige les concepts classiques. Le malaise que nous éprouvons à son égard à ce stade

---

* Volume 2P, p. 454.
** Volume 2P, p. 463.

> n'a été que rarement égalé au cours de l'histoire : quand Newton décrivit la gravité par un concept aussi pompeux que l'action à distance ; quand Maxwell décrivit quelque chose d'aussi naturel que l'action à distance en des termes aussi « sophistiqués » que la théorie du champ ; quand Einstein nia un caractère privilégié à tout système coordonné... on ne trouvera aucun exemple comparable dans le reste de la physique si ce n'est le principe de la relativité générale voulant que tous les systèmes coordonnés ordinaires soient également justifiés [*].

« Hormis le concept d'Everett », conclut Wheeler, « nous ne disposons d'aucun système conceptuel cohérent pour expliquer ce qu'on doit entendre par quantifier un système fermé tel que l'univers de la relativité générale. » Des mots bien sentis. L'interprétation d'Everett présente pourtant un défaut essentiel lié à sa volonté de détrôner l'interprétation de Copenhague. La version des mondes multiples de la mécanique quantique fait *exactement les mêmes prédictions* que l'interprétation de Copenhague quand elle inventorie l'issue probable d'une expérience ou d'une observation. C'est à la fois sa force et sa faiblesse. Attendu qu'on n'a jamais constaté que l'interprétation de Copenhague était défaillante en termes pratiques, toute nouvelle interprétation doit donner les mêmes « réponses » que l'interprétation de Copenhague et ce où qu'elle soit vérifiée ; l'interprétation d'Everett réussit donc son premier test. Mais elle n'améliore la vision de Copenhague que parce qu'elle supprime les caractéristiques apparemment paradoxales des expériences de la double fente ou des tests de la veine de ceux mis au point par Einstein, Podolsky et Rosen. Selon tous les livres de cuisine quantique, il est difficile de voir la différence entre les deux interprétations, et l'inclination naturelle fait pencher pour la plus familière. Quiconque a étudié les expériences pensées EPR, et les divers tests de l'inégalité de Bell, pense cependant que l'interprétation d'Everett a beaucoup plus de charme. L'interprétation d'Everett ne dit pas que notre choix relatif à la compo-

---

[*] *Op. cit.*, p. 464.

sante du spin à mesurer contraint la composante du spin à l'autre bout de l'univers à adopter de manière magique un état complémentaire, mais plutôt qu'en choisissant quelle composante du spin mesurer nous choisissons dans quelle branche de la réalité nous vivons. Dans cette branche du supraespace, le spin de l'autre particule est toujours complémentaire de celui que nous mesurons. C'est le *choix* qui décide du monde quantique que nous mesurons dans nos expériences, et en conséquence du monde dans lequel nous vivons, et non le hasard. Chacune des issues possibles d'une expérience étant observée par des observateurs qui lui sont propres, il n'est pas surprenant de constater que nos observations correspondent à l'une des issues possibles de l'expérience.

Un autre regard

L'interprétation des mondes multiples de la mécanique quantique fut presque totalement ignorée par la communauté des physiciens jusqu'à ce que DeWitt reprenne l'idée à la fin des années soixante ; il commenta le concept et encouragea un de ses étudiants, Neil Graham, à approfondir le travail d'Everett dans sa thèse de doctorat. Comme DeWitt l'expliqua dans un article paru dans *Physics Today* en 1970[*], l'interprétation d'Everett séduit immédiatement quand on l'applique au paradoxe du chat de Schrödinger. Nous n'avons plus à nous inquiéter de l'énigme d'un chat qui est à la fois mort et vivant, ni vivant ni mort. Au contraire, nous savons que dans notre monde la boîte contient un chat qui est soit vivant soit mort, et que dans le monde voisin il y a un autre observateur qui dispose d'une boîte identique, laquelle renferme un chat qui est soit mort soit vivant. Mais si l'univers se « divise constamment en un nombre prodigieux de branches », alors « chaque transition quantique intervenant sur cha-

---

[*] Vol. 23, n° 9, (septembre 1970), p. 30.

que étoile, dans chaque galaxie, dans chaque coin éloigné de l'univers divise notre monde local sur terre en une myriade de copies de lui-même. »

DeWitt se souvient du choc qu'il reçut quand il rencontra pour la première fois ce concept, l'« idée de 10^{100} copies de soi-même sensiblement imparfaites donnant constamment naissance à d'autres copies ». Mais il fut convaincu par son propre travail, par la thèse d'Everett, et par l'étude du phénomène dû à Graham. Il considéra même jusqu'où la division pouvait vraiment se poursuivre. Dans un univers fini — et il existe de bonnes raisons de croire que la relativité générale est une description correcte de la réalité, l'univers est fini* — il ne doit y avoir qu'un nombre fini de « branches » sur l'arbre quantique, et le supraespace peut n'être pas suffisamment vaste pour adopter les possibilités les plus étranges, la structure finie de ce que DeWitt nomme des « mondes errants », des réalités dotées de schèmes étrangement déformés de comportement. Quoi qu'il en soit, la stricte interprétation d'Everett affirme que tout ce qui est *possible* advient dans une version de la réalité, quelque part dans le supraespace, mais ceci ne revient pas à dire que tout ce qui est *imaginable* intervient. Nous pouvons imaginer des choses impossibles, et les mondes réels peuvent ne pas les admettre. Dans un monde par ailleurs identique au nôtre, même si les porcs (par ailleurs identiques aux nôtres) avaient des ailes, ils ne seraient pas

---

* La relativité générale est une théorie qui décrit des systèmes fermés, et Einstein envisagea à l'origine l'univers comme un système clos, fini. Bien que d'aucuns parlent d'univers ouverts, infinis, *stricto sensu* de telles descriptions ne sont pas couvertes correctement par la théorie de la relativité. Pour que notre univers soit fermé il devrait contenir suffisamment de matière pour que la gravité déforme l'espace-temps autour de lui, comme cela se produit à proximité d'un trou noir. Cela exigerait plus de matière que n'en contiennent les galaxies visibles, mais la plupart des observations de la dynamique de l'univers suggèrent qu'il se trouve en fait dans un état très proche de la fermeture — soit « à peine fermé » ou « à peine ouvert ». Dans ce cas, aucune justification relevant de l'observation ne permet de rejeter les implications relativistes fondamentales selon lesquelles l'univers est fermé et fini, et il y a toutes les raisons de rechercher la matière noire qui assure sa stabilité d'une manière gravitationnelle. Certains fondements de ces idées figurent dans la contribution de Wheeler à *Some Strangeness in the proportion*.

capables de voler ; les héros, aussi « supers » soient-ils, ne pourraient se glisser dans des failles dans le temps pour visiter des réalités alternatives, en dépit du fait des auteurs de science-fiction spéculent quant aux conséquences de tels actes ; et ainsi de suite.

La conclusion de DeWitt est aussi spectaculaire que celle de Wheeler l'était :

> La vision que défendent Everett, Wheeler et Graham est vraiment impressionnante. Pourtant il s'agit d'une vision causale qu'Einstein lui-même aurait pu accepter... Elle est mieux fondée que d'autres à prétendre être le résultat final, naturel du programme d'interprétation entrepris par Heisenberg en 1925.

Peut-être convient-il à ce stade de préciser que Wheeler lui-même a récemment exprimé des doutes quant à cette question. En réponse à une question posée à un symposium célébrant le centenaire de la naissance d'Einstein, il dit à propos de la théorie des mondes multiples : « J'avoue que j'ai dû me désolidariser à contrecœur de cette hypothèse — en dépit de la vigueur avec laquelle je l'ai soutenue à l'origine. Car je crains que ses implications métaphysiques soient excessives*. » Voilà qui ne doit pas être lu comme une condamnation de l'interprétation d'Everett ; le fait qu'Einstein ait revu sa position relative au fondement statistique de la mécanique quantique n'a pas condamné cette interprétation. Cela ne signifie pas non plus que ce qu'a dit Wheeler en 1957 n'est plus vrai. Il est toujours exact qu'en 1983, aucun système conceptuel cohérent n'existe, en dehors de la théorie d'Everett, pour expliquer ce qu'on entend par quantifier l'univers. Mais l'attitude de Wheeler prouve combien il est difficile pour certains d'accepter la théorie des mondes multiples. Personnellement, je trouve que les implications métaphysiques sont beaucoup moins perturbantes que l'interprétation de Copenhague de l'expérience avec le chat de Schrödinger, ou la nécessité qu'il y

---

* *Some strangeness in the proportion*, ed. Harry Woolf, p. 385-386.

ait trois fois plus de dimensions d'« espace de phase » qu'il n'y a de particules dans l'univers. Ces concepts ne sont pas plus étranges que d'autres qui nous semblent familiers pour la simple raison qu'on en parle beaucoup, et l'interprétation des mondes multiples propose des idées nouvelles susceptibles d'expliquer pourquoi l'univers dans lequel nous vivons devrait être tel qu'il est. La théorie est loin d'avoir fait son temps et mérite qu'on lui accorde une attention sérieuse.

Au-delà d'Everett

Les cosmologues aujourd'hui commentent avec satisfaction des événements qui sont advenus juste après la naissance de l'univers dans un Big Bang, et ils calculent les réactions qui se sont produites quand l'âge de l'univers était de 10^{-35} secondes ou moins. Les réactions impliquent un maelström de particules et de rayonnement, de production par paire et d'annihilation. Les suppositions quant à la manière dont ces réactions sont intervenues résultent d'un mélange de théories et des observations de la manière dont les particules interagissent dans des accélérateurs géants, tel que celui du CERN à Genève. Selon ces calculs, les lois de la physique déduites de nos petites expériences réalisées ici-bas peuvent expliquer d'une manière logique et cohérente comment l'univers est passé d'un état de densité presque infinie à l'état dans lequel il est aujourd'hui. Les théories se piquent même de prédire l'équilibre entre la matière et l'antimatière dans l'univers, et entre la matière et le rayonnement[*]. Quiconque s'intéresse à la science, même avec un intérêt mitigé et éphémère, a entendu parler de la théorie du Big Bang de l'origine de l'univers. Les théoriciens s'amusent avec des nombres décrivant des événements dont on prétend qu'ils se sont produits en une fraction de seconde il y a quinze milliards d'années. Mais

---

[*] Toutes ces idées sont discutées dans mon livre *Spacewarps*.

qui aujourd'hui prend le temps de réfléchir à la signification réelle de ces idées ? Tenter de comprendre les implications de ces idées est absolument stupéfiant. Qui peut apprécier ce qu'un nombre comme 10^{-35} secondes signifie vraiment, ou comprendre la nature de l'univers quand il était âgé de 10^{-35} secondes ? Les scientifiques qui travaillent sur des extrêmes aussi étranges de la nature ne devraient éprouver aucune difficulté à faire montre d'ouverture d'esprit pour admettre le concept des mondes parallèles.

En fait, cette expression évoquant la panacée, empruntée à la science-fiction, est des plus inappropriées. La représentation naturelle des réalités alternatives est celle de branches alternatives partant en éventail d'une tige principale et courant le long d'une autre dans le supraespace, évoquant les embranchements d'un aiguillage complexe. S'inspirant d'une autoroute « supragigantesque », comptant des millions de bandes parallèles, les auteurs de science-fiction imaginent tous des mondes coexistant côte à côte dans le temps, les plus proches étant presque identiques au nôtre, et les différences devenant plus nettes et plus distinctives au fur et à mesure qu'on s'éloigne « parallèlement dans le temps. » Telle est l'image qui conduit naturellement à spéculer quant à la possibilité de changer de bande sur l'autoroute, et de glisser dans le monde voisin. Malheureusement, les maths ne sont pas semblables à cette image claire.

Les mathématiciens n'ont aucun problème à manipuler plus de dimensions que les trois dimensions spatiales familières si importantes dans notre vie quotidienne. L'ensemble de notre monde, une branche de la réalité des mondes multiples d'Everett, est décrit mathématiquement par quatre dimensions, trois dans l'espace et une dans le temps, toutes à angles droits les unes par rapport aux autres. Les maths nécessaires pour décrire plusieurs dimensions toutes à angles droits les unes par rapport aux autres, et aux nôtres sont affaire de routine. Les réalités alternatives ne sont pas parallèles à notre monde, mais à angles droits par rapport à lui, ce sont des mondes *perpendiculaires* bifurquant « latéralement » dans le supraespace. Il est difficile de visualiser* une telle image, mais elle permet de comprendre plus facilement pourquoi il est impossible de glisser latéralement dans une réalité alternative. Si vous partiez à angle droit par rapport à notre monde — latéralement — vous vous créeriez un monde nouveau et personnel. En réalité, selon la théorie des mondes multiples, c'est ce qu'il advient à chaque fois que l'univers est confronté à un choix quantique. Le seul moyen dont vous disposiez pour passer dans une de ces réalités alternatives créées par une telle division de l'univers consécutive à l'expérience du chat-dans-la-boîte, ou à l'expérience des deux fentes, serait de remonter dans le temps dans notre réalité quadri-dimensionnelle jusqu'au moment de l'expérience puis d'aller vers l'avant dans le temps le long de la branche alternative, à angle droit par rapport à notre monde quadri-dimensionnel.

Il se peut que ce soit impossible. La sagesse traditionnelle affirme que le véritable voyage dans le temps doit être impossible, en raison des paradoxes impliqués, tel celui où vous remontez dans le temps et tuez votre grand-père avant que votre père n'ait été conçu. D'un autre côté, au niveau quantique, des particules semblent participer continuellement au voyage dans le temps, et Franck

---

* Et si vous éprouvez des difficultés à le croire il se peut que vous commenciez à penser que la bonne vieille équation de Schrödinger est plus confortable et familière. Loin de là. L'interprétation ondulatoire de la mécanique quantique est élaborée à partir d'une équation ondulatoire simple, familière dans d'autres domaines de la physique, et pour une particule unique, la description mécanique quantique correcte implique une onde dans trois dimensions, mais non dans notre espace ordinaire, dans ce qu'on nomme un « espace de phase ». Malheureusement, vous avez besoin de trois dimensions *différentes* de l'onde pour chaque particule impliquée dans la description. Pour décrire deux particules en interaction, vous avez besoin de six dimensions ; pour décrire un système de trois particules, vous avez besoin de neuf dimensions ; et ainsi de suite. La fonction ondulatoire de l'ensemble de l'univers, peu importe ce que cela signifie, est un facteur ondulatoire impliquant trois fois plus de dimensions qu'il n'y a de particules dans un univers. Les physiciens qui rejettent l'interprétation de la réalité d'Everett parce que ses implications métaphysiques sont excessives oublient que les équations ondulatoires qu'ils utilisent tous les jours ne peuvent être acceptées comme une description correcte de l'univers qu'en invoquant une pléthore de dimensions toute aussi époustouflante.

Tipler a montré que les équations de la relativité générale admettent le voyage dans le temps. Il est possible de concevoir une sorte de véritable voyage en avant et en arrière dans le temps qui exclut de tels paradoxes, et cette forme de voyage dans le temps dépend de la réalité des univers alternatifs. David Gerrold explora ces possibilités dans un livre de science-fiction divertissant *The man who folded himself*, qui mérite d'être lu parce qu'il répertorie les complexités et les subtilités d'une réalité de mondes multiples. Le fait est que, en reprenant l'exemple classique, si vous remontez dans le temps et tuez votre grand-père vous créez ou pénétrez dans (selon votre point de vue) un monde alternatif bifurquant à angle droit par rapport au monde dans lequel vous vous trouviez au départ. Dans cette « nouvelle » réalité, votre père et vous-même n'êtes jamais nés, mais il n'y a pas de paradoxe parce que vous êtes toujours né dans la réalité « originale » et effectuez le voyage en arrière dans le temps et dans une branche alternative. Revenez encore en arrière pour réparer le mal que vous avez fait, et tout ce que vous faites consiste à réintégrer la branche originale de la réalité, ou tout au moins une autre très semblable.

Mais même Gerrold n'« explique » pas les événements étranges que vit son personnage principal en termes de réalités perpendiculaires, et pour autant que je le sache cette explication physique des mathématiques de l'interprétation d'Everett est originale — un nouveau rebondissement de la saga des voyages dans le temps que les auteurs de science-fiction n'ont pas encore traité. Je le leur offre donc*. Le point qui mérite d'être souligné ici est que les réalités alternatives ne sont pas, sur cette image, « parallèles » à la nôtre, et qu'il n'est pas possible de la nôtre d'y entrer et d'en sortir sans trop d'efforts. Chaque branche de la réalité se trouve à angle droit par rapport à toutes les autres. Il peut y avoir un monde dans lequel le prénom donné à Bonaparte ne serait pas Napoléon, mais Pierre, mais dans lequel par ailleurs l'histoire suivrait

---

* Alors que ce livre était sous presse, j'ai écrit un court récit sur ce thème, « *Perpendicular Worlds* », Analog.

essentiellement le même cours que dans notre branche de la réalité ; il peut y avoir un monde dans lequel Bonaparte n'a jamais existé. L'un et l'autre sont éloignés et inaccessibles du nôtre. Aucun d'eux n'est à notre portée sauf en voyageant en arrière dans le temps dans notre monde jusqu'au point de bifurcation approprié puis en s'élançant à nouveau en avant dans le temps à angle droit (l'un des nombreux angles droits !) vers notre réalité.

Le concept peut être étendu pour supprimer la nature paradoxale de tous les paradoxes du voyage dans le temps si chers aux auteurs et aux lecteurs de science-fiction, et discutés par des philosophes. Tous les phénomènes *possibles* se produisent dans l'une ou l'autre branche de la réalité. La clé pour pénétrer dans ces réalités possibles ne consiste pas à se déplacer latéralement dans le temps, mais à voyager en arrière puis en avant dans une autre branche. Il est possible que le meilleur roman de science-fiction jamais écrit recourt à l'interprétation des mondes multiples, bien que je ne sois pas certain que l'auteur, George Benford, l'ait fait consciemment. Dans son livre, *Timescape,* le destin d'un monde est fondamentalement modifié par des messages qui sont envoyés en arrière dans le temps, des années quatre-vingt-dix aux années soixante. Le récit est bien construit, intéressant et se tient, y compris en l'absence du thème de science-fiction. Mais le point que je désire souligner ici est le suivant : attendu que le monde change en raison d'actions qui ont été accomplies par des personnes qui reçoivent des messages du futur, le futur duquel ces messages proviennent n'existe pas pour eux. Mais alors d'où viennent les messages ? Vous pourriez peut-être invoquer la vieille interprétation de Copenhague d'un monde fantôme envoyant en arrière dans le temps des messages fantômes qui affectent le mode d'effondrement de la fonction ondulatoire, mais vous éprouverez des difficultés à étayer votre argument. D'un autre côté, dans l'interprétation des mondes multiples il est courant de visualiser des messages d'une réalité remontant dans le temps jusqu'à un point de bifurcation où ils sont reçus par des personnes qui se déplacent alors en avant dans le temps, dans une branche différente de la réalité. Les deux mondes alternatifs existent, et la communication entre eux est brisée dès que les décisions capitales qui affectent le futur ont été prises*. *Timescape*, en plus d'être un bon livre, renferme vraiment une expérience « pensée » aussi intrigante et pertinente pour le débat sur la mécanique quantique que l'expérience EPR ou le chat de Schrödinger. Il se pourrait qu'Everett lui-même ne l'ait pas compris, mais une réalité de mondes multiples est exactement le type de réalité qui admet le voyage dans le temps. C'est également le type de réalité qui explique pourquoi nous sommes occupés à débattre de telles questions.

Notre situation

Selon mon interprétation de la théorie des mondes multiples, le futur n'est pas déterminé, pour autant que notre perception consciente du monde soit concernée, mais le passé l'est. Du fait de l'observation, nous avons sélectionné une histoire « réelle » parmi de nombreuses réalités, et dès que quelqu'un a vu un arbre dans notre monde, il y reste même si personne ne le regarde. Ceci vaut pour tout le parcours vers le big bang. A chaque jonction de l'autoroute quantique, de nombreuses réalités nouvelles peuvent avoir été créées, mais l'itinéraire qui mène à nous est dégagé et dépourvu d'ambiguïté. Il y a cependant de nombreuses routes vers le futur, et l'une ou l'autre version de « nous » suivra chacune d'elles. Chaque version de nous-même pensera qu'elle suit un parcours unique, et regardera vers un passé unique, mais il est impossible de connaître le futur parce qu'il en existe

---

* Un autre élément mérite d'être souligné. Même si le voyage dans le temps est théoriquement possible, des difficultés d'ordre pratique insurmontables pourraient nous empêcher d'envoyer des corps matériels dans le temps. Mais envoyer des messages dans le temps pourrait être une démarche relativement simple si nous trouvions le moyen d'utiliser les particules qui voyagent en arrière dans le temps dans l'interprétation de la réalité selon Feynman.

maints et maints. Nous pouvons même recevoir des messages du futur, soit par des moyens mécaniques comme dans *Timescape*, soit, si vous souhaitez imaginer cette possibilité, par l'intermédiaire des rêves et de la perception extra-sensorielle. Mais selon toute vraisemblance ces messages ne nous seront pas d'une grande utilité. Il convient de s'attendre à ce qu'ils soient confus et contradictoires du fait de la multiplicité des mondes futurs. Si nous les prenons en considération, nous risquons de nous engager dans une branche de la réalité différente de celle d'où émanent les « messages », de sorte qu'il est très improbable qu'ils soient jamais « confirmés ». Les personnes qui suggèrent que la théorie quantique offre une clé à la pratique de l'ESP, à la télépathie, etc. se bercent d'illusions.

La représentation de l'univers semblable à un diagramme de Feynman déroulé, en travers duquel l'instant « présent » se déplace à une vitesse constante est une simplification abusive. La représentation réelle est celle d'un diagramme de Feynman multidimensionnel de tous les mondes possibles, le « présent » se déroulant en travers, empruntant tous les embranchements et tous les détours. La question la plus importante qui reste en suspens dans ce cadre de référence est celle expliquant pourquoi notre perception de la réalité devrait être ce qu'elle est — pourquoi le choix des itinéraires à travers le dédale quantique, qui débute par le big bang et conduit à nous, aurait-il été le type d'itinéraire convenant à la manifestation de l'intelligence dans l'univers ?

La réponse se trouve dans un concept qu'on nomme souvent le « principe anthropique ». Cette idée veut que les conditions qui existent dans notre univers soient les seules, à quelques variations mineures près, susceptibles d'avoir permis à la vie d'évoluer, et il est donc inévitable qu'une espèce intelligente telle que la nôtre recherche un univers semblable à celui qui nous entoure*. Nous ne serions pas là pour observer l'univers s'il n'était pas tel

---

* Pour de plus amples renseignements sur le sujet, cf. *The accidental universe* de Paul Davies ainsi que mes ouvrages *Spacewarps* et *Genesis*.

qu'il est. Nous pouvons imaginer qu'il adopte nombre d'itinéraires quantiques différents à partir du big bang. Dans certains de ces mondes, des choix quantiques différents effectués près du début de l'expansion universelle ont pour conséquence que des étoiles et des planètes ne se forment jamais, et que la vie telle que nous la connaissons n'existe pas. Prenons un exemple spécifique, dans notre univers il semble qu'il y ait prépondérance de particules de matière et peu ou pas d'antimatière. Il se pourrait qu'il n'y ait pas de raison fondamentale à cela — il peut ne s'agir que d'un accident dans la façon dont les réactions se sont produites au cours de la phase de la boule de feu du big bang. L'univers aurait pu tout aussi bien être vide ou principalement constitué de ce que nous nommons antimatière, avec peu voire pas de matière. Dans l'univers vide, la vie telle que nous la connaissons n'aurait pas existé ; dans l'univers d'antimatière, la vie pourrait être semblable à la nôtre, une sorte de monde miroir rendu réel. La question fondamentale est : pourquoi un monde propice à la vie est-il apparu hors du big bang ?

Le principe anthropique admet l'existence de nombreux mondes possibles et veut que nous soyons l'inévitable produit de notre type d'univers. Mais où sont les autres mondes ? Sont-ils des fantômes, semblables aux mondes en interaction de l'interprétation de Copenhague ? Correspondent-ils à des cycles de vie différents de l'univers entier, antérieurs au big bang qui marque le commencement du temps et de l'espace tels que nous les connaissons ? S'agirait-il des mondes multiples d'Everett, existant tous à angles droits par rapport au nôtre ? Il me semble que c'est de loin la meilleure explication disponible aujourd'hui et que le fait d'avoir réussi à comprendre pourquoi l'univers nous apparaît tel qu'il est compense amplement les « implications métaphysiques » de l'interprétation d'Everett. La plupart des réalités quantiques alternatives ne sont pas favorables à la vie et sont vides. Les conditions qui favorisent la vie sont particulières, donc quand des êtres vivants jettent un regard en arrière sur le parcours quantique qui les a engendrés, ils voient des événements particuliers, des embranchements sur la route quantique, lesquels ne sont pas forcément les plus probables sur une base statistique, mais ceux qui conduisent à une vie intelligente. La multiplicité des mondes tels que le nôtre mais avec des histoires différentes — dans lesquels la Grande-Bretagne gouvernerait encore ses colonies nord-américaines ; ou dans lequel les Américains du nord auraient colonisé l'Europe — ne forment ensemble qu'un petit coin d'une réalité beaucoup plus vaste. Ce n'est pas le hasard qui a sélectionné les conditions spéciales favorables à la vie parmi une série de possibilités quantiques, mais le choix. Tous les mondes ont la même réalité, mais seuls les mondes propices à la vie contiennent des observateurs.

Le fait que les expériences de l'équipe d'Aspect vérifient l'inégalité de Bell a éliminé toutes les interprétations possibles de la mécanique quantique jamais proposées sauf deux. Nous devons soit accepter l'interprétation de Copenhague et ses réalités fantômes et ses chats à moitié morts, soit accepter l'interprétation d'Everett et ses mondes multiples. Il est bien entendu concevable que ni l'un ni l'autre des deux « produits vedettes » du supermarché scientifique ne soient corrects, et que ces deux alternatives soient fausses. Il se pourrait qu'une autre interprétation de la réalité mécanique quantique explique toutes les énigmes que résolvent l'interprétation de Copenhague et l'interprétation d'Everett, y compris le test de Bell, et aille au-delà de notre actuelle compréhension — de la même manière peut-être que la relativité générale transcende et inclut la relativité spéciale. Mais si vous pensez que telle est la bonne solution pour sortir du dilemme, souvenez-vous que toute interprétation « nouvelle » doit expliquer *tout* ce que nous avons appris depuis le grand saut dans l'obscurité de Planck, et qu'elle doit le faire aussi bien et même mieux que les deux explications courantes. C'est demander beaucoup, mais le propre de la science ne consiste pas à s'asseoir et à attendre que quelqu'un fournisse une « meilleure » réponse aux questions posées. A défaut, nous devons accepter les implications de la meilleure réponse dont nous disposons. Dans les années quatre-vingt, après plus d'un demi-siècle d'efforts intensifs consacrés à l'énigme de la réalité quantique par les meilleurs cerveaux du vingtième siècle, nous devons accepter le fait que la science ne peut offrir aujourd'hui que ces deux explications alternatives de la manière dont le monde est construit. A première vue, aucune ne semble très agréable. Pour employer des termes simples : soit rien n'est réel soit tout est réel.

Il se pourrait que l'énigme ne soit jamais résolue, parce qu'il pourrait être impossible de concevoir une expérience susceptible de faire la distinction entre les deux interprétations, sans recourir au voyage dans le temps. Mais il est tout à fait évident que Max Jammer, l'un des plus brillants philosophes quantiques, n'exagérait pas quand il disait que « la théorie des univers multiples est sans nul doute l'une des plus étonnantes et des plus ambitieuses jamais élaborées dans l'histoire de la science[*] ». D'une manière très littérale, elle explique tout, y compris la vie et la mort des chats. Étant un optimiste impénitent, c'est l'interprétation de la mécanique quantique qui me séduit le plus. Tout est possible, et par nos actes nous choisissons nos itinéraires à travers les mondes multiples du quantum. Dans notre monde, nos observations s'appliquent à notre réalité ; il n'y a pas de variables cachées ; Dieu ne joue pas aux dés ; et tout est réel. La petite histoire veut que quand quelqu'un venait trouver Niels Bohr avec une idée révolutionnaire visant à résoudre l'une des énigmes de la théorie quantique dans les années vingt, il répliquait : « Votre théorie est folle, mais elle ne l'est pas assez pour être vraie »[**]. Selon moi, la théorie d'Everett *est* suffisamment folle pour être juste, et cette anecdote convient bien pour conclure notre quête du chat de Schrödinger.

---

[*] *The philosophy of Quantum Mechanics*, p. 517.
[**] Cité en autres par Robert Wilson, *The universe next door*, p. 156.

Épilogue

LE TRAVAIL INACHEVÉ

L'histoire de la physique quantique telle que je l'ai racontée au fil de ces pages semble nette et précise, sauf en ce qui concerne la question semi-philosophique de savoir si vos préférences vont à l'interprétation de Copenhague ou à la version des mondes multiples. C'est la meilleure façon de retracer l'histoire par écrit, mais elle ne rend pas compte de toute la vérité. L'histoire des quanta n'est pas encore terminée, et les théoriciens aujourd'hui sont aux prises avec des problèmes qui pourraient déboucher sur un pas en avant aussi fondamental que celui que posa Bohr quand il quantifia l'atome. Tenter d'exposer ce travail inachevé est une tâche ingrate et insatisfaisante ; les opinions acceptées quant à ce qui importe et quant à ce qui souffre d'être ignoré peuvent changer du tout au tout avant que le livre ne soit imprimé. Mais pour vous donner une idée de la manière dont les choses sont susceptibles d'évoluer, j'inclus dans cet épilogue un récit sur les aspects irrésolus de l'histoire quantique et quelques intuitions quant à ce qu'il convient d'attendre de l'avenir.

Le signe le plus évident attestant que la théorie quantique a encore beaucoup à dire en dépit des apparences vient de la branche de la théorie quantique qui est généralement considérée comme le joyau de la couronne, le plus grand triomphe de la théorie. Il s'agit de l'électrodynamique quantique, ou QED, la théorie qui « explique » l'interaction électromagnétique en termes quantiques. L'électrodynamique quantique se développa dans les années quarante, et a connu un tel succès qu'elle a été utilisée en tant que modèle pour une théorie de l'interaction nucléaire forte, une théorie qu'on a baptisée chromodynamique quantique, ou QCD, parce qu'elle implique les interactions des particules dites quarks, lesquels ont des propriétés que les théoriciens distinguent bizarrement en leur attribuant les noms des couleurs. L'électrodynamique quantique souffre pourtant d'un défaut majeur. La théorie est valable mais essentiellement parce qu'on a trafiqué les mathématiques pour qu'elles correspondent à nos observations du monde.

Le problème vient du fait que dans la théorie quantique un électron n'est pas une particule nue comme dans la théorie classique, mais qu'il est entouré d'un nuage de particules virtuelles. Ce nuage de particules doit affecter la masse de l'électron. Il est tout à fait possible d'élaborer les équations quantiques correspondant à un électron + un nuage, mais à chaque fois que ces équations sont résolues mathématiquement elles donnent des « réponses » infiniment grandes. En partant de l'équation de Schrödinger, la pierre angulaire de la cuisine quantique, le traitement mathématique correct de l'électron donne une masse infinie, une énergie infinie et une charge infinie. Il n'y a pas de règle mathématique pour écarter les infinies, mais il est possible de s'en débarrasser en trichant. Nous savons quelle est la masse de l'électron grâce à des mesures expérimentales directes, et nous savons que c'est la réponse que notre théorie doit

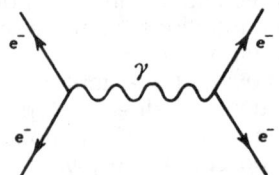

Schéma E.1. Le diagramme de Feynman classique des interactions corpusculaires.

nous donner pour la masse de l'électron + le nuage. En conséquence, les théoriciens suppriment les infinies des équations, divisent en fait une infinie par une autre. Mathématiquement, si vous divisez une infinie par une infinie, vous pouvez obtenir n'importe quelle réponse, et ils affirment donc que la réponse doit être celle que nous voulons, la masse mesurée de l'électron. On appelle ce procédé renormalisation.

Pour vous faire une idée de ce qui se produit, imaginez que quelqu'un qui pèse 150 livres se rende sur la lune, où la force gravitationnelle de surface ne correspond qu'à un sixième de la force gravitationnelle à la surface de la terre. Sur un pèse-personne ordinaire, construit sur terre et emporté pour le voyage, le poids du voyageur ne sera que de 25 livres, même si son corps n'a pas perdu de poids. En de telles circonstances, il serait peut-être sensé de « renormaliser » le pèse-personne en tournant la

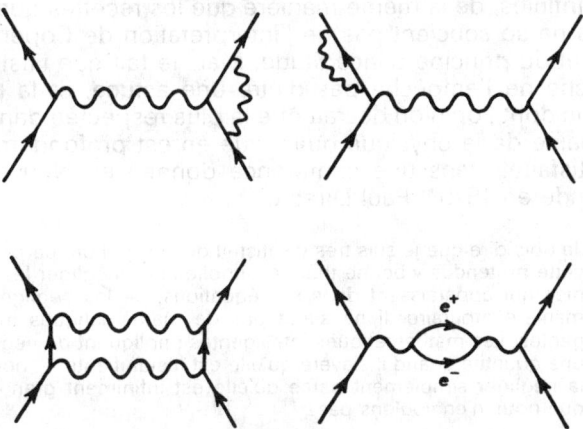

Schéma E.2. Des corrections quantiques apportées aux lois de l'électrodynamique s'imposent du fait de la présence de particules virtuelles — diagrammes montrant des boucles fermées. Telles sont les situations qui conduisent aux infinies qu'on ne peut supprimer qu'en recourant à l'« astuce » insatisfaisante qu'est la renormalisation.

297

molette de contrôle jusqu'à ce qu'elle affiche 150 livres. Mais le procédé ne fonctionne que parce que nous connaissons le poids réel du voyageur en termes terrestres et que nous voulons conserver nos renseignements par rapport au poids terrestre. Si la balance enregistrait un poids infini, nous ne pourrions l'ajuster à la réalité qu'en procédant à une correction infinie, et c'est ce que font les théoriciens quantiques en électrodynamique. Malheureusement, bien que diviser 150 par 6 donne sans nul doute 25, diviser 25 × l'infinie par l'infinie *ne donne pas* 25, mais n'importe quelle réponse.

Même ainsi, le processus est très puissant. Les infinies étant annulées, les solutions de l'équation de Schrödinger font tout ce que les physiciens souhaitent et décrivent parfaitement les effets les plus subtils des interactions électromagnétiques du spectre atomique. Les résultats étant irréprochables, la plupart des physiciens acceptent la validité de l'électrodynamique et ne s'inquiètent pas des infinies, de la même manière que les recettes quantiques ne se soucient pas de l'interprétation de Copenhague et du principe d'incertitude. Mais le fait que l'astuce marche ne l'empêche pas d'être une astuce, et la personne dont l'opinion devrait être la plus respectée dans le domaine de la physique quantique en est profondément insatisfaite. Dans une conférence donnée en Nouvelle-Zélande en 1975[*], Paul Dirac dit :

> Je dois dire que je suis très insatisfait de la situation, parce que cette prétendue « bonne théorie » implique de négliger les infinies qui apparaissent dans ses équations, de les négliger de manière arbitraire. Il ne s'agit pas de mathématiques intelligentes. Les mathématiques intelligentes impliquent de négliger une quantité quand il s'avère qu'elle est insignifiante — non de la négliger simplement parce qu'elle est infiniment grande et que nous n'en voulons pas !

---

[*] *Directions in physics*, chapitre 2. Dirac n'est pas le seul à être réticent ; Banesh Hoffman, dans *L'étrange histoire des quanta*, décrit la renormalisation comme conduisant la physique dans un cul-de-sac. « Cette manière audacieuse de jongler avec les infinies est brillante. Mais ce brio n'illumine qu'une allée obscure. »

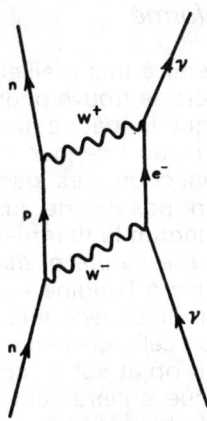

Schéma E.3. L'échange de deux bosons W entre un neutrino et un neutron est suffisant pour exiger une correction à l'infini du calcul, comparé à l'échange d'un seul boson.

Après avoir souligné que selon lui « cette équation de Schrödinger n'a pas de solution », Dirac conclut sa conférence en disant qu'un changement *spectaculaire* devrait intervenir dans la théorie afin de lui conférer un sens. « De simples changements n'y parviendront pas... Je pense que le changement requis sera tout aussi spectaculaire que le passage de la théorie de Bohr à la mécanique quantique. » Où pouvons-nous chercher une nouvelle théorie ? Si je possédais la réponse à cette question, je serais sur le point de recevoir un prix Nobel ; mais je peux suggérer quelques développements intéressants émergeant de la physique contemporaine susceptibles de satisfaire les critères de Dirac quant à ce qui constitue une bonne théorie.

L'espace-temps déformé

Le moyen de parvenir à une meilleure compréhension de la nature de l'univers se trouve peut-être dans la partie du monde physique que la théorie quantique a, dans une large mesure, ignoré jusqu'à ce jour. La mécanique quantique nous parle beaucoup des particules matérielles, mais elle ne se montre pas diserte quant à l'espace vide. Pourtant comme Eddington le fit remarquer, il y a plus de cinquante ans, dans *The nature of the physical world*, la révolution qui se trouve à l'origine de notre image de la matière solide en tant qu'espace très largement vide est plus fondamentale que celle qu'a engendrée la théorie de la relativité. Même un objet solide comme mon bureau, ou ce livre, est presque entièrement constitué d'espace vide. La proportion de la matière par rapport à l'espace est plus petite que la proportion d'un grain de sable comparé au Albert Hall. La seule chose que la théorie quantique nous dise quant à ces 99,99999... pour cent négligés de l'univers est qu'ils regorgent d'activité, un maelström de particules virtuelles. Malheureusement les mêmes équations quantiques qui donnent des solutions infinies en électrodynamique quantique nous apprennent également que la densité énergétique du vide est infinie, et la renormalisation doit également être appliquée à l'espace vide. Quand les équations quantiques standard sont associées à celles de la relativité générale pour obtenir une meilleure description de la réalité, la situation se complique — les infinies sont toujours présentes, mais il n'est même plus question de les renormaliser. Il est évident que nous sommes sur la mauvaise piste. Mais quelle piste devrions-nous suivre ?

Roger Penrose, de l'université d'Oxford, s'est tourné vers les fondements pour tenter de progresser. Il a recherché des moyens différents d'élaborer une description géométrique du vide et des particules dans le vide, des géométries impliquant un espace-temps déformé et des parties de l'espace-temps altérées que nous percevons comme des particules. La théorie qu'il a élaborée est dite théorie du *Twistor*; il est regrettable que les mathématiques qu'elle implique soient inaccessibles au grand public et que la théorie elle-même soit loin d'être complète. Mais le concept est important — en se fondant sur une théorie, Penrose tente d'expliquer les particules infiniment petites et les vastes étendues d'espace vide dans un objet solide tel que ce livre. Il est possible que la théorie soit erronée, mais en s'attaquant à un problème qu'on ignore le plus souvent, Penrose mettra peut-être en lumière l'une des raisons expliquant les échecs de la théorie standard.

Il existe d'autres façons de concevoir des déformations de l'espace-temps au niveau quantique. En combinant la constante de gravité, la constante de Planck et la vitesse de la lumière (les trois constantes fondamentales de la physique), il est possible d'obtenir une unité de longueur fondamentale, qu'on pourrait concevoir comme la longueur quantique, représentant la région la plus petite de l'espace susceptible d'être décrite de manière significative. Elle est vraiment très petite, environ 10^{-35} mètres, et on la nomme la longueur de Planck. De la même manière, en jonglant d'une autre façon avec les constantes fondamentales on obtient une, et une seule, unité de temps fondamentale : le temps de Planck, qui correspond approximativement à 10^{-43} secondes*. Parler d'un intervalle de temps plus petit, ou d'une dimension de l'espace inférieure à la longueur de Planck n'a pas de sens.

Les fluctuations quantiques dans la géométrie de l'espace sont tout à fait négligeables à l'échelle des atomes, ou même des particules élémentaires, mais à ce niveau très fondamental, l'espace lui-même peut être conçu comme un déferlement de fluctuations quantiques — John Wheeler qui étudia cette idée fait la comparaison entre un océan qui semble plat à un aviateur qui le survole à une altitude très élevée mais qui évoque tout autre

---

* Pour votre information personnelle, sachez que la longueur de Planck est donnée par la racine carrée de $G\hbar/c^3$ et que le temps de Planck est la racine carrée de $G\hbar/c^5$.

chose pour les occupants d'un canot de survie ballottés sur sa surface tourmentée et en changement perpétuel*. Au niveau quantique, l'espace-temps peut avoir une topologie très complexe — des « tunnels » et des « ponts » reliant différentes régions ; selon une variation sur le thème, l'espace vide pourrait être constitué de trous noirs, de la taille de la longueur de Planck, serrés les uns contre les autres.

Ces idées ont un point commun, elles sont toutes vagues, insatisfaisantes et étonnantes. Nous ne possédons pas encore de réponses fondamentales, mais il est bon que nous soyons conscients du fait que notre compréhension de l'« espace vide » est vraiment confuse et incertaine, vague et insatisfaisante. Notre vision s'élargit quand on songe que toutes les particules matérielles pourraient n'être que des fragments déformés de l'espace vide. Il pourrait être intéressant de surveiller le travail des géomètres quantiques dans les années à venir. En posant pour principe que si les théories que nous « comprenons » s'effondrent, nous déduirons que le progrès est susceptible de venir de phénomènes que nous ne comprenons pas encore. En 1983, les nouveaux rapports scientifiques s'orientent vers deux aspects de la bonne vieille approche corpusculaire du problème.

La symétrie brisée

La symétrie est un concept fondamental en physique. Ainsi les équations fondamentales sont-elles symétriques dans le temps. Elles sont tout aussi efficaces en avant qu'en arrière dans le temps. D'autres symétries peuvent être comprises en termes géométriques. Prenons un exemple. Un miroir peut réfléchir une sphère en rotation. En regardant le haut de la sphère, on constatera qu'elle tourne dans le sens inverse des aiguilles d'une montre, auquel cas l'image du miroir tournera dans le sens des

---

* Cf. la contribution de Wheeler à l'ouvrage de Mehra *The Physicist's Conception of Nature.*

aiguilles d'une montre. La vraie sphère et l'image miroir se déplacent selon des façons qu'autorisent les lois de la physique, lesquelles sont symétriques en ce sens (et bien entendu, la sphère de l'image miroir tourne de la même manière que la sphère réelle le ferait si on remontait le temps. En inversant le temps *et* en regardant le reflet dans le miroir, nous revenons à notre point de départ.) Il existe nombre d'autres types de symétrie dans la nature. Certains d'entre eux sont faciles à comprendre dans le langage courant — l'électron et le positron par exemple peuvent être considérés comme des images miroirs l'un de l'autre, de la même manière que l'un d'eux peut être appréhendé comme la contrepartie inversée dans le temps de l'autre. Une charge positive inversée est une charge négative. Ensemble, ces idées de réflexion dans l'espace (dite changement de parité, parce qu'elle passe de gauche à droite), de réflexion dans le temps et de réflexion de la charge constituent l'un des plus puissants principes sous-tendant la physique, le théorème PCT,

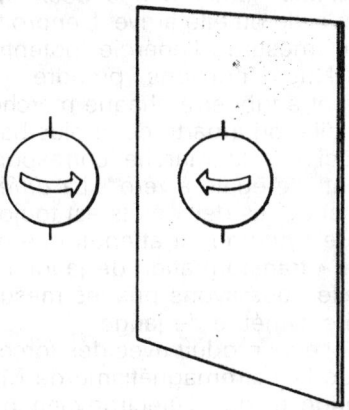

Schéma E.4. Symétrie de réflexion. La rotation de la sphère dans le monde miroir est identique à l'inversion temporelle de sa rotation dans le monde réel.

énonçant que les lois de la physique ne doivent pas être affectées si on remplace simultanément ces *trois* éléments par leurs contreparties réfléchies. Le théorème PCT sert de fondement à l'hypothèse selon laquelle l'émission d'une particule équivaut *exactement* à l'absorption de sa contrepartie, l'antiparticule.

Mais d'autres symétries sont beaucoup plus difficiles à comprendre dans le langage courant et exigent pour être tout à fait saisies qu'on recoure au langage mathématique. Ces symétries sont essentielles à la compréhension des derniers développements dans le domaine de la particule. Prenons donc un exemple physique simple : songez à une balle en équilibre sur un escalier. Si nous déposons la balle sur une autre marche, nous modifions son énergie potentielle au sein du champ gravitationnel dans lequel elle se trouve. Peu importe la manière dont nous déplaçons la balle — nous pouvons lui faire faire le tour du monde ou un aller-retour sur Mars dans une fusée avant de la déposer sur la nouvelle marche. Les seuls éléments qui déterminent le changement dans l'énergie potentielle sont les hauteurs des deux marches, celle d'où elle part et celle où elle arrive. L'endroit duquel nous choisissons de mesurer l'énergie potentielle n'a pas d'importance. Nous pouvons prendre nos mesures depuis la cave, et attribuer à chaque marche une grande énergie potentielle, ou à partir de la plus basse des deux marches, auquel cas la marche correspond à un état d'énergie potentielle égale à zéro*. La *différence* d'énergie potentielle entre les deux états est toujours la même. C'est un type de symétrie, et attendu que nous pouvons procéder à une « transformation de jauge » de la base à partir de laquelle nous avons pris les mesures, une telle symétrie est dite symétrie de jauge.

La même chose se produit avec des forces électriques. Il en résulte que l'électromagnétisme de Maxwell est un invariant de jauge et que l'électrodynamique quantique est également une théorie de jauge, au même titre que la

---

* Cette démarche est inspirée de l'approche de Paul Davies dans son livre *The forces of Nature*, Cambridge University Press, 1979.

chromodynamique quantique, qui est modelée sur l'électrodynamique quantique. Des complications surviennent quand on travaille sur des champs de matière au niveau quantique, mais toutes peuvent être prises en compte par une théorie qui accepte une symétrie de jauge. Mais l'une des caractéristiques essentielles de l'électrodynamique quantique est de n'afficher une symétrie de jauge que parce que la masse du photon est égale à zéro. Il s'avère qu'il serait impossible de renormaliser la théorie si le photon n'avait pas de masse, et nous ne saurions que faire des infinies. Cela pose problème quand les physiciens tentent d'utiliser la brillante théorie de jauge de l'interaction électromagnétique en tant que modèle pour l'élaboration d'une théorie semblable de l'interaction nucléaire faible, le processus qui est responsable, entre autres choses, de la désintégration radioactive et de l'émission de particules bêta (électrons) à partir du noyau radioactif. Il semble que la force faible soit véhiculée par son propre boson, de la même manière que la force électrique est portée, ou véhiculée, par le photon. Mais la situation est plus complexe, parce qu'il faudrait que le boson faible (le « photon » du champ faible) soit porteur d'une charge pour que la force électrique soit transmise au cours des interactions faibles. Il existe donc au moins deux de ces particules, des bosons dits W + et W —, et les interactions faibles n'impliquant pas toujours un transfert de charge, les théoriciens n'eurent d'autre choix que de parler d'un troisième médiateur, le boson neutre Z, pour compléter l'ensemble des photons faibles. La théorie exigeait l'existence de cette particule, au grand dam initial des physiciens, qui n'avaient aucune preuve expérimentale de son existence.

Les symétries mathématiques correctes impliquant l'interaction faible, les deux particules W* et le Z neutre furent d'abord supputées par Sheldon Glashow, de l'uni-

---

* On peut également considérer W + et W — comme une particule et son antiparticule, à l'instar de l'électron (e —) et du positron (e +). Au cas où votre confusion ne serait pas à son comble, sachez que la particule W a un autre nom, le boson de vecteur intermédiaire.

versité d'Harvard en 1960, et portées à la connaissance du public en 1961. Sa théorie n'était pas complète, mais elle laissait intervenir la possibilité qu'une théorie puisse en définitive inclure tant l'interaction faible que l'interaction électromagnétique. Le principal problème est lié au fait que la théorie exige que les particules W, au contraire du photon, soient non seulement porteuses d'une charge mais encore qu'elles aient une masse, ce qui fait qu'il est impossible de renormaliser la théorie et brise l'analogie avec l'électromagnétisme, dans lequel le photon n'a pas de masse. Elles doivent avoir une masse, parce que l'interaction faible n'a qu'un rayon d'action court — si elles n'avaient pas de masse, le rayon d'action serait infini, comme le rayon d'action de l'interaction électromagnétique. Toutefois le problème concerne moins la masse que le spin des particules. Toutes les particules sans masse, telles que le photon, sont essentiellement autorisées par les règles quantiques à maintenir leur spin parallèle ou antiparallèle à la direction de leur mouvement. Une particule ayant une masse, comme la particule W, peut également maintenir son spin perpendiculaire à son mouvement, et c'est de cet état de spin supplémentaire que naissent tous les problèmes. Si les particules W étaient sans masse, il existerait alors une sorte de symétrie entre le photon et la particule W, et donc entre les interactions faible et électromagnétique, laquelle rendrait possible leur combinaison en une théorie renormalisable expliquant les deux forces. C'est de cette symétrie « brisée » que résultent tous les problèmes.

De quelle manière une symétrie mathématique peut-elle être brisée? C'est le magnétisme qui nous en offre le meilleur exemple. Imaginons qu'une barre d'un matériau magnétique contienne un nombre gigantesque de minuscules aimants, correspondant aux atomes individuels. Quand on la chauffe, ces minuscules aimants tournent et se bousculent les uns les autres au hasard, s'orientant dans toutes les directions, et il n'y a pas de champ magnétique d'ensemble par rapport à la barre — aucune asymétrie magnétique. Mais quand on refroidit la barre au-dessous d'une certaine température, dite température de Curie, elle adopte soudain un état magnétisé, et tous les aimants internes s'alignent. A une température élevée, le plus bas état énergétique disponible correspond à la magnétisation zéro ; à basse température, l'état énergétique le plus bas est obtenu quand les aimants internes s'alignent (dans quelque sens que ce soit). La symétrie est brisée, et le changement est intervenu parce qu'à des températures élevées l'énergie thermique des atomes a raison des forces magnétiques, tandis qu'à basses températures les forces magnétiques ont raison de l'agitation thermique des atomes.

A la fin des années soixante, Abdus Salam, qui travaillait à l'*Imperial College* de Londres, et Steven Weinberg, de Harvard, élaborèrent chacun un modèle de l'interaction faible, élaboré à partir de la symétrie mathématique conçue par Glashow au début des années soixante et indépendamment par Salam quelques années plus tard. Dans la nouvelle théorie, la rupture de la symétrie exige un nouveau champ, le champ de Higgs, et des particules associées, elles aussi dites de Higgs. Les interactions électromagnétique et faible sont combinées dans un champ de jauge symétrique, l'interaction électro-faible, avec des bosons médiateurs sans masse. Le physicien hollandais Gerard t'Hooft prouva en 1971 qu'il s'agissait d'une théorie renormalisable, et on consentit alors à la prendre au sérieux. Quand en 1973 on obtint la preuve de l'existence de la particule Z, la théorie électro-faible fut fermement établie. L'interaction combinée ne « fonctionne » que dans des conditions de densité énergétique très élevée comme celles du big bang, et à des énergies plus basses elle se rompt de manière spontanée de telle sorte que les particules lourdes W et Z apparaissent et que les interactions électromagnétique et faible poursuivent chacune leur chemin.

Le fait que Glashow, Salam et Weinberg se partagèrent le prix Nobel de physique en 1979, alors qu'il n'existait aucune preuve expérimentale directe attestant que leur idée était correcte, témoigne de l'importance de cette nouvelle théorie. Au début de 1983 cependant, une équipe du CERN à Genève annonça les résultats d'expériences sur les particules réalisées à des énergies élevées (obtenues par la collision d'un faisceau de protons à haute énergie et d'un faisceau d'antiprotons à haute énergie), qui s'expliquent le mieux par rapport à des particules W et Z, dont les masses respectives sont approximativement de 80 GeV et 90 GeV. Cela cadre très bien avec les prédictions de la théorie, et la théorie de Glashow-Salam-Weinberg est une « bonne » théorie, parce que ses prédictions sont vérifiables, contrairement à la précédente théorie de Glashow. Dans l'intervalle, les théoriciens ne sont pas restés inactifs. Si deux interactions peuvent être combinées dans une théorie, pour quelles raisons une grande théorie unifiée n'impliquerait-elle pas toutes les interactions fondamentales ? Le rêve d'Einstein est à la veille d'être réalisé, sous la forme non pas d'une symétrie mais d'une suprasymétrie et d'une supragravité.

La supragravité

Le problème propre aux théories de jauge en dehors de la difficulté que comporte la renormalisation est qu'elles ne sont pas uniques. De la même manière qu'une théorie de jauge inclut des infinies qui doivent être façonnées par la renormalisation pour correspondre à la réalité, il existe un nombre infini de théories de jauge possibles, et celles choisies pour décrire les interactions

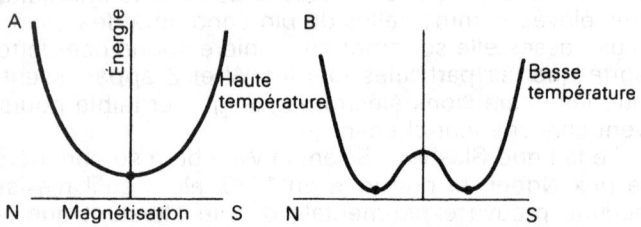

Schéma E.5. La rupture de la symétrie se produit quand une barre de matériau magnétique est refroidie.

de la physique doivent être manipulées de la même manière, sur une base *ad hoc,* pour correspondre au monde réel. Qui plus est, rien dans ces théories ne dit combien de sortes de particules il doit y avoir — combien de baryons, ou de leptons (des particules appartenant à la même famille que l'électron) ou de bosons de jauge, etc. Les physiciens aimeraient parvenir à une théorie unique qui n'exigerait qu'un certain nombre de types de particules pour expliquer le monde réel. Un pas vers une telle théorie a été posé en 1974, avec l'invention de la suprasymétrie.

Cette idée est due aux travaux de Julius Weiss de l'université de Karlsruhe et de Bruno Zumino de l'université de Californie, Berkeley. Ils essayèrent de déterminer à quoi ressembleraient les choses dans un monde idéalement symétrique — où chaque fermion aurait une contrepartie, un boson de même masse. Nous ne trouvons pas vraiment ce type de symétrie dans la nature, mais il serait possible d'expliquer que la symétrie a été rompue, comme celle impliquant les interactions électromagnétique et faible. Il est certain que quand on étudie le problème d'un point de vue mathématique on constate qu'il existe des moyens de décrire des suprasymétries qui existaient au cours du big bang mais qui ont ensuite été brisées de manière telle que les particules ordinaires de la physique acquièrent une masse petite alors que leurs « superpartenaires » conservaient leurs très grandes masses. Les superparticules pouvaient alors n'exister que pendant un laps de temps très court avant de se transformer en une pluie de particules moins lourdes ; pour créer les superparticules aujourd'hui, nous devons reconstituer des conditions semblables à celles du big bang, des énergies très élevées en fait, et nul ne s'étonnera du fait que même les faisceaux de collision proton/antiproton du CERN échouent à en produire.

Les supputations ne manquent pas, mais un élément plaide cependant en faveur de cette vision. Il existe encore différentes sortes de théorie du champ suprasymétrique, des variations sur le thème, mais les restrictions de la symétrie signifient que chaque version

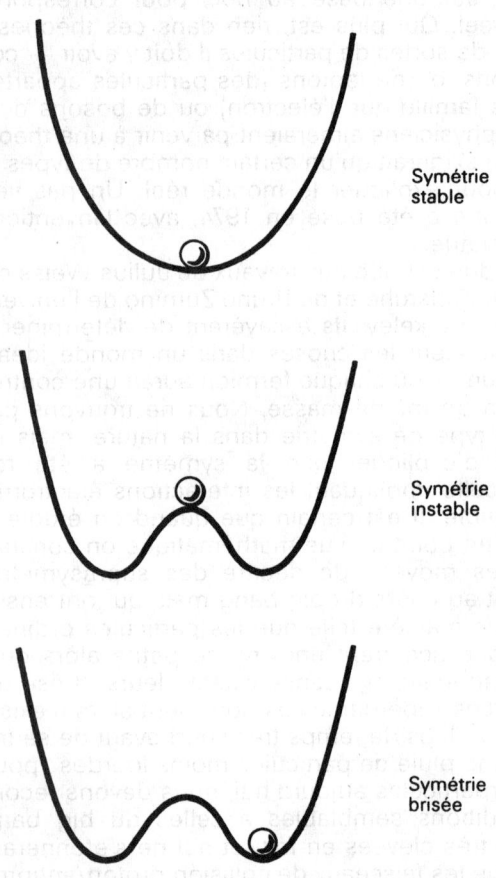

Schéma E.6. La rupture de la symétrie magnétique du schéma E.5. peut être comprise par analogie avec une balle dans une vallée. Avec une vallée, la balle se trouve dans un état stable, symétrique. En présence de deux vallées, la position symétrie est instable et la balle doit, tôt ou tard, tomber au fond de l'une d'elles, rompant ainsi la symétrie.

n'admet l'existence que d'un nombre défini de types de particules. Certaines versions admettent des centaines de particules élémentaires différentes, ce qui constitue une perspective décourageante, mais d'autres n'en acceptent que beaucoup moins, et aucune théorie ne prévoit la possibilité d'un nombre infini de particules « élémentaires ». Mieux encore, les particules sont réparties sans ambiguïté par famille dans chaque théorie suprasymétrique. Dans la version la plus simple, il y a essentiellement un boson de spin zéro et un partenaire de spin 1/2 ; une théorie plus compliquée concerne deux bosons de spin 1, un fermion de spin 1/2 et un fermion de spin 3/2, et ainsi de suite. Mais nous n'avons pas encore tout dit. Dans les suprasymétries, vous ne devez pas toujours vous soucier de la renormalisation. Dans certaines de ces théories, les infinies s'annulent de manière automatique, mais pas de façon *ad hoc,* en se conformant aux règles mathématiques correctes et en laissant derrière elles les nombres finis discrets.

La suprasymétrie est de bon aloi, mais elle n'offre pourtant pas la réponse finale. Il manque encore quelque chose, et les physiciens ne savent pas quoi. Des théories différentes correspondent bien à des caractéristiques différentes du monde réel, mais aucune d'elles n'explique à elle seule l'ensemble du monde réel. Néanmoins, une théorie suprasymétrie particulière mérite une attention spéciale. Elle est connue sous le nom de supragravité $= N8$.

Cette supragravité a pour point de départ une particule hypothétique : le graviton, qui véhicule le champ gravitationnel. Avec lui, il y a huit autres particules (d'où « $N = 8$ ») dites gravitinos, 56 particules « réelles » telles que des quarks et des électrons, et 98 particules qui sont impliquées dans des interactions médiatrices (photons, W, et de nombreux gluons). Voilà un nombre formidable de particules, mais il est déterminé précisément par la théorie, laquelle n'admet rien de plus. Le type de difficultés que les physiciens rencontrent pour vérifier la théorie peut être appréhendé en étudiant les gravitinos. Ces derniers n'ont jamais été détectés, et deux raisons diamétralement opposées expliquent pourquoi il doit en être ainsi. Il se pourrait que les gravitinos soient des particules intangibles, fantomatiques ayant une masse très petite et qu'elles n'interagissent avec rien. Ou encore qu'elles soient si lourdes que nos machines à particules actuelles soient inaptes à produire l'énergie nécessaire à leur création et à leur observation.

Les problèmes sont d'importance, mais des théories telles que la supragravité sont au moins cohérentes, finies, et se passent de renormalisation. Les physiciens ont le sentiment d'être sur la bonne voie. Mais si les accélérateurs de particules sont incapables de vérifier les théories, comment peuvent-ils nourrir une telle conviction ? C'est la raison pour laquelle la cosmologie — l'étude de l'ensemble de l'univers — est une branche scientifique en « effervescence ». Comme Heinz Pagels, directeur exécutif de l'académie des sciences de New York l'a dit en 1983 : « Nous sommes déjà entrés dans l'ère de la physique des post-accélérateurs pour laquelle l'histoire entière de l'univers devient le terrain d'exercice de la physique fondamentale*. » Et les cosmologues n'en sont pas moins désireux de toucher à la physique des particules.

L'univers est-il une fluctuation du vide ?

Il n'est pas impossible que la cosmologie soit vraiment une branche de la physique des particules. Car, selon une idée qui a fait son chemin depuis une dizaine d'années — après avoir été considérée comme complètement folle elle a fini par flirter avec la respectabilité quand on l'a considérée comme étant simplement choquante — l'univers et tout ce qu'il renferme pourrait n'être rien de plus qu'une de ces fluctuations du vide qui permettent à des collections de particules de se matérialiser à partir de rien, d'exister pendant un moment et puis d'être réabsor-

---

* Cité dans *Science*. 29 avril 1983, vol. 220, p. 491.

bées par le vide. L'idée est très proche de celle voulant que l'univers soit gravitationnellement fermé. Un univers qui est né dans la boule de feu d'un big bang, qui est en expansion pendant un moment, puis qui se recontracte en une boule de feu et disparaît, *est* une fluctuation du vide, mais à très grande échelle. Si l'univers est exactement équilibré sur le champ gravitationnel entre l'expansion indéfinie et le réeffondrement ultime, alors l'énergie gravitationnelle négative de l'univers doit annuler précisément l'énergie de masse positive de toute la matière qu'il renferme. Un univers clos a une énergie zéro, et il n'est pas tellement difficile de fabriquer quelque chose ayant une énergie zéro à partir d'une fluctuation du vide, même si c'est un tour de force d'amener toutes les parties à s'éloigner les unes des autres et à matérialiser temporairement toutes les variétés intéressantes qui nous entourent.

Je suis particulièrement attaché à cette idée car j'ai joué un rôle dans son apparition sous sa forme moderne dans les années soixante-dix. L'idée originale remonte à Ludwig Boltzmann, le physicien du dix-neuvième siècle qui fut l'un des fondateurs de la thermodynamique moderne et de la mécanique statistique. Boltzmann supposa que puisque l'univers devait se trouver en équilibre thermodynamique, mais que manifestement il ne l'est pas, son apparence actuelle résulterait d'une déviation temporaire de l'équilibre, admise par les règles statistiques pourvu que l'équilibre soit maintenu dans l'ensemble à long terme. Les chances qu'une telle fluctuation intervienne à l'échelle de l'univers visible sont minces, mais si l'univers existait dans un état constant depuis un temps infini il y aurait une certitude virtuelle qu'un tel phénomène se produise en définitive, et attendu que seule une déviation de l'équilibre permettrait à la vie d'exister, il n'est pas surprenant que nous soyons ici à la faveur d'un rare écart de l'univers par rapport à l'équilibre.

Les idées de Boltzmann ne furent jamais en faveur, mais des variations sur le thème continuèrent à émerger de temps à autre. En 1971 celle qui retint mon attention et que je commentai dans *Nature* envisageait la possibilité que l'univers soit né en feu, qu'il ait connu une période d'expansion puis qu'il soit retourné vers le néant*. Deux ans plus tard, Edward Tryon, de l'université de New York, proposa un article à *Nature* dans lequel il développait l'idée du big bang en tant que fluctuation du vide et se référait dans sa lettre d'accompagnement à mon article anonyme comme au point de départ de ses spéculations**. C'est pourquoi j'éprouve un intérêt particulier pour ce modèle cosmologique, bien qu'il soit tout à fait logique que Tryon soit maintenant reconnu comme étant le père de la conception moderne de l'univers en tant que fluctuation du vide. Personne n'y avait songé auparavant, mais comme il l'a souligné à l'époque si l'univers a une énergie nette égale à zéro alors la durée de son existence, en accord avec

$$\Delta E \Delta t = \hbar$$

peut vraiment être très longue. « Je ne prétends pas que les univers tels que le nôtre se rencontrent fréquemment, simplement que la fréquence escomptée n'est pas égale à zéro », dit-il. « La logique de la situation enjoint toutefois que les observateurs se trouvent dans des univers capables d'engendrer la vie, et de tels univers sont d'une taille impressionnante. »

L'idée fut ignorée pendant dix ans. Mais certains ont récemment commencé à prendre au sérieux une nouvelle version. En dépit des espoirs initiaux de Tryon, les calculs suggéraient que tout nouvel « univers quantique » constitué comme une fluctuation du vide serait réellement minuscule, un phénomène d'une durée de vie courte n'occupant qu'un petit volume de l'espace-temps. Mais les cosmologues découvrirent ensuite une façon d'amener un univers minuscule à devenir, grâce à une expansion spectaculaire, aussi vaste que l'univers dans lequel nous vivons, en moins de temps qu'il n'en faut pour cligner de l'œil. L' « expansion » est le mot d'ordre qui rallie les cosmologues dans le milieu des années quatre-vingt, et l'expansion explique comment une minuscule fluctua-

---
* *Nature*, vol. 232, p. 440, 1971.
** *Nature*, vol. 246, p. 396, 1973.

tion du vide pourrait avoir engendré le monde dans lequel nous vivons.

L'expansion et l'univers

Les cosmologues s'intéressaient déjà aux particules supplémentaires susceptibles d'exister dans l'univers, parce qu'ils sont toujours à la recherche de la « masse manquante » nécessaire pour que l'univers soit fermé. Les gravitinos ayant une masse d'environ 1 000 eV par particule pourraient être particulièrement utiles — non seulement ils aideraient à fermer l'univers, mais, selon les équations qui décrivent l'expansion de l'univers à partir du big bang, la présence de ces particules conviendrait tout à fait pour former des amas de matière de la taille des galaxies. Les neutrinos ayant une masse d'environ 10 eV seraient tout à fait adaptés pour encourager la croissance d'amas de matière à l'échelle d'amas de galaxies, et ainsi de suite. Mais durant ces dernières années, les cosmologues s'intéressent de plus en plus à la physique des particules, parce que la plus récente interprétation de la symétrie brisée suggère qu'elle-même pourrait avoir été la force motrice qui a octroyé à notre bulle d'espace-temps son état expansionniste.

L'idée originale est due à Alan Guth, de l'Institut de technologie du Massachusetts. Elle remonte à la représentation d'une phase de l'univers très chaude et très dense au sein de laquelle toutes les interactions de la physique (sauf la gravité ; la théorie n'inclut pas encore la suprasymétrie) participaient à une interaction symétrique. Quand l'univers commença à se refroidir, la symétrie fut brisée et les forces fondamentales de la nature — l'électromagnétisme et les forces nucléaires forte et faible — poursuivirent des voies distinctes. Il ne fait aucun doute que les deux états de l'univers, avant et après la rupture de la symétrie, sont très différents l'un de l'autre. Le changement d'un état à un autre est une sorte de changement de phase, comme le changement de l'eau en glace quand elle gèle, ou en vapeur quand elle bout. Contrairement à ces changements de phase courants cependant la rupture de la symétrie aux tout premiers instants de l'univers devrait, selon la théorie, avoir engendré une force gravitationnelle répulsive accablante, anéantissant tout en une fraction de seconde.

Nous parlons des tout débuts de l'univers, avant 10^{-35} secondes, quand la « température » devait être supérieure à 10^{28} K, pour autant que le terme température signifie quelque chose pour un tel état. L'expansion due à la rupture de la symétrie doit avoir été exponentielle, doublant la taille de chaque volume minuscule de l'espace toutes les 10^{-35} secondes. En un laps de temps très inférieur à la seconde, cette expansion galopante devait avoir gonflé une région de la taille d'un proton à la taille de l'univers observable aujourd'hui. Ensuite, des bulles que nous considérons comme un espace-temps normal se sont développées et ont crû dans cette région en expansion à la faveur d'une transition de phase ultérieure.

La version initiale de l'univers expansionniste de Guth ne tente pas d'expliquer d'où vient la minuscule bulle originale. Mais nous sommes enclin à établir un parallèle entre ce concept et une fluctuation du vide telle que l'a décrite Tryon.

Cette vision spectaculaire de l'univers résoud de nombreuses énigmes cosmologiques, dont la moindre n'est pas la coïncidence remarquable selon laquelle notre bulle d'espace-temps semble être en expansion à une vitesse se situant juste à la frontière entre les états d'ouverture et de fermeture. Le scénario de l'univers en expansion *exige* que cet équilibre soit atteint, de par la relation entre la densité masse/énergie de la bulle et la force expansionniste. En outre, le scénario nous attribue un rôle des plus insignifiants dans l'univers, en plaçant tout ce que nous voyons dans l'univers à l'intérieur d'une bulle au sein d'une bulle d'un quelconque tout en expansion encore plus vaste.

Nous vivons à une époque excitante. Nous nous trouvons apparemment à la veille d'un progrès dans notre compréhension de l'univers aussi significatif ainsi que Dirac l'a prédit, que le pas qui sépare l'atome de Bohr de la mécanique quantique. Je constate avec surprise que ma recherche du chat de Schrödinger s'achève sur le big bang, la cosmologie, la supragravité et l'univers expansionniste, parce que dans un ouvrage précédent, *Spacewarps*, j'avais entrepris de raconter l'histoire de la gravité et de la relativité générale et mon récit se terminait au même point. Dans un cas comme dans l'autre, ce n'était pas prévu ; dans les deux cas la supragravité semble être un point final naturel, et peut-être est-ce un signe indiquant que l'unification de la théorie quantique et de la gravité se profile à l'horizon. Mais rien n'est encore joué et j'espère que cela n'adviendra jamais. Comme Richard Feynman l'a dit : « L'une des manières d'arrêter la science consisterait à ne réaliser des expériences que dans les régions dont nous connaissons les lois. » La physique est sur le point de se lancer dans l'inconnu, et :

> ce dont nous avons besoin se nomme imagination, mais d'une imagination bridée. Nous devons trouver une nouvelle vision du monde qui soit en accord avec tout ce que nous connaissons, mais qui quelque part soit en désaccord avec ses prédictions, autrement elle serait sans intérêt. Et au sein de ce désaccord elle doit être en accord avec la nature. Si vous trouvez une autre vision du monde qui soit en accord total avec tout ce qui a déjà été observé, mais qui quelque part le contredise, vous avez fait une grande découverte. C'est presque impossible, mais pas exclu*...

Si la recherche dans le domaine de la physique est un jour terminée, le monde sera un endroit beaucoup moins intéressant, c'est la raison pour laquelle je me réjouis de vous quitter sur ces mots prometteurs, sur ces intuitions séduisantes, avec la promesse d'avoir encore beaucoup d'histoires à raconter, chacune aussi étonnante que celle du chat de Schrödinger.

---

* *La nature de la physique.*

BIBLIOGRAPHIE

Voici les titres des ouvrages que j'ai lus alors que je marchais sur les brisées du chat de Schrödinger. Je ne prétends pas que cette liste constitue une bibliographie exhaustive du sujet. Il ne fait aucun doute que les physiciens remarqueront l'absence de certains titres qu'ils auraient escompté y voir figurer. Sachant qu'une référence mène à une autre, je suis convaincu que le lecteur n'éprouvera aucune difficulté à trouver des ouvrages intéressants sur la physique quantique en partant de n'importe lequel de cette sélection et surtout en se fiant à son flair.

A. d'Abro, *The rise of the new physics*, vol. II, Dover, New York, 1951 (édition originale 1939).
Kenneth Atkins, *Physics — once over — lightly*, Wiley, New York, 1972.
Ted Bastin (éditeur), *Quantum theory and beyond*, Cambridge University Press, New York, 1971.
Max Born, *The restless universe*, Dover, New York, 1951.
Max Born, *The Born-Einstein Letters*, Macmillan, Londres, 1971.
Louis de Broglie, *Matière et Lumière*, Albin Michel, 1937.
Louis de Broglie, *The revolution in physics*, Green Wood Press, New York, 1969.
Fritjof Capra, *Le tao de la physique*, Tchou, Paris, 1979.
Jeremy Cherfas, *Man made life*, Blackwell, Oxford, 1972.

Barbara Lovett Cline, *The questioners*, Crowell, New York, 1965.

Francis Crick, *La vie vient de l'espace*, Hachette, 1982.

Paul Davies, *The accidental Universe*, Cambridge University Press, New York, 1982.

Bryce De Witt et Neill Graham, éditeurs, *The many-worlds interpretation of quantum mechanics*, Princeton University Press, 1973.

Paul Dirac, *The principles of quantum mechanics*, Oxford University Press, New York, 1982.

Paul Dirac, *Directions in physics*, Wiley, New York & Londres, 1978.

Sir Arthur Eddington, *The nature of physical world*, Folcroft Library Editions, Folcroft, Pennsylvanie, 1935.

Sir Arthur Eddington, *La science et le monde invisible*, Fischbacher, Paris, 1938.

Sir Arthur Eddington, *Nouveaux sentiers de la science*, Herman, Paris, 1936.

Sir Arthur Eddington, *The philosophy of physical science*, University of Michigan Press, Ann Arbor, 1958 (édition originale Cambridge University Press, 1938).

Leonard Eisenbud, *The conceptual foundations of quantum mechanics*, Van Nostrand Reinhold, New York, 1971.

Richard Feynman, *La nature de la physique*, Le Seuil, 1980.

Richard Feynman, *Le cours de physique de Feynman*, vol. III, Paris, Interéditions 1977.

George Gamow, *The atom and its nucleus*, Prentice-Hall, New Jersey, 1961.

Maurice Goldsmith, Alan Mackay et James Woudhuysen. Éditeurs, *Einstein : The first hundred years*, Elmsford, New York, 1980.

John Gribbin et Jeremy Cherfas, *The monkey puzzle*, Boldley Head, Londres, et Pantheon, New York, 1982.

Niels Heathcote, *Nobel Prize winners in physics 1901-1950*, Henry Schuman, Inc., 1953 (réimprimé en 1971, par Books for Librairies Press, Freeport, New York).

Werner Heisenberg, *Physique et philosophie*, Albin Michel, 1971.

Werner Heisenberg, *The physicist's conception of nature*, Greenwood Press, Westport, Connecticut, 1970 (Harcourt Brace Edition publié en 1958).

Werner Heisenberg, *Physics and beyond*, Harper and Row, New York, et Allen & Unwin, Londres, 1971.

Banesh Hoffmann, *L'étrange histoire des quanta*, Le Seuil, 1981.

Ernest Ikenberry, *Quantum mechanics*, Oxford University Press, Londres, 1982.

Max Jammer, *The conceptual developpment of quantum mechanics*, Mc Graw-Hill, New York, 1966.

Max Jammer, *The philosophy of quantum mechanics*, Wiley, New York et Londres, 1974.

Pascual Jordan, *Physics of the 20th century*, Philosophical Librairy, New York, 1944.

Horace Judson, *The eighth day of creation*, Simon & Schuster, 1982.

Jagdish Mehra (éditeur), *The physicist's conception of nature*, Kluwer, Boston, 1973.

Jagdish Mehra et Helmut Rechenberg, *The historical developpment of quantum theory*, Springer-Verlag, New York, 1982.

Abraham Pais, *Subtle is the Lord...*, Oxford University Press, Londres & New York, 1982.

Heinz Pagels, *The cosmic code*, Simon & Schuster, New York, 1982.

Jay M. Pasachoff et Marc L. Kutner, *Invitation to physics*, W.W. Norton, New York & Londres, 1981.

Max Planck, *The Philosophy of Physics*, W.W. Norton, New York, 1963 (édition originale 1936).

Erwin Schrödinger, *Collected papers on wave mechanics*, Chelsea Publishing Company, New York, 1978 (traduction à partir de l'édition allemande de 1928).

Erwin Schrödinger, *What is life ?*, Cambridge University Press, New York, 1967 (édition originale 1944 ; ce volume comprend également Mind and Matter, publié pour la première fois en 1958).

Erwin Schrödinger, *Science, theory and Man*, Dover Publications/Allen et Unwin, Londres, 1957 (édition originale en 1935).

Erwin Schrödinger, *Letters on wave mechanics*, Philosophical Librairy, New York, 1967.

John Slater, *Modern Physics*, McGraw-Hill, New York, 1955.

J. Gordon Stipe, *The developpment of physical theories*, McGraw-Hill, New York, 1967.

B.L. van der Waerden (éditeur), *Sources of quantum mechanics*, Peter Smith, Magnolia, Massachusetts, 1967.

James D. Watson, *La double hélice*, Hachette-Pluriel, Paris, 1984.

Harry Woolf (éditeur), *Some Stangeness in the proportion*, Addison-Wesley, Reading, Massachusetts, 1980.
Gary Zukav, *La danse des éléments : un survol de la nouvelle physique*, Laffont, 1982.

INDEX

acausalité 218
action 62, 63, 77
action à distance 217, 218, 254
ADN 181
Anderson (Carl) 154, 155
Aristote 35
article des trois 133
Aspect (Alain) 17, 99, 264, 265, 266, 268, 293
atome de « Bohr-Sommerfeld » 80
atome de Bohr 79, 81, 82, 88, 89, 105, 111, 116, 119
atomes 35, 36, 42, 73
Avogadro (Amadeo) 36, 37
Balmer (Johann) 76, 77, 78, 85
Bardeen (John) 174
Bastin (Ted) 151
baryons 309
Becquerel (Henri) 44, 45
Bell (John) 251, 254
Bernal (J.D.) 179
Bohm (David) 251, 252, 259, 266
Bohr (Niels) 19, 69, 71, 72, 73, 74, 76, 77, 78, 79, 80, 81, 85, 87, 88, 92, 94, 95, 96, 97, 98, 103, 105, 107, 118, 119, 121, 123, 124, 143, 144, 145, 147, 148, 149, 163, 167, 187, 188, 192, 209, 212, 214, 215, 262, 291, 295
Boltzmann (Ludwig) 37, 38, 39, 40, 57, 58, 59, 60, 86, 313
Born (Max) 92, 113, 119, 123, 124, 125, 128, 130, 133, 145, 146, 147, 149, 150, 152, 163, 203, 205, 206, 212
Bose (Satyendra) 121
bosons 120, 122

Bragg (W.H.) 109
Boyle (Robert) 36
Bragg (Lawrence) 178, 183
Brown (Thomas) 39
Bunsen (Robert) 74
Cannizzaro (Stanislao) 37
Capra (Fritjof) 14, 237
catastrophe ultraviolette 55, 56, 60, 61
Cavendish 41, 42, 46, 49, 71, 92, 106
champ de Higgs 307
Chadwick (James) 155
choix différé 245, 247, 248, 249
Clark (Terry) 268, 270
chromodynamique quantique 296
complémentarité 149, 192, 231
Compton (Arthur) 106, 107, 109
congrès Solvay 103, 106, 109
constante de Planck 60, 62, 63, 67, 77, 78, 81, 133, 135, 148
Cooper (Leon) 174
corps noir 53, 54
cosmologie 59
couches 94, 98
Crick (Francis) 180, 183
Curie (Pierre et Marie) 45, 62
Curie (Marie) 46
Curie (Irène) 46
d'Espagnat (Bernard) 259, 263, 265, 266
Dalton (John) 36, 37
Davisson (Clinton) 113, 114
Debye (Peter) 80, 107
De Broglie (Louis) 108, 109, 110, 112, 113, 114, 120, 138 139, 140

327

demi-vie 82
deutérium 90
DeWitt (Brice) 280, 282, 283
Démocrite d'Abdère 35
désintégration radioactive 46, 82, 83, 86, 87
Dirac (Paul) 81, 120, 124, 134, 135, 136, 137, 138, 141, 143, 149, 150, 152, 153, 155, 156, 163, 188, 194, 195, 196, 221
Eckart (Carl) 141
Eddington (Arthur) 115, 116, 194, 300
effet Compton 107, 120, 138
effet EPR 217
effet photo-électrique 67, 104
effet tunnel 161, 176
effondrement 51, 52
effondrement de la fonction ondulatoire 207, 210, 243
Einstein 13, 15, 16, 17, 18, 33, 38, 39, 56, 59, 60, 62, 63, 65, 67, 68, 69, 71, 74, 81, 82, 83, 86, 87, 88, 95, 103, 104, 105, 106, 108, 110, 112, 113, 118, 120, 121, 124, 139, 152, 164, 165, 167, 212, 215, 217, 239, 258, 284, 308
Elsasser (Walter) 113, 114
engineering génétique 15, 21
entropie 57, 58, 62
Epicure de Samos 35
espace de phase 144
Euler (Léonard) 26
Everett (Hugh) 274, 276, 280, 284
expérience EPR 251
électrodynamique 56, 295
électromagnétisme 53
électron 40, 41, 42, 44, 66, 89
éléments 36
émission spontanée 164
équation ondulatoire de Schrödinger 206
équations hamiltoniennes 135
états énergétiques 87
Fermi (Enrico) 120
fermions 120, 122, 153, 168
Festival Bohr 123, 128
Feynman (Richard) 196, 206, 207, 208, 218, 268, 317
fission nucléaire 91
fonction ψ *de Schrödinger* 203
formule de Balmer 77
Foucault (Léon) 32
Fowler (Ralph) 135, 136
Franck (James) 113

Franklin (Rosalind) 180, 183
Franklin (Benjamin) 26
Fraunhofer (Joseph) 74
Fresnel (Augustin) 27, 32
fréquence 55, 66
Galilée 33
Gay-Lussac (Joseph) 36
Geiger (Hans) 47
Glashow (Sheldon) 305, 307, 308
Germer (Lester) 114
gluons 311
Gould (Gordon) 165
Goudsmit (Samuel) 117
Graham (Neil) 282
graphes de Feynman 218
gravitinos 311
graviton 311
Guth (Alan) 315, 316
Hamilton (William) 135, 142, 143
Heisenberg (Werner) 61, 81, 95, 119, 123, 124, 127, 128, 129, 130, 133, 134, 135, 136, 143, 147, 148, 149, 159, 163, 188, 189, 191, 196, 211, 214
hélium 76
Hertz (Heinrich) 33
Hess (Victor) 154
Huygens (Christian) 24
incertitude 149
inégalité de Bell 263
infrarouge 54, 76
interaction de la lumière et de la matière 52
interprétation de Copenhague 149, 192, 206, 208, 211, 217, 271
interprétation des mondes multiples 271, 275, 282
ion 42, 97
isotope 43, 90, 157
isotopes instables 91
Jammer (Max) 124, 215, 294
Jeans (James) 56, 79
Jordan (Pascual) 81, 133, 149, 163
Josephson (Brian) 269
Kirchhoff (Gustav) 74
Kendrew (John) 179, 183
Klein (Martin) 56, 65
Klein (Tony) 114
Kronig (Ralph) 117, 123
Kunsman (Charles) 113
loi de Planck 86
lasers 21
Lavoisier (Antoine) 36
Landé (Alfred) 127

Lenard (Phillip) 66, 67
leptons 309
Lewis (Gilbert) 106
localité 259, 261
Lockyer (Norman) 75
loi de Bragg 179
loi de conservation de l'action 63
loi de Rayleigh-Jeans 55, 56, 57
loi de Wien 57
Lorentz 124
Lucretius Carus 35
Mach (Ernst) 40
Marsden (Ernest) 47
masses atomiques 90
matrices 131
Maxwell (James Clerk) 32, 33, 37, 39, 41
mécanique matricielle 138, 141
mécanique ondulatoire 138, 141, 142
mécanique statistique 38, 53, 55, 65
méson 230, 231
mésons pi 233
Millikan (Robert Andrews) 67, 86, 103, 104
modèle de Bohr 73, 83, 89, 98, 169
modèle de l'atome de Bohr 80, 86, 88, 89, 91, 116, 124, 163
molécules 36, 96
moment angulaire 116, 252
mondes errants 283
mondes parallèles 276, 286
mouvement brownien 39, 105
neutrino 194
neutron 89, 155, 157
Newton (Isaac) 18, 21, 22, 23, 24, 31, 32, 33, 36, 63, 74
niveau énergétique 73, 78, 83, 84
nombre atomique 90, 92, 94
nombres magiques 158
nombres q 135, 138, 144, 189, 210
nombres quantiques 80, 116, 118, 127
noyau 48, 89
nuage électronique 49, 91
ondes de Schrödinger 146
Onnes (Kamerlingh) 174
Ostwald (Wilhelm) 40
paradoxe EPR 254
Pagels (Heinz) 312
particules alpha 47, 48
Pauli (Wolfgang) 81, 116, 117, 118, 120, 123, 124, 128, 130, 136, 149, 150, 190, 196

Pauling (Linus) 98
Perutz (Max) 179, 183
Penrose (Roger) 300
phosphorescence 44, 45
photon 67, 71, 78, 86, 106, 107, 121, 311
physique des solides 167, 172
pions 233
Planck (Max) 55, 56, 57, 58, 59, 60, 61, 62, 63, 64, 65, 66, 79, 81, 92, 103, 105, 121, 124
Podolsky (Bons) 216
Poincaré (Henri) 124
polarisation 254
positron 154, 221
principe anthropique 291, 292
principe d'exclusion 122
principe d'exclusion de Pauli 120, 150
principe d'incertitude 187, 191, 231, 232
principe de causalité 217
principe de complémentarité 105
principes de Newton 21, 23, 37, 57
probabilité 149, 206
protons 89
pulsar à millisecondes 230
QCD 296
QED 295
quanta 60, 67, 68, 71, 72, 74
quanta lumineux 67, 74, 104
quantum 73, 78, 79
quarks 296, 311
radioactivité 43, 45, 82, 91
Rayleigh 56, 57
rayonnement X 45
rayons cathodiques 40, 41, 42, 44, 66
rayons X 40, 41, 43, 44, 45, 46, 106, 109
Reid (Alexander) 114
relations d'incertitude 148, 159, 191, 196
relativité restreinte 38, 63
réalités multiples 276
Röntgen (Wilhelm) 40, 44
Rosen (Nathan) 216
Rutherford (Ernest) 46, 47, 48, 49, 51, 62, 69, 71, 72, 77, 79, 80, 82, 83, 89, 101, 104, 194, 195
Salam (Abdus) 307, 308
Schrieffer (Robert) 174
Schrödinger (Erwin) 15, 16, 17, 18, 113, 124, 139, 140, 141, 143, 144, 150,

152, 163, 181, 183, 187, 193, 218, 239, 241, 245, 269
second principe de la thermodynamique 58
séries de Balmer 136
Soddy (Frederick) 46, 82, 83, 90
Sommerfeld (Arnold) 80, 121, 123, 127
spectre 76
spectroscopie 74, 76, 94
spin 117, 128, 136, 152, 252
statistique de Bose-Einstein 120, 128
statistique de Fermi-Dirac 120, 121, 128
superconducteurs 174
Supragravité 311, 312
Suprasymétrie 309
symétrie 302
tables d'Heisenberg 130
télescope à réflexions multiples 23
thermodynamique 56, 57, 65
théorie corpusculaire 25, 68
théorie de la relativité restreinte 62
théorie générale de la relativité 86
théorie ondulatoire 25, 68
t'Hooft (Gérard) 307
Thomson (J.J) 40, 41, 42, 43, 46, 48, 66, 71, 79, 114, 124

Thomson (Georges) 114
Tipler (Frank) 229, 230, 288
Townes (Charles) 165
transitions atomiques 87
Tryon (Edward) 314, 316
type-n 170
type-p 170
Uhlenbeck (George) 117
ultraviolet 54, 55, 76
variables cachées 17, 18
Watson (James) 180
Weinberg (Steven) 307, 308
Weiss (Julius) 309
Weyl (Herman) 190
Wheeler (John) 223, 227
Wheeler (John) 227, 245, 248, 264, 274, 280
Wien (Wilhelm) 42, 56, 57, 124
Wigner (Eugène) 243, 245
Wilkins (Maurice) 180, 183
Wollaston (William) 74
Wood (Robert William) 61
Young (Thomas) 26, 27, 30, 31, 32, 198
Zukawa (Hideki) 230
Zumino (Bruno) 309

Chez le même éditeur

Livres et collections scientifiques

Nouvelle Bibliothèque Scientifique

Collection dirigée par Louis Audibert

Dernières publications

Armand Delsemme, *Les Origines cosmiques de la vie.*

Stephen Hawking, *Une brève histoire du temps. Du big bang aux trous noirs.*

Motoo Kimura, *Théorie neutraliste de l'évolution.* Préface de Jacques Ruffié.

Simon Le Vay, *Le cerveau a-t-il un sexe ?*

G.E.E. Lloyd, *Raison, magie et expérience. Origines et développements de la Science grecque.*

Georges Lochak, *La géométrisation de la physique*

Georges Lochak, Simon Diner, Daniel Fargue, *L'Objet quantique.*

Benoît Mandelbrot, *Les Objets fractals,* 3ᵉ éd., suivi de *Survol du langage fractal.*

Ilya Prigogine, *Les Lois du chaos.*

Ladislas Robert, *Les Horloges biologiques.*

Jacques Ruffié, Jean-Charles Sournia, *Les Epidémies dans l'histoire de l'homme. De la peste au sida.*

Franco Selleri, *Lr Grand Débat de la théorie quantique.*

Georges Smoot et Keay Davidson, *Les Rides du temps. L'Univers, trois cent mille ans après le big bang.*

Ian Stewart, *Dieu joue-t-il aux dés ? Les mathématiques du chaos.* Préface de Benoît Mandelbrot.

Christopher Wills, *La Sagesse des gènes. Nouvelles perspectives sur l'évolution.*

Collection

FIGURES DE LA SCIENCE

Louis DE BROGLIE par Georges Lochak.

EINSTEIN par Jacques Merleau-Ponty.

LAVOISIER par Bernadette Bensaude-Vincent.

NEWTON par Richard Wesfall

A paraître en 1995

DARWIN par Peter Bowler

HUBBLE par Igor Novikov et Alexander Sharov

VON NEUMANN par Dominique Pignon

La Nouvelle Physique

Sous la direction de
Paul Davies

Professeur de Physique théorique
de l'Université d'Adélaïde

Textes traduits de l'anglais
par
Françoise Balibar et Vincent Fleury

voir sommaire page suivante.

Sommaire

Liste des auteurs *vii*
Avant-propos de *Pierre-Gilles de Gennes* ix
Préface par *Paul Davies* x

1. La Nouvelle Physique : une synthèse, *Paul Davies* 1
2. La renaissance de la relativité générale, *Clifford Will* 7
3. L'Univers inflationniste, *Alan Guth et Paul Steinhardt* 34
4. Le bord de l'espace-temps, *Stephen Hawking* 61
5. La gravitation quantique, *Chris Isham* 70
6. La Nouvelle Astrophysique, *Malcolm Longair* 94
7. La physique de la matière condensée en dimension inférieure à trois, *David Thouless* 209
8. Les phénomènes critiques : universalité des lois physiques aux grandes échelles de longueur, *Alastair Bruce et David Wallace* 236
9. La physique des basses températures, la supraconductivité et la superfluidité, *Anthony Leggett* 268
10. L'optique quantique, *Peter Knight* 289
11. Physique des systèmes loin de l'équilibre et auto-organisation, *Gregoire Nicolis* 316
12. Qu'est-ce que le chaos, pour que nous l'ayons à l'esprit ?, *Joseph Ford* 348
13. Les fondements conceptuels de la mécanique quantique, *Abner Shimony* 373
14. La stucture de quarks de la matière, *Frank Close* 396
15. Les théories de grande unification, *Howard Georgi* 425
16. Les théories quantiques du champ effectives, *Howard Georgi* 446
17. Théories de jauge en physique des particules, *John Taylor* 458
18. Panorama de la physique des particules, *Abdus Salam* 481

Glossaire *493*
Index *505*

Liste des auteurs

Alastair D. Bruce
Department of Physics, James Clerk Maxwell Building, University of Edinburgh, Mayfield Road, Edinburgh EH 9 3JZ, G.-B.

Frank Close
Nielsen Physics Laboratory, University of Tennessee, Knoxville, TN 37996-1200, USA and Rutherford Appleton Loboratory, Chilton, Didcot, OX11 OQX, G.-B.

Paul C.W. Davies
Department of Physics and Mathematical Physics, The University of Adelaide, GPO Box 498, Adelaide, South Australia 5001, Australie.

Joseph Ford
School of Physics, Georgia Institute of Technology, Atlanta, GA 30332, USA.

Howard M. Georgi
Department of Physics, Harvard University, Cambridge, MA 02138, USA.

Alan H. Guth
Department of Physics, Massachusetts Institute of Technology, Cambridge, MA 02139, USA.

Stephen W. Hawking
Department of Applied Mathematics and Theoretical Physics, University of Cambridge, Silver Street, Cambridge CB3 9EW, G.-B.

Chris. J. Isham
The Blackett Laboratory, Imperial College of Science and Technology, Prince Consort Road, London SW 7 2BZ, G.-B.

Peter L. Knight
Optics Section, The Blackett Laboratory, Imperial College of Science and Technology, Prince Consort Road, London SW 7 2 BZ, G.-B.

Anthony J. Leggett
 Department of Physics, University of Illinois at Urbana-Champaign, 1110 W. Green Street, Urbana, IL 61801, USA.

Malcolm S. Longair
 Cavendish Laboratory, University of Cambridge, Madingley Road, Cambridge CB3 OHE, G.-B.

Gregoire Nicolis
 Service de Chimie Physique, Code Postal 231, Campus Plaine ULB, Boulevard du Triomphe, 1050 Bruxelles, Belgique.

Abdus Salam
 Imperial College of Science and Technology, Prince Consort Road, London SW 7 2BZ, UK, and International Centre for Theoretical Physics, POB 586, Miramare, Strada Costiera 11, 34100 Trieste, Italie.

Abner Shimony
 Department of Physics, Boston University, 509 Commonwealth Avenue, Boston, MA 02215, USA.

Paul Steinhardt
 Department of Physics, University of Pennsylvania, 209 South 33rd Street, PA 19104, USA.

John C. Taylor
 Department of Applied Mathematics and Theoretical Physics, University of Cambridge, Silver Street, Canbridge CB3 9EW, G.-B.

David J. Thouless
 Department of Physics, FM-15, University of Washington, Seattle, WA 98195, USA.

David J. Wallace
 Department of Physics, James Clerk Maxwell Building, University of Edinburg, Mayfield Road, Edinburgh EH9 3JZ, G.-B.

Clifford M. Will
 Department of Physics, Washington University, St Louis, MO 63130, USA.

LES SCIENCES
DANS LA COLLECTION CHAMPS

BARBEROUSSE, KISTLER, LUDWIG
La Philosophie des sciences au XXᵉ siècle. (Champs-Université)

BARROW
La Grande Théorie.

BITBOL
L'Aveuglante Proximité du réel (inédit).
Mécanique quantique.

BRADU
L'Univers des plasmas.

BROGLIE
Nouvelles perspectives en microphysique.
La Physique nouvelle et les quanta.

BRUNHES
La Dégradation de l'énergie.

CAVALLI-SFORZA
Qui sommes-nous ?

CHAUVET
La Vie dans la matière.

COUTEAU
Le Grand Escalier. Des quarks aux galaxies.
Les Rêves de l'infini.

CREVIER
À la recherche de l'intelligence artificielle.

DACUNHA-CASTELLE
Les Chemins de l'aléatoire.

DAVID, SAMADI
La Théorie de l'évolution. Une logique pour la biologie. (Champs-Université)

DAVIES
Les Forces de la nature.

DELSEMME
Les Origines cosmiques de la vie.

DELSEMME, PECKER, REEVES
Pour comprendre l'univers.

DELUMEAU (PRÉSENTÉ PAR)
Le Savant et la foi.

DENTON (Derek)
L'Émergence de la conscience.

DENTON (Michael)
Évolution. Une théorie en crise.

DINER, LOCHAK, FARGUE
L'Objet quantique.

DROUIN
L'Écologie et son histoire.

ECCLES
Évolution du cerveau et création de la conscience.

EINSTEIN
Comment je vois le monde.
Conceptions scientifiques.

EINSTEIN, INFELD
L'Évolution des idées en physique.

FRANCK
Einstein. Sa vie, son temps.

GELL-MANN
Le Quark et le jaguar.

GLEICK
La Théorie du chaos.

GRIBBIN
À la poursuite du Big Bang.
Le Chat de Schrödinger.

HAWKING
Commencement du temps et fin de la physique ?
Une brève histoire du temps.

HEISENBERG
La Partie et le tout.

HURWIC
Pierre Curie.

JACQUARD
Idées vécues.
La Légende de la vie.

KLEIN, SPIRO (DIR)
Le Temps et sa flèche.

KUHN
La Structure des révolutions scientifiques.

LEAKEY, LEWIN
Les Origines de l'homme.
La Sixième Extinction.

LLOYD
Les Origines de la science grecque.

LOCHAK
La Géométrisation de la physique.
Louis de Broglie. Un prince de la science.

LOVELOCK
La Terre est un être vivant.

MANDELBROT
Fractales, hasard et finance (inédit).
Les Objets fractals.

MERLEAU-PONTY
Einstein.

MINSTER
La Machine-Océan.

VON NEUMANN
L'Ordinateur et le cerveau.

NOTTALE
L'Univers et la lumière.

PENROSE
Les Deux Infinis et l'esprit humain.

PERRIN
Les Atomes.

PICHOT
Histoire de la notion de gène (inédit).
La Société pure. De Darwin à Hitler.

PLANCK
Autobiographie scientifique et derniers écrits.

Initiations à la physique.

POINCARÉ
La Science et l'hypothèse.
La Valeur de la science.

POPPER
La Connaissance objective.

PRIGOGINE
Les Lois du chaos.

PRIGOGINE, STENGERS
Entre le temps et l'éternité.

REICHHOLF
L'Émancipation de la vie.
L'Émergence de l'homme.
Le Retour des castors.

ROBERT
Les Horloges biologiques.

ROSENFIELD
L'Invention de la mémoire.

RUFFIÉ
De la biologie à la culture.
Traité du vivant.

RUFFIÉ, SOURNIA
Les Épidémies dans l'histoire de l'homme.

SAPOVAL
Universalités et fractales.

SCHWARTZ
Le Jeu de la science et du hasard. La statistique et le vivant.

SELLERI
Le Grand Débat de la théorie quantique.

SERRES
Les Origines de la géométrie.

SHAPIRO
L'Origine de la vie.

SMOOT
Les Rides du temps.

STENGERS
L'Invention des sciences modernes.

STEWART
Dieu joue-t-il aux dés ? (nouvelle édition)

TESTART
Le Désir du gène.
L'Œuf transparent (inédit).

THOM
Paraboles et catastrophes.
Prédire n'est pas expliquer.

THORNE
Trous noirs et distorsions du temps.

TRINH XUAN
Un astrophysicien.

TUBIANA
Histoire de la pensée médicale.

ULLMO
La Pensée scientifique moderne.

WEYL
Symétrie et mathématique moderne.

WILLS
La Sagesse des gènes.

Achevé d'imprimer en mars 2002
sur les presses de l'imprimerie Maury Eurolivres
45300 Manchecourt

N° d'éditeur : FH131204.
Dépôt légal : novembre 1994.
N° d'impression : 02/03/93083.

Imprimé en France